QUÍMICA EXPERIMENTAL DE POLÍMEROS

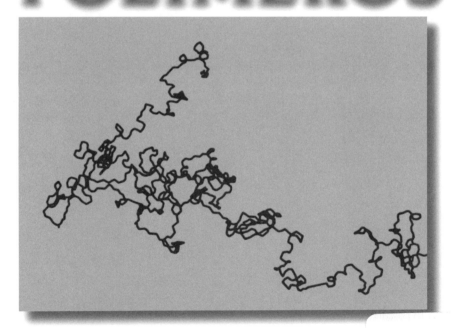

Eloisa Biasotto Mano
Marcos Lopes Dias
Clara Marize Firemand Oliveira

QUÍMICA EXPERIMENTAL DE POLÍMEROS

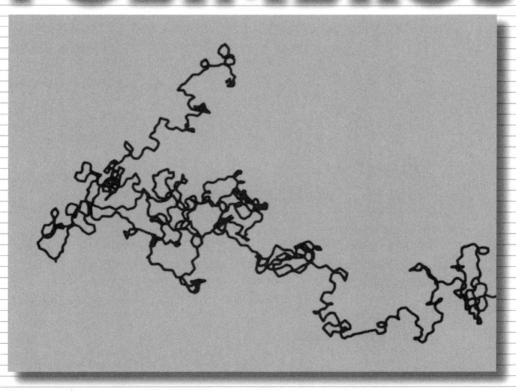

EDITORA EDGARD BLÜCHER

© 2004 Eloisa Biasotto Mano
Marcos Lopes Dias
Clara Marize Firemand Oliveira

1ª edição – 2004
1ª reimpressão – 2010

É proibida a reprodução total ou parcial
por quaisquer meios
sem autorização escrita da editora.

EDITORA EDGARD BLÜCHER LTDA.
Rua Pedroso Alvarenga, 1245 – 4º andar
04531-012 – São Paulo, SP – Brasil
Tel.: (55_11) 3078-5366
e-mail: editora@blucher.com.br
site: www.blucher.com.br

ISBN 978-85-212-0347-6

Impresso no Brasil   Printed in Brazil

FICHA CATALOGRÁFICA

Mano, Eloisa Biasotto
Química experimental de polímeros/Eloisa Biasotto Mano,
Marcos Lopes Dias, Clara Marize Firemand Oliveira. 1ª edição - - São
Paulo: Blucher, 2004.

Bibliografia.
ISBN 978-85-212-0347-6

1. Polímeros e polimerização I. Dias, Marcos Lopes. II.
Oliveira, Clara Marize Firemand. III. Título

04-6723   CDD-547.7

Índices para catálogo sistemático:

1.   Polímeros : Química orgânica 547.7

PREFÁCIO

Este livro aborda essencialmente o trabalho experimental em Polímeros. Os polímeros têm características únicas, quando comparados aos compostos químicos tradicionais: não podem ser cristalizados nem destilados. Assim, constituem um problema para quem trabalha em laboratório, geralmente acostumado a separar e purificar susbtâncias por meio de dissolução e cristalização fracionada, ou destilação fracionada. Além disso, os reagentes, solventes e iniciadores são muitas vezes pouco comuns em laboratórios acadêmicos ou industriais. Por outro lado, quando o trabalho não é bem orientado, podem resultar massas muito viscosas, de difícil remoção, e que impossibilitam a reutilização imediata da vidraria de laboratório.

Visando a facilitar a atividade experimental dos estudantes e pesquisadores que desejam ingressar na fascinante área de Polímeros e dispõem apenas de conhecimento geral em Química, foi organizado este livro. Para suprir eventuais falhas de familiarização com operações fundamentais, é apresentada no Capítulo 1 uma revisão detalhada da maneira de realizar essas atividades, de modo a poder escolher a mais conveniente em cada situação.

Uma vez que a preparação de polímeros – objetivo fundamental do livro – exige uma série de cuidados com os solventes, inibidores e catalisadores, foi dedicada atenção especial à purificação e ao reconhecimento do grau de pureza dos produtos mais empregados nas sínteses macromoleculares.

As sínteses foram agrupadas segundo o tipo geral de reação, isto é, reações de poliadição, que se desenvolvem em cadeia, reações de policondensação, cujo mecanismo ocorre em etapas, e ainda reações de modificação química de polímeros já existentes. Em todos os casos, procedeu-se à subdivisão desses tipos de reação segundo um critério simples e inequívoco: a presença de fase única, isto é, de um sistema homogêneo, ou de mais de uma fase, revelando um sistema heterogêneo.

Finalmente, procurou-se materializar a concepção teórica de uma estrutura polimérica pela descrição detalhada da confecção de um modelo macromolecular estatístico, em arame de aço. Às vezes, a visualização material esclarece mais do que muitas palavras bem elaboradas.

Ao realizar em nossos laboratórios todas as práticas descritas neste livro, algumas das quais são correntemente utilizadas em trabalhos de tese ou em disciplinas experimentais, os Autores tomaram consciência das dificuldades a serem vencidas e procuraram atenuá-las pela explicação detalhada dos procedimentos recomendados. No entanto, é certo que alguns lapsos podem ter ocorrido. Assim, correções e sugestões serão benvindas, para eventual reimpressão da obra.

Esperamos que o esforço e o tempo investidos neste livro sejam vistos como um retorno à sociedade brasileira de parte do que temos recebido de instituições governamentais, assim como desejamos que nossas informações tragam contribuições à comunidade polimérica do País.

Rio de Janeiro, setembro de 2004
Os Autores

AGRADECIMENTOS

Os Autores expressam seus agradecimentos ao Conselho Nacional de Desenvolvimento Científico e Tecnológico - CNPq, cujo apoio ao longo dos anos, através de bolsas de pesquisa, permitiu a aquisição e a consolidação dos conhecimentos apresentados nesta obra.

Agradecem também à Fundação de Amparo à Pesquisa do Estado do Rio de Janeiro - FAPERJ pelo auxílio financeiro concedido para a aquisição de computadores e periféricos, indispensáveis à elaboração dos textos, quadros e figuras.

Aos jovens estudantes, que realizaram diversas preparações a fim de permitir a sua inclusão neste livro, nossos agradecimentos pela participação.

Ao Engenheiro Químico Dr. Marco Antonio Guadaganini, nosso reconhecimento pelos seus primorosos desenhos no Capítulo 1.

Finalmente, destaque especial deve ser dado ao apoio desinteressado que recebemos do Engenheiro Químico Dr. Otto Vicente Perrone, o qual possibilitou o contato de empresas do setor de Polímeros com os Autores, viabilizando a publicação do livro em co-edição com a Editora Edgard Blücher Ltda.

Rio de Janeiro, setembro de 2004
Os Autores

Co-Editoras:

- BRASKEM S.A.
- COPESUL – Companhia Petroquímica do Sul
- PETROFLEX Indústria e Comércio S.A.
- PETROQUISA – Petrobras Química S.A.
- POLIBRASIL RESINAS S.A.

CONTEÚDO

Índice de Quadros xiii

Índice de Figuras xv

Capítulo 1 Técnicas das principais operações em laboratório de química 1

1 Aquecimento 2
    1.1 Aquecimento a fogo direto 2
    1.2 Aquecimento com banho de ar 3
    1.3 Aquecimento com banho de líquidos 3
    1.4 Aquecimento com banho de sólidos 5
    1.5 Aquecimento com fitas, placas ou mantas elétricas 5
    1.6 Aquecimento com câmaras de microondas 6
    1.7 Aquecimento com banho de vapores de líquidos em ebulição 7
    1.8 Aquecimento com banho termostatizado 7

2 Resfriamento 8
    2.1 Resfriamento com ar 9
    2.2 Resfriamento com água 9
    2.3 Resfriamento com soluções salinas 9
    2.4 Resfriamento com gelo 9
    2.5 Resfriamento com gelo e sais 10
    2.6 Resfriamento com gelo-seco 10
    2.7 Resfriamento com nitrogênio líquido 11
    2.8 Resfriamento com banhos termostatizados 13

3 Agitação 14
    3.1 Agitação manual 14
    3.2 Agitação elétrica 15
        3.2.1 Agitação elétrica mecânica 15
        3.2.2 Agitação elétrica magnética 16
        3.2.3 Agitação elétrica ultra-sônica 17

4 Extração 17
    4.1 Extração de material sólido 17
    4.2 Extração de material pastoso 19
    4.3 Extração de material líquido 20
    4.4 Extração de material gasoso 23

5 Eliminação de solvente 23

6 Secagem 24
    6.1 Agentes dessecantes 25
    6.2 Secagem de material sólido 29
    6.3 Secagem de material pastoso 31
    6.4 Secagem de material líquido 31
    6.5 Secagem de material gasoso 32

| 7 | **Refluxo** | 32 |

8 Destilação 33
    8.1 Homogeneização da ebulição 33
    8.2 Destilação simples 34
    8.3 Destilação fracionada 34
    8.4 Destilação homogênea 36
    8.5 Destilação heterogênea 38
    8.6 Destilação a pressão atmosférica 39
    8.7 Destilação a pressões reduzidas 40

9 Filtração 46
    9.1 Filtração para utilização do filtrado 46
    9.2 Filtração para utilização do resíduo 48

10 Cristalização 49

11 Precipitação 51
    11.1 Precipitação para recuperação total da amostra 52
    11.2 Precipitação com fracionamento da amostra 53

12 Sublimação 53

Capítulo 2 Purificação e caracterização de monômeros, solventes e iniciadores 57

1 Monômeros 59
    1.1 Acetato de vinila 62
    1.2 Ácido adípico 64
    1.3 Ácido sebácico 65
    1.4 Ácido tereftálico 66
    1.5 Acrilamida 67
    1.6 Acrilato de butila 68
    1.7 Acrilonitrila 70
    1.8 Anidrido ftálico 72
    1.9 Anidrido maleico 73
    1.10 Butadieno 74
    1.11 Cloreto de vinila 75
    1.12 Estireno 76
    1.13 Etileno 78
    1.14 Fenol 79
    1.15 Formaldeído 81
    1.16 Glicol etilênico 83
    1.17 Glicol propilênico 85
    1.18 Isopreno 87
    1.19 Melamina 89
    1.20 Metacrilato de metila 90
    1.21 Propileno 92
    1.22 Uréia 93

Química Experimental de Polímeros

2 Solventes 94

2.1 Acetona 95
2.2 Benzeno 97
2.3 Cloreto de metileno 100
2.4 Clorofórmio 103
2.5 N,N-Dimetil-formamida (DMF) 106
2.6 Dimetil-sulfóxido (DMSO) 108
2.7 Dioxana 110
2.8 Etanol 112
2.9 Heptano 114
2.10 Metanol 116
2.11 Metil-etil-cetona (MEK) 118
2.12 Tetra-hidrofurano (THF) 120
2.13 Tolueno 122

3 Iniciadores 124

3.1 Azo-*bis*-isobutironitrila (AIBN) 126
3.2 Hidroperóxido de *p*-mentila 128
3.3 Peróxido de benzoíla (Bz$_2$ O$_2$) 130
3.4 Peróxido de cumila 131
3.5 Peróxido de metil-etil-cetona 132
3.6 Persulfato de potássio 134
3.7 Tetracloreto de titânio 135
3.8 Trifluoreto de boro (eterato) 137

Capítulo 3 Síntese de Polímeros — 1. Poliadição 139
1 Iniciação química 140

1.1 Técnica em meio homogêneo, em massa 141
    1.1.1 Poli(acetato de vinila) (PVAc) 142
    1.1.2 Poliestireno (PS) 144
    1.1.3 Poli(metacrilato de metila) (PMMA) 146
1.2 Técnica em meio homogêneo, em solução 148
    1.2.1 Polietileno altamente ramificado (PE) 149
    1.2.2 Polipropileno atático (aPP) 153
    1.2.3 Polipropileno sindiotático (sPP) 156
    1.2.4 Poliestireno (PS) 159
    1.2.5 Poliestireno (PS) 161
    1.2.6 Poli(cloreto de vinila) (PVC) 166
    1.2.7 Poliindeno 168
    1.2.8 Poli(N-vinil-carbazol) (PVK) 170
    1.2.9 Copoli(cloreto de vinila/acetato de vinila) (PVCAc) 172
    1.2.10 Poli(N-benzoil-etilenoimina) 175
    1.2.11 Poli[metacrilato de metila-*g*
            (óxido de etileno-*b*-óxido de propileno)] 177
    1.2.12 Copoli(estireno/alfa-metil-estireno) 181
1.3 Técnica em meio heterogêneo, em emulsão 184
    1.3.1 Poliestireno (PS) 185
    1.3.2 Copoli(butadieno/estireno) (SBR) 187
1.4 Técnica em meio heterogêneo, em suspensão 189
    1.4.1 Poli(metacrilato de metila) (PMMA) 190
    1.4.2 Copoli(estireno/divinil-benzeno) 193

Química Experimental de Polímeros

1.5 Técnica em meio heterogêneo, em lama 195
    1.5.1 Poliacrilonitrila (PAN) 196
    1.5.2 Polietileno linear (HDPE) 199
    1.5.3 Polipropileno isotático (iPP) 202
    1.5.4 Poliestireno isotático (iPS) 205
    1.5.5 Poliestireno sindiotático (sPS) 208

2 Iniciação radiante 211
2.1 Técnica em meio heterogêneo, em lama 211
    2.1.1 Poli(ácido metacrílico) sindiotático (sPMAA) 212

3 Iniciação eletroquímica 213
3.1 Técnica em meio homogêneo, em solução..214
    3.1.1 Poliestireno (PS) 215
    3.1.2 Poli(alfa-metil-estireno} 219
    3.1.3 Copoli(estireno/acetato de vinila) 221

Capítulo 4 Síntese de Polímeros — II Policondensação 223

1 Técnica em meio homogênio 225
1.1 Policondensação em massa...225
    1.1.1 Poli(tereftalato de etileno) (PET),
    a partir de tereftalato de dimetila 226
    1.1.2 Poli(tereftalato de etileno) (PET),
    a partir de ácido tereftálico 229
    1.1.3 Poli(tereftalato de butileno) (PBT) 232
    1.1.4 Poli(isoftalato de etileno) (PEIP) 235
    1.1.5 Poli(sebacato de etileno) 238
    1.1.6 Poli(adipato de etileno) 241
    1.1.7 Poli(hexametileno-adipamida) (PA 6,6) 244
    1.1.8 Poli(hexametileno-sebacamida) (PA 6,10) 247
    1.1.9 Poli(p-fenileno-isoftalamida) 249
    1.1.10 Poli(o-fenileno-sebacamida) 251
    1.1.11 Resina epoxídica (ER) 254
1.2 Policondensação em solução 256
    1.2.1 Poli(ftalato-maleato de propileno) 257
    1.2.2 Resina de fenol-formaldeído (PR) 262
    1.2.3 Resina de uréia-formaldeído (UR) 266
    1.2.4 Resina de melamina-formaldeído (MR) 269
    1.2.5 Poli(épsilon-caprolactama) (PA 6) 271
    1.2.6 Resina alquídica 278

2 Técnica em meio heterogêneo 280
2.1 Policondensação em lama 280
    2.1.1 Poli(hexametileno-sebacamida) (PA 6,10) 281
2.2. Policondensação interfacial 283
    2.2.1 Poli(hexametileno-sebacamida) (PA 6,10) 284

Capítulo 5 Síntese de Polímeros –III Outras reações 287
Técnica em meio heterogêneo 287

Química Experimental de Polímeros

1 Polimerização em massa..287
   1.1   Poliuretano (PU) 288
   1.2   Copoli(metacrilato de metila/ácido metacrílico) 291

2 Polimerização em lama..292
   2.1   Poli(*p*-fenileno) (PPP) 293

Capítulo 6 Modificação de Polímeros................................295
1 Técnica em meio homogêneo..295
   1.1   Poliindeno clorado...296
   1.2   Poli(álcool vinílico-*g*-acrilamida).......................................298
   1.3   *cis*-Poliisopreno epoxidado...300

2 Técnica em meio heterogêneo..301
   2.1   Poli(álcool vinílico) (PVAL) 302
   2.2   Poli(vinil-butiral)...304
   2.3   Policaprolactama clorada 306
   2.4   Poli(épsilon-caprolactama-*g*-acrilato de etila) 308
   2.5   Poli(épsilon-caprolactama-*g*-acrilato de etila) 310
   2.6   Poli(indeno-*g*-metacrilato de metila)..................................311

Capítulo 7 Preparação de modelo macromolecular tridimensional..315

Índice de Assuntos...321

ÍNDICE DE QUADROS

Capítulo 1

Quadro 1.1   Líquidos empregados para aquecimento em laboratório 4

Quadro 1.2   Soluções salinas usadas para resfriamento abaixo de 0 ºC.................9

Quadro 1.3   Temperaturas obtidas em banhos de solventes/gelo-seco 11

Quadro 1.4   Temperaturas obtidas em banhos de solventes/nitrogênio líquido....12

Quadro 1.5   Propriedades físicas de alguns agentes anticongelantes...................13

Quadro 1.6   Agentes dessecantes adequados para as diversas funções
químicas 25

Quadro 1.7   Ação de agentes desidratantes a temperatura ambiente...................26

Quadro 1.8   Estabilidade dos hidratos de cloreto de cálcio 27

Quadro 1.9   Tipos de peneiras moleculares 28

Quadro 1.10 Misturas azeotrópicas de solventes comuns 37

Quadro 1.11 Pontos de ebulição do aldeído benzóico e do salicilato de etila
a pressões reduzidas 42

Quadro 1.12 Pressão de vapor de água a várias temperaturas...............................42

Capítulo 2

Quadro 2.1   Inibidores de radicais livres eficientes para monômeros
insaturados 61

Quadro 2.2   Iniciadores de radicais livres eficientes para monômeros
insaturados 61

ÍNDICE DE FIGURAS

Capítulo 1

Figura 1.1   Aquecimento a fogo direto 2
Figura 1.2   Aquecimento com banho de ar 3
Figura 1.3   Aquecimento com banho de líquidos 3
Figura 1.4   Aquecimento com banho de sólidos 5
Figura 1.5   Aquecimento elétrico: a) placas; b) mantas; c) fitas 6
Figura 1.6   Aquecimento com banho de vapores 7
Figura 1.7   Aquecimento controlado com banhos termostatizados 8
Figura 1.8   Resfriamento com gelo-seco 10
Figura 1.9   Agitação elétrica mecânica 15
Figura 1.10 Agitação elétrica magnética 16
Figura 1.11 Extração de material sólido: (a) aparelho de Soxhlet; (b) extrator
            ASTM 18
Figura 1.12 Extração de material líquido: (a) funil de decantação;
            (b) percolador 20
Figura 1.13 Câmara de secagem por liofilização 30
Figura 1.14 Refluxo: (a) condensador de bolas; (b) condensador de ar 32
Figura 1.15 Destilação: (a) simples; (b) fracionada 35
Figura 1.16 Tipos de coluna de destilação: (a) Hempel; (b) Vigreux 35
Figura 1.17 Diagramas de fase de sistemas binários 36
Figura 1.18 Destilação por arraste de vapor de água 39
Figura 1.19 Ábaco de pressão e/ou temperatura de ebulição para destilação de
            líquidos a pressões reduzidas 41
Figura 1.20 Destilação a pressões reduzidas: (a) com trompa de água;
            (b) com bomba de vácuo 44
Figura 1.21 Destilação a pressões reduzidas: (a) manômetro de tubo em U;
            (b) manômetro de McLeod 44
Figura 1.22 Condensador do tipo "dedo-frio" 45
Figura 1.23 Filtração a pressão atmosférica (a) funil de vidro com papel analítico;
            (b) funil de vidro com papel pregueado 46
Figura 1.24 Filtração a pressões reduzida (a) funil de vidro sinterizado;
            (b) funil de Buchner; (c) cadinho de Gooch 47
Figura 1.25 Filtração com pressão 48
Figura 1.26 Diagrama de fases 53
Figura 1.27 Sublimação 55

Capítulo 3

Figura 3.1   Fechamento de ampola de vidro e "gaiola" de polimerização 143
Figura 3.2   Molde de vidro para polimerização em massa de metacrilato
           de metila 147
Figura 3.3   Schlenk 150
Figura 3.4   Sistema para a polimerização de etileno com catalisador de
           Brookhart..151

Figura 3.5	Aparelhagem de destilação sob pressão reduzida para purificação de estireno	162
Figura 3.6	Preparação da solução de iniciador	164
Figura 3.7	Aparelhagem para a preparação de poliestireno via aniônica	165
Figura 3.8	Aparelhagem para polimerização com dióxido de enxofre	183
Figura 3.9	Aparelhagem para a preparação de poliacrilonitrila em lama	197
Figura 3.10	Célula unitária utilizada nas poliadições eletrolíticas	216
Figura 3.11	Célula dividida empregada nas poliadições eletrolíticas	217
Figura 3.12	Circuito elétrico da fonte de alimentação das células eletrolíticas	217

Capítulo 4

Figura 4.1	Aparelhagem para a preparação de poli(tereftalato de etileno) a partir de tereftalato de dimetila	228
Figura 4.2	Aparelhagem para a preparação de poli(tereftalato de butileno)	234
Figura 4.3	Aparelhagem para a preparação de poli(sebacato de etileno)	240
Figura 4.4	Aparelhagem para a preparação de poli(adipato de etileno)	242
Figura 4.5	Aparelhagem para a preparação da poli(*o*-fenileno-sebacamida)	253
Figura 4.6	Aparelhagem para a preparação da resina epoxídica	255
Figura 4.7	Aparelhagem para a preparação de poli(ftalato-maleato de propileno)	259
Figura 4.8	Aparelhagem para a preparação de resina fenólica do tipo Novolac	264
Figura 4.9	Aparelhagem para a destilação de água na preparação de resina de uréia-formaldeído	267
Figura 4.10	Aparelhagem para a preparação do caprolactamato de bromo-magnésio	274
Figura 4.11	Aparelhagem para a preparação de poli(épsilon-caprolactama)	275
Figura 4.12	Aparelhagem para a preparação de poli(hexametileno-sebacamida) por policondensação em lama	282
Figura 4.13	Aparelhagem para a preparação de poli(hexametileno-sebacamida) por policondensação interfacial	285

Capítulo 6

Figura 6.1	Aparelhagem para preparação de poli(indeno-g-metacrilato de metila)	312

Capítulo 7

Figura 7.1	Conformações dos átomos de carbono na ligação C—C	316
Figura 7.2	Modelo de polietileno de peso molecular 28 000	316
Figura 7.3	Barra de alumínio	317
Figura 7.4	Seqüência de operações com o arame seguindo as ranhuras nas 3 direções diferentes sobre a placa de alumínio	318
Figura 7.5	Preparação de modelo macromolecular	319

CAPÍTULO 1

TÉCNICAS DAS PRINCIPAIS OPERAÇÕES EM LABORATÓRIO DE QUÍMICA

1 Aquecimento
1.1 Aquecimento a fogo direto
1.2 Aquecimento com banho de ar
1.3 Aquecimento com banho de líquidos
1.4 Aquecimento com banho de sólidos
1.5 Aquecimento com fitas, placas ou mantas elétricas
1.6 Aquecimento com câmaras de micro-ondas
1.7 Aquecimento com banho de vapores de líquidos em ebulição
1.8 Aquecimento com banho termostatizado

2 Resfriamento
2.1 Resfriamento com ar
2.2 Resfriamento com água
2.3 Resfriamento com soluções salinas
2.4 Resfriamento com gelo
2.5 Resfriamento com gelo e sais
2.6 Resfriamento com gelo-seco
2.7 Resfriamento com nitrogênio líquido
2.8 Resfriamento com banhos termostatizados

3 Agitação
3.1 Agitação manual
3.2 Agitação elétrica
    3.2.1 Agitação elétrica mecânica
    3.2.2 Agitação elétrica magnética
    3.2.3 Agitação elétrica ultra-sônica

4 Extração
4.1 Extração de material sólido
4.2 Extração de material pastoso
4.3 Extração de material líquido
4.4 Extração de material gasoso

5 Eliminação de solvente

6 Secagem
6.1 Agentes dessecantes
6.2 Secagem de material sólido
6.3 Secagem de material pastoso
6.4 Secagem de material líquido
6.5 Secagem de material gasoso

7 Refluxo

8 Destilação
8.1 Homogeneização da ebulição
8.2 Destilação simples
8.3 Destilação fracionada
8.4 Destilação homogênea
8.5 Destilação heterogênea
8.6 Destilação a pressão atmosférica
8.7 Destilação a pressões reduzidas

9 Filtração
9.1 Filtração para utilização do filtrado
9.2 Filtração para utilização do resíduo

10 Cristalização

11 Precipitação
11.1 Precipitação para recuperação total da amostra
11.2 Precipitação com fracionamento da amostra

12 Sublimação

Os químicos alemães e franceses do século passado, que foram os admiráveis pioneiros da nova ciência que emergia àqueles tempos, deixaram uma lição valiosa para os estudantes: trabalho experimental bem executado transcende ao tempo, continuando permanentemente válido. As teorias evoluem, modificam-se com o constante acréscimo de conhecimentos. As denominações dos fenômenos envolvidos também variam, modernizando-se e envelhecendo sucessivamente — porém os fatos, bem descritos, permanecem verdadeiros. São utilizados ao longo de gerações, o que se pode comprovar pela grande obra organizada por pesquisadores alemães, o *Beilsteins Handbuch für Organischen Verbindungen*, que teve início em 1881 e era atualizada por volumes suplementares; a partir de 1960, a editora alemã Springer Verlag passou a publicar a obra em inglês, com o nome *Beilstein Handbook*. Essa obra continua a ser utilizada freqüentemente pelos profissionais da Química, que procuram informações confiáveis e sistemáticas sobre os milhões de produtos químicos conhecidos.

De uma forma bastante ampla e abrangente, as operações comumente realizadas em um laboratório de Química podem ser classificadas em 12 grupos: aquecimento, resfriamento, agitação, extração, eliminação de solvente, secagem, refluxo, destilação, filtração, cristalização, precipitação e sublimação. Informações detalhadas necessárias à boa técnica de execução de cada uma dessas operações encontram-se descritas a seguir.

1 Aquecimento

O sistema de aquecimento mais conveniente é escolhido de acordo com a natureza dos reagentes e a temperatura desejada. No caso de uma massa líquida ou sólida, o aquecimento tanto pode ser realizado sem controle rigoroso quanto obedecendo a condições específicas.

Muitas vezes, a necessidade de aquecimento dispensa a exigência de temperatura exata. Isso ocorre quando essa temperatura é muito alta, ou muito baixa, ou apenas destinada à remoção de umidade, ou mesmo vestígios de solventes. Nesses casos, pode-se proceder ao aquecimento a fogo direto, ou com banho de ar, ou com banho de líquidos, ou com banho de sólidos, ou com fitas, chapas e mantas elétricas, ou ainda com câmaras de microondas.

O aquecimento com controle rigoroso de temperatura pode ser feito de diversas maneiras, conforme sua finalidade. Pode-se empregar banho de vapores em equilíbrio com líquidos em ebulição, ou apenas líquidos em ebulição, ou banhos elétricos termostatizados. Essas formas de aquecimento para operações de laboratório em Química serão abordadas a seguir.

1.1 Aquecimento a fogo direto

Emprega-se quando se deseja destilar um líquido pouco inflamável e de ponto de ebulição elevado. O superaquecimento eventual não trará grande inconveniente, desde que seja adicionado ao líquido a destilar um homogeneizador de ebulição (ver **item 8.1**). A fogo direto, os homogeneizadores de ebulição mais usados são materiais porosos inertes, como: fragmentos de pedra-pomes, de cerâmica, de ladrilho ou de telha; pó de alumina ou sílica; lascas de madeira; chumaços de lã de vidro.

Figura 1.1
Aquecimento a fogo direto.

Aquecimento

Usando balão de vidro e temperaturas muito elevadas, é importante proteger-se o balão apoiando-o sobre tela de amianto. Para se atingir temperatura muito elevada, em vez de tela, usa-se, para proteger o fundo do frasco de vidro, uma película de carbono, formada por contato com chama fuliginosa, bruxuleante. Após o resfriamento espontâneo do balão, remove-se facilmente a fuligem com papel macio. A **Figura 1.1** ilustra o aquecimento a fogo direto.

1.2 Aquecimento com banho de ar

Usa-se um tronco de cone metálico com fundo protegido por amianto (funil de Babo). A parte superior, mais larga, pode ser coberta por dois semicírculos de amianto, para facilitar a manutenção do aquecimento. Utiliza-se essa técnica principalmente para destilações a temperaturas elevadas em que se queira evitar o superaquecimento. Para temperaturas até 40 °C — por exemplo, para a destilação de éter etílico (p.e.: 35 °C) — pode-se usar como fonte de calor uma lâmpada comum, eliminando o inconveniente do uso de chama viva, que deve ser evitada pelo risco de incêndio. A **Figura 1.2** facilita a compreensão da técnica.

Figura 1.2
Aquecimento com banho de ar.

1.3 Aquecimento com banho de líquidos

O aquecimento de reagentes e solventes é comumente feito em laboratório por imersão do frasco de vidro que os contém em banho de líquidos, empregando diversos recursos: bico de Bunsen, placa elétrica, resistência elétrica imersa, microondas, etc. A **Figura 1.3** ilustra o aquecimento com banho de líquidos e bico de Bunsen. Se a temperatura de aquecimento desejada é igual ou inferior a 100 °C, o líquido de aquecimento preferido é evidentemente a água. Se houver no conteúdo do frasco algum componente que reaja violentamente com a água (por exemplo, sódio metálico), como precaução contra um eventual acidente, deve-se usar outro líquido para o banho.

Em laboratórios industriais, pode ser também empregado diretamente o vapor de água como fonte de calor, em vez da chama para o aquecimento do banho de líquido, o que traz a vantagem de evitar o perigo de inflamação de compostos muito voláteis. Entretanto, a tubulação de vapor pode ter regiões superaquecidas expostas, que podem gerar incêndios por inadvertência dos usuários do laboratório. Quando se emprega bico de gás para o aquecimento do banho e o trabalho envolve substâncias inflamáveis muito voláteis, como o éter etílico, contidas em recipiente aberto, deve-se ter o cuidado de proceder ao aquecimento descontínuo do banho, mantendo apagada a chama durante o processo.

Para manter uma mistura reacional durante algum tempo a determinada temperatura, acima de 100 °C, usam-se banhos de óleo mineral ou vaselina líquida, que são úteis até 150 °C, aproximadamente. Quando contêm um adi-

Figura 1.3
Aquecimento com banho de líquidos.

tivo antioxidante, os óleos minerais podem resistir até cerca de 230 °C, sem muito craqueamento. Os produtos de decomposição desses óleos são hidrocarbonetos mais leves que, além de uma certa temperatura, podem sofrer inflamação espontânea.

Outros líquidos muito úteis para banho de aquecimento são óleos vegetais, como, por exemplo, o óleo de soja, que suporta temperaturas próximas a 200 °C sem grande decomposição.

Óleo de silicone é o melhor meio fluido de transferência de calor em trabalhos de laboratório. Tem o inconveniente do alto custo. Permite, sem perigo de inflamação, o uso de temperaturas de até 250 °C ou mesmo mais elevadas, porém, neste caso, por um período breve. Aquecimento prolongado a temperaturas elevadas causa o espessamento do óleo, em razão da formação de ligações cruzadas entre as macromoléculas siloxânicas. Deve-se tomar cuidado também com o eventual transbordamento do banho, pois o silicone apresenta um elevado coeficiente de expansão térmica que, aliado a altas diferenças entre a temperatura ambiente e aquela atingida pelo banho, resulta em grande variação de volume, muitas vezes inesperada.

Quando a temperatura desejada para o banho é superior a 200 °C, podem ser empregadas ligas metálicas fundidas. As ligas mais conhecidas são o metal de Wood, que funde a 71 °C, e o metal de Rose, que funde a 94 °C; ambas podem suportar temperaturas de até 350 °C. Antes de imergir o frasco de vidro no banho do metal fundido, deve-se recobri-lo com uma camada de fuligem, para impedir a aderência do metal ao vidro e a conseqüente rachadura do frasco, em razão da grande diferença de contração. O **Quadro 1.1** relaciona uma série de líquidos empregados para aquecimento em laboratório.

Quadro 1.1 Líquidos empregados para aquecimento em laboratório

Líquido	Composição	Características térmicas[*] (°C)	Temperatura de utilização (°C)
Água	H_2O	p.e.: 100	20 – 100
Óleo mineral	Hidrocarbonetos	T_{dec}: 120	100 – 120
Vaselina líquida	Hidrocarbonetos	T_{dec}: 120	100 – 150
Óleo vegetal	Ésteres de ácidos graxos	T_{dec}: 150	100 – 150
Óleo de silicone	Polissiloxanos	T_{dec}: 300	150 – 250 (200 – 300)[**]
Metal de Wood	Bi, 4; Pb, 2; Sn, 1; Cu, 1	p.f.: 71 T_{dec}: ≥ 350	200 – 350
Metal de Rose	Bi, 2; Pb, 1; Sn, 1	p.f.: 94 T_{dec}: ≥ 350	200 – 350

(*) p.e.: ponto de ebulição; T_{dec}: temperatura de início de decomposição; p.f.: ponto de fusão.
(**) Tempo de aquecimento curto.

1.4 Aquecimento com banho de sólidos

Acima de 200 °C, é comumente empregado o banho de areia, que tem o inconveniente de não permitir estabilização de temperatura. O bulbo do termômetro, imerso na areia, não deve estar localizado próximo à fonte de calor, o que causaria uma indicação incorreta da temperatura. Deve-se também cobrir com areia a superfície externa do frasco até o nível do líquido nele contido. A **Figura 1.4** mostra o aquecimento em banho de sólidos.

1.5 Aquecimento com fitas, placas ou mantas elétricas

Sempre que possível, é conveniente utilizar o aquecimento elétrico, pela perspectiva de trabalho seguro com materiais altamente inflamáveis. O controle de temperatura não é rigoroso, porém pode ser feito dentro de uma faixa arbitrária, mediante o uso de transformadores variáveis de corrente (Variacs). A regulagem da corrente elétrica deve ser feita com cuidado, progressivamente, até atingir a temperatura desejada, para evitar superaquecimento, que pode causar a quebra do frasco e dano ao transformador. O aquecimento elétrico é feito comumente por intermédio de placas, mantas ou fitas.

Figura 1.4
Aquecimento com banho de sólidos.

As placas de aquecimento são utilizadas quando os frascos têm fundo plano. Devem ter resistências blindadas, pois, se estiverem expostas, o risco de incêndio será o mesmo que o oferecido pelo aquecimento com chama direta. É conveniente colocar sobre a superfície de aquecimento uma placa de amianto, para evitar grandes variações de temperatura e proteger o frasco de vidro de eventual fratura. Há placas de aquecimento com dispositivos para agitação magnética, de grande utilidade. O melhor controle do aquecimento pode ser obtido pela interposição de um banho de líquido entre a placa e o frasco (**item 1.3**).

As mantas de aquecimento têm uso generalizado. Para o aquecimento de volumes relativamente grandes (2 a 5 litros), as mantas são preferidas, por oferecerem maior segurança. São geralmente hemisféricas; podem ser também esféricas (duas hemisferas unidas por zíper), preferíveis quando a temperatura do líquido dentro do balão é muito elevada. Outra vantagem, exclusiva das mantas de aquecimento, é a possibilidade de trabalho com agitação magnética. Apesar de excelentes, as mantas têm como inconveniente a exigência de que sua forma e capacidade correspondam às dos frascos. Não se pode deixar espaços vazios entre a superfície aquecida da manta e a parede externa do frasco, pois a inadequada transferência de calor acarreta a fragilização das fibras que formam a manta, causando sua deterioração (esfarelamento).

As fitas de aquecimento elétrico são menos comuns. São particularmente úteis para recipientes de forma cilíndrica, usados nas destilações com longas colunas de fracionamento que demandam a manutenção da temperatura, ou para recipientes como tubos, ampolas, béqueres, etc.

A **Figura 1.5** mostra exemplos de aquecimento elétrico com placas, mantas e fitas.

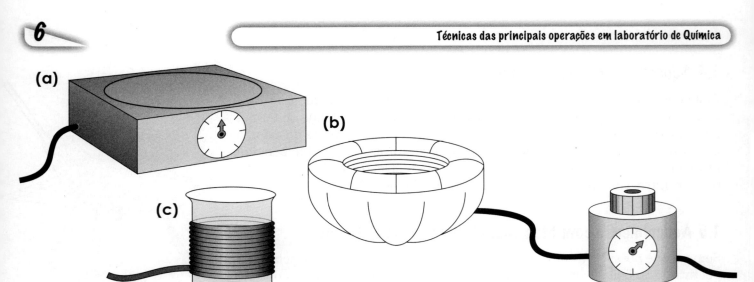

Figura 1.5
Aquecimento elétrico:
a) placas;
b) mantas;
c) fitas.

(*) Magnétron é uma válvula especial, emissora de radiações eletromagnéticas na faixa de microondas, que podem ter elevada potência. Os elétrons nessa válvula descrevem trajetórias fechadas graças à ação de um campo magnético e à forma especial do anodo. A freqüência do movimento periódico efetuado pelos elétrons corresponde à ressonância em cavidades que existem no anodo, que são assim excitadas.

1.6 Aquecimento com câmaras de microondas

As microondas, isto é, radiações eletromagnéticas cujo comprimento de onda se situa entre 1 mm e 10 m, constituem uma fonte de aquecimento de utilização relativamente recente. São geradas em um magnétron(*) e dirigidas para a cavidade de um forno. São refletidas pelas paredes do forno e absorvidas pelos produtos ali colocados. Compostos polares absorvem a energia das microondas, e os não polares, não. A radiação da microonda interage com as moléculas polares, que tentam se alinhar com o campo elétrico aplicado. À medida que o campo elétrico varia de positivo para negativo, e vice-versa, as moléculas polares tentam acompanhar essa alternância por meio de rotação, para se alinhar com o campo. Esse processo gera calor. A freqüência de irradiação comumente usada é de 2 450 MHz e o campo elétrico muda de sinal $2,45 \times 10^9$ vezes por segundo. O efeito torcional sobre as moléculas dipolares, girando para frente e para trás, causa aquecimento, uma vez que a rotação molecular fica atrasada em relação ao campo elétrico, e então as moléculas absorvem energia. O aquecimento também ocorre por fricção molecular dentro do material, gerando internamente pressões de vapor que determinam temperaturas maiores que a de sua superfície.

A perda dielétrica, ε'', mede a eficiência com que a radiação eletromagnética é convertida em calor, e a razão desta à constante dielétrica da molécula, ε' (que é a sua capacidade de ser polarizada naquele campo), expressa a capacidade do composto de transformar a energia eletromagnética em energia térmica àquela temperatura e freqüência, pois $\varepsilon''/\varepsilon' = \tan \delta$, onde δ é o fator de dissipação da amostra. Pode ocorrer o superaquecimento localizado, o que explica os aumentos de velocidade de reação observados. A capacidade de a molécula interagir com a radiação de microondas é uma função da sua polarizabilidade (que por sua vez é função do seu momento dipolar, dado pela equação de Debye), mas muitos fatores adicionais são envolvidos no uso de microondas em reações químicas.

Aquecimento

O uso de fornos de microondas comerciais para aquecimento de reagentes químicos tornou-se mais freqüente a partir de 1985, embora o processo já fosse patenteado desde 1969, para a polimerização de monômeros acrílicos em emulsões aquosas. As vantagens do processo se referem a tempo de reação e rendimento, especialmente na preparação de compostos organometálicos e de polímeros. O aquecimento por microondas é particularmente útil para líquidos aquosos ou materiais úmidos, em razão da agitação térmica das moléculas de água.

1.7 Aquecimento com banho de vapores de líquidos em ebulição

Quando há necessidade de uma variação mínima de temperatura para trabalhos especiais, como secagem de substâncias delicadas, para análise, usam-se banhos de vapores de substâncias orgânicas à ebulição, que correspondem a um termostato de alta precisão, de natureza química. Esse é o processo empregado no aparelho de secagem a vácuo, conhecido como pistola de Abderhalden, representado na **Figura 1.6**. Nesse caso, o material a secar se encontra em uma câmara de vidro cilíndrica, horizontal, onde é criado o vácuo; o aquecimento é feito pela condensação de vapores de um líquido de ponto de ebulição conveniente, que é mantido sob refluxo. O líquido escolhido deve ter boa estabilidade para resistir a aquecimento prolongados por muitas horas, durante a secagem do material.

As substâncias de uso mais comum para essa finalidade são: acetona (p.e.: 56 °C), metil-etil-cetona (p.e.: 80 °C), água (p.e.: 100 °C), tolueno (p.e.: 111 °C), clorobenzeno (p.e.: 133 °C), bromobenzeno (p.e.: 155 °C), *p*-cimeno (p.e.: 176 °C), *o*-diclorobenzeno (p.e.: 180 °C) e anilina (p.e.: 184 °C).

1.8 Aquecimento com banho termostatizado

Equipamentos dotados de termostatos de precisão permitem a manutenção de temperaturas especificadas, por tempos prolongados, em ambientes destinados à realização dos procedimentos desejados (reações químicas, cristalizações, análises físico-químicas, etc.), por meio da circulação de um líquido. O aquecimento do líquido é feito por resistências elétricas, controladas por um circuito eletrônico e é transferido por bombeamento para uma jaqueta ou serpentina, que aquecerá o meio em que se deseja manter uma temperatura constante. As jaquetas são usadas revestindo reatores "encamisados" de vidro ou metal. As serpentinas se aplicam ao aquecimento direto de meios reacionais, ou então de meios líquidos para determinações analíticas, por exemplo.

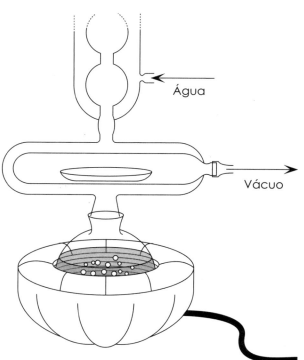

Figura 1.6
Aquecimento com banho de vapores.

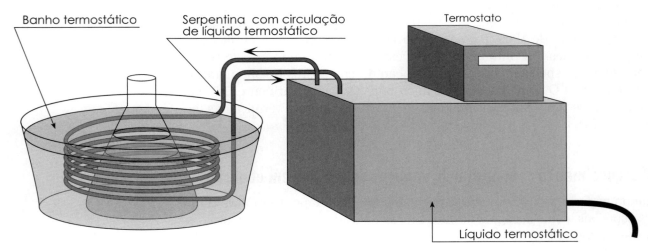

Figura 1.7
Aquecimento controlado com banhos termostatizados.

Os líquidos de aquecimento preferidos para banhos termostatizados são: água, glicol etilênico e óleos de silicone. Deve-se evitar o uso de líquidos halogenados, que podem liberar produtos ácidos corrosivos.

Cuidados especiais devem ser tomados com o material de que são feitos os dutos de conexão entre a fonte de líquido termostatizado e as jaquetas ou serpentinas, que normalmente são feitos de borracha ou plásticos, muitas vezes susceptíveis ao ataque pelo líquido quente, muito agressivo.

A **Figura 1.7** mostra uma aparelhagem para aquecimento controlado para banhos termostatizados.

2 Resfriamento

O resfriamento é comumente necessário na condensação de destilados, na cristalização e na execução de certas reações orgânicas. É particularmente importante nas reações de polimerização iônica. Para manutenção da faixa de temperatura desejada para o banho de resfriamento, é necessário o isolamento térmico, da mesma forma que nos banhos de aquecimento. Dependendo da temperatura desejada, empregam-se os seguintes processos de resfriamento: com ar, com água, com soluções salinas, com banho de gelo, com banho de gelo e sais, com banho de gelo-seco e com banho de nitrogênio líquido. Temperaturas abaixo de 0 °C podem ser obtidas e mantidas com precisão por meio de processo isotérmico de congelamento de solventes, pela adição progressiva de gelo-seco ou nitrogênio líquido, até ser atingida a temperatura de congelamento. A temperatura baixa é mantida pela adição permanente do gelo-seco ou nitrogênio, para compensar o aquecimento do banho por troca com o ambiente.

2.1 Resfriamento com ar

Na destilação de líquidos de alto ponto de ebulição, acima de 150 °C, não se deve usar água na refrigeração do condensado. Ou melhor, não se deve usar imediatamente água como meio de refrigeração, após a destilação; faz-se primeiro o resfriamento a ar, utilizando tubo longo, sem jaqueta, como condensador. Pode-se também apenas interpor, entre a saída lateral do balão de destilação e o condensador refrigerado a água, um tubo de vidro de uns 20 cm de comprimento, que atua como condensador de ar. Esse cuidado é importante para evitar a poluição do ambiente do laboratório com os vapores, cuja ação cumulativa pode ter efeitos tóxicos.

2.2 Resfriamento com água

Nas destilações de líquidos de ponto de ebulição abaixo de 150 °C, o resfriamento com água é o mais usual. É também comum no resfriamento de misturas reacionais. Quando o recipiente tiver sido aquecido a fogo direto, deve-se preliminarmente resfriar o frasco quente em corrente de ar, antes de submetê-lo ao contato com a água fria.

2.3 Resfriamento com soluções salinas

Podem ser conseguidas temperaturas abaixo de zero pela dissolução de certos sais em água fria, o que causa um grande abaixamento da temperatura, conforme apresentado no **Quadro 1.2**.

Quadro 1.2 Soluções salinas usadas para resfriamento abaixo de 0 °C

Solução salina		Temperatura alcançada (°C)
Composição	Temperatura da água (°C)	
1 parte de água 1 parte de NH_4Cl 1 parte de $NaNO_3$	10 °C	−15 a −20
10 partes de água 3 partes de NH_4Cl	13 °C	−15
5 partes de água 3 partes de NH_4NO_3	13 °C	−13
10 partes de água 11 partes de $Na_2S_2O_3.5H_2O$	11 °C	−8

2.4 Resfriamento com gelo

Para temperaturas próximas e superiores a 0 °C, usa-se mistura de água e gelo picado. Poderia ser esperado que mistura de água e gelo, preparada em um recipiente qualquer, resultasse em temperatura estável de 0 °C, como se fosse um termostato natural, mesmo que a temperatura ambiente fosse elevada. No entanto, para que isso ocorra é essencial que se proceda ao isolamento térmico adequado do banho, o que pode ser conseguido pela colocação do recipiente em uma caixa de proteção (por exemplo, feita de isopor).

2.5 Resfriamento com gelo e sais

Para temperaturas abaixo de 0 °C, quando se dispõe de gelo, podem ser usadas misturas de gelo e sais, em que o processo de dissolução é endotérmico e abaixa alguns graus a temperatura, como se vê nos exemplos abaixo:

a) 3 partes de gelo e 1 parte de NaCl: –20 °C;
b) 4 partes de gelo e 5 partes de $CaCl_2.6H_2O$: –40 a –50 °C.

2.6 Resfriamento com gelo-seco

Quando temperaturas de cerca de –70 °C são desejadas, usa-se gelo-seco (dióxido de carbono sólido) em pequenos fragmentos, adicionado a solventes orgânicos, contidos em recipiente térmico adequado. Para a conservação dessas baixas temperaturas durante horas são utilizados frascos de Dewar, que devem ser bastante amplos para conter o gelo-seco e as bolhas que se formam no momento da adição dos fragmentos (**Figura 1.8**). A solubilização do gás no solvente até atingir a saturação produz as bolhas, que podem gerar espuma volumosa e transbordar, produzindo queimaduras ou incêndio. A evolução de bolhas vai diminuindo à medida que a temperatura do banho vai baixando, até atingir a saturação do solvente pelo dióxido de carbono.

A temperatura e a pressão do dióxido de carbono em seu ponto triplo são, respectivamente, –56,4 °C e 5,11 atmosferas. Isso significa que só é possível a formação de dióxido de carbono líquido a pressões superiores a 5,11 atmosferas. Assim, à pressão atmosférica, o gelo seco passa diretamente ao seu estado gasoso e, por ter elevado calor latente de vaporização (87,2 cal/g), alta densidade (1,56 g/cm^3) e por estar isolado do ambiente por uma camada de vapores densos, vaporiza-se de modo relativamente lento. Essas características tornam o gelo-seco um conveniente agente de refrigeração. O dióxido de carbono sublima a –78 °C.

Os solventes orgânicos comumente usados são acetona, etanol e tricloroetileno; as temperaturas obtidas são próximas a –77 °C. Solvente clorados são particularmente interessantes para uso nesses banhos porque, sendo muito densos, não permitem a formação de espuma volumosa.

O dióxido de carbono sólido permite o abaixamento da temperatura dos solventes até –78 °C, isto é, todos os sol-

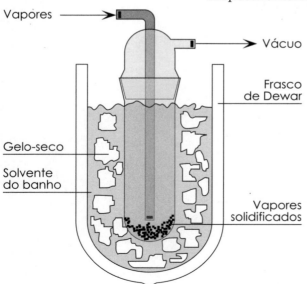

Figura 1.8
Resfriamento com gelo-seco.

Quadro 1.3 Temperaturas obtidas em banhos de solventes/gelo-seco

Solvente	Temperatura de congelamento (°C)	Solvente	Temperatura de congelamento (°C)
p-Xileno	13	m-Diclorobenzeno	−25
Dioxano	12	o-Xileno	−29
Ciclo-hexano	6	Bromobenzeno	−30
Benzeno	5	Acetonitrila	−41
Formamida	2	Clorobenzeno	−45
Hexano-2,5-diona	− 9	m-Xileno	−47
Glicol etilênico	−11	Malonato de etila	−50
Benzoato de metila	−12	n-Butil-amina	−50
Álcool benzílico	−15	Acetato de benzila	−52
n-Octanol	−16	Diacetona	−55
o-Diclorobenzeno	−18	n-Octano	−56
Tetracloroetileno	−22	Éter isopropílico	−60
Tetracloreto de carbono	−23	Tricloroetileno	−73

ventes cuja temperatura de congelamento seja superior a essa temperatura, aos quais seja adicionado progressivamente gelo-seco, podem passar ao estado sólido a uma determinada temperatura, em um processo isotérmico, tornando-se criostatos intrínsecos. Faixas de temperaturas entre −10 e −160 °C, difíceis de obter de outras maneiras, podem ser conseguidas com solventes selecionados, resfriados por adição de gelo-seco até a solidificação. Uma relação de temperaturas que podem ser conseguidas em sistemas solventes/gelo-seco é apresentada no **Quadro 1.3**.

A manutenção da baixa temperatura exige que a superfície do banho seja protegida, por exemplo, com algodão-de-vidro. O isolamento térmico do frasco de Dewar é especialmente importante quando se está trabalhando em alto vácuo, ou na condensação dos vapores de solventes voláteis, ou no manuseio de gases liquefeitos.

Dessa maneira, evita-se que os vapores condensados se volatilizem pela elevação progressiva da temperatura e contaminem a bomba de vácuo; a pressão de vapor do óleo da bomba é o limite de vácuo que pode ser alcançado.

2.7 Resfriamento com nitrogênio líquido

O agente de resfriamento mais empregado quando o trabalho é feito em alto vácuo é o nitrogênio líquido, cujo ponto de ebulição é −196 °C. Nesse caso, é comum o emprego de bombas de difusão, que atingem pressões próximas a 0,001 mm Hg. O nitrogênio líquido oferece mais facilidade de manipulação do que a mistura de gelo-seco e solvente, pois não é necessário preparar e manter a solução saturada de dióxido de carbono. Frascos de Dewar ou garrafas térmicas domésticas de boa qualidade podem ser usados. O pequeno diâmetro da boca das garrafas muitas vezes limita sua utilização. É preciso ter o cuidado de manter os frascos térmicos vazios após o uso de nitrogênio líquido, pois o oxigênio condensa a –183 °C e poderá haver condensação de ar dentro do frasco; o contato de vapores orgânicos com o ar líquido muitas vezes resulta em explosões. Além disso, quando se trabalha com menor vácuo e ocorre algum vazamento na linha, o ar que penetra no sistema pode ser condensado dentro do "dedo-frio"; posterior interrupção do vácuo e retirada do frasco de Dewar contendo o nitrogênio líquido podem permitir a rápida expansão do oxigênio condensado, provocando a explosão da linha.

Tal como ocorre com o gelo-seco, o nitrogênio líquido permite o abaixamento da temperatura dos solventes até –196 °C. Quando o nitrogênio líquido é adicionado progressivamente a um determinado solvente, este pode passar ao estado sólido a uma determinada temperatura. Faixas de temperaturas entre –80 e –180 °C, difíceis de obter de outras maneiras, podem ser conseguidas com solventes selecionados, resfriados por adição de nitrogênio líquido até a solidificação. O **Quadro 1.4** apresenta uma série de solventes que podem atuar como criostatos intrínsecos, por adição controlada de nitrogênio líquido até a solidificação.

Quadro 1.4 Temperaturas obtidas em banhos de solventes/nitrogênio líquido			
Solvente	Temperatura de congelamento (°C)	Solvente	Temperatura de congelamento (°C)
Acetato de etila	–84	Metanol	–98
Metil-etil-cetona	–86	Acetato de metila	–98
n-Butanol	–89	Acetato de isobutila	–99
n-Heptano	–91	Isoctano	–104
Acetato de n-propila	–92	Etanol	–116
Ciclopentano	–93	Éter dietílico	–116
n-Hexano	–94	Álcool isoamílico	–117
Acetona	–95	Metil-ciclo-hexano	–126
Tolueno	–95	n-Pentano	–131
Cumeno	–97	Isopentano	–160

Resfriamento

2.8 Resfriamento com banhos termostatizados

Banhos líquidos refrigerantes, contidos em quaisquer recipientes, podem ser preparados pela imersão de uma serpentina na qual circula um líquido termostatizado. Esse líquido é mantido a temperatura baixa especificada por tempos prolongados, por meio de equipamentos dotados de termostatos de precisão. O resfriamento do líquido é obtido por sistema similar ao de refrigeradores comerciais, controlado por um circuito eletrônico. O líquido é transferido por bombeamento para a serpentina, que resfriará o meio onde se deseja manter uma temperatura baixa constante.

Os líquidos de refrigeração preferidos para banhos termostatizados são misturas de água com agentes anticongelantes, como álcoois e glicóis. Deve-se observar que esses agentes são compostos hidroxilados, suscetíveis de associação intermolecular por ligações hidrogênicas e, portanto, também miscíveis com água. Essas características dos anticongelantes respondem, por exemplo, pelos altos valores de ponto de ebulição e pelos baixos valores de ponto de congelamento, em relação aos hidrocarbonetos correspondentes. Pode-se observar no **Quadro 1.5** que, em mistura aquosa a 50%, o anticongelante mais eficiente é o metanol, que permite atingir sem congelamento até –45 °C, porém tem pressão de vapor relativamente alta à temperatura de 20 °C, o que é uma desvantagem, considerada sua toxicidade. No caso do glicerol, que é tri-hidroxilado, o efeito da sua estrutura sobre a viscosidade é marcante, o que deve ser considerado para fins de bombeamento do líquido termostatizado. Agentes anticongelantes menos voláteis e menos viscosos, como o glicol etilênico, são geralmente preferidos.

Quadro 1.5 Propriedades físicas de alguns agentes anticongelantes						
Líquido anticongelante	Densidade relativa	Ponto de ebulição (°C)	Pressão de vapor a 20 °C (mm Hg)	Viscosidade, 20 °C (cP)	Ponto de congelamento (°C)	
					Puro	Solução aquosa 50%
Metanol	0,792	65	96	0,59	– 98	–45
Etanol	0,791	78	44	1,19	–117	–31
Isopropanol	0,786	82	33	2,37	– 88	–23
Glicol etilênico	1,116	197	0,1	20,9	–113	–37
Glicerol	1,264	290	0,0004	1 499	17	–22
Água (padrão)	1,000	100	18	1,01	0	0

3 Agitação

A agitação é uma operação muito comum em processos químicos. Tem como objetivo aumentar a interface dos componentes reacionais, bem como homogeneizar as misturas e a temperatura do sistema. Quando se realiza uma reação, há necessidade de boa dispersão das partículas dos reagentes, para melhor contato. Além disso, para rendimentos satisfatórios em tempo conveniente, é essencial levar em consideração a dimensão das partículas dos reagentes.

A condição de máximo contato entre os componentes de uma mistura exige que a dimensão das partículas tenha nível molecular, o que ocorre nas soluções. Tanto para solutos micromoleculares (por exemplo, o triestearato de glicerila, $C_{57}H_{62}O_6$, de peso molecular 842) quanto macromoleculares (peso molecular de 1 000 a 1 000 000), é ainda necessário que existam interações físico-químicas entre eles e os solventes, as quais dependem de suas estruturas químicas. As soluções são normalmente estáveis, suportando qualquer tipo de agitação, desde que se mantenham as mesmas condições de concentração, temperatura e pressão.

Partículas um pouco maiores que as moléculas são as micelas, que são constituídas por agregados de moléculas da fase dispersa, circundados por uma nuvem de íons ou moléculas da fase dispersora, e ocorrem nas emulsões. Uma típica micela tem dimensões de 2 a 10 nm (20 a 100 Å). Mesmo mantendo as condições de concentração, temperatura e pressão iniciais, a estabilidade das emulsões pode ser destruída pelo cisalhamento resultante de altas velocidades de agitação. Este é, aliás, o fundamento dos métodos mais comuns de avaliação da estabilidade das emulsões industriais.

Quando as dimensões das partículas se tornam ainda maiores, podem ser formadas suspensões que, durante a agitação, se tornam relativamente estáveis, precipitando no meio dispersante quando se interrompe a agitação. Partículas de dimensões grosseiras resultam apenas em misturas, de maior ou menor heterogeneidade.

A agitação em laboratório pode ser conseguida manualmente ou em equipamentos elétricos. Nestes, a homogeneização ou dispersão das partículas ocorre por meio de peças (hélices, pás, bastões), movidas por motores elétricos, dotados ou não de dispositivos magnéticos. A agitação pode também ser realizada por vibrações ultra-sônicas.

É importante ressaltar que os agitadores devem ser resistentes às condições de operação. Os materiais mais empregados para a sua confecção são: vidro, madeira, plástico ou aço inoxidável.

3.1 Agitação manual

Quando a operação de agitação envolve pequenas quantidades de material e é prevista para um curto espaço de tempo, e além disso não se dispõe de equipamento de agitação sofisticado, a agitação manual pode ser empregada.

Agitação

Há necessidade de agitação quando se procede a uma destilação, para homogeneização da temperatura da massa. Quando se trata de destilação a pressão atmosférica, essa agitação pode ser promovida pela presença de pequenas partículas de material poroso, como pedra-pomes ou porcelana porosa. Por aquecimento, o ar aprisionado nos poros é liberado e borbulha, permitindo a criação de núcleos de vaporização no líquido a ser destilado, homogeneizando assim o sistema. No caso de destilação a pressão reduzida, apenas esse recurso não é suficiente para impedir as projeções de material durante a destilação. Essas projeções revelam desequilíbrio de temperatura, o que, por sua vez, causa desequilíbrio de pressão. A formação mais intensa de microbolhas, provocadas por um capilar imerso no líquido, ou a agitação magnética são a forma usual de se proceder à homogeneização de temperatura nas destilações a pressão reduzida, que serão abordadas no **item 8.7**.

3.2 Agitação elétrica

A agitação elétrica é usualmente empregada, tanto nas operações em laboratório quanto em instalações industriais, por curtos ou longos períodos de tempo.

Às vezes, o produto de reação é solúvel no meio reacional e precisa ser removido da superfície da partícula do reagente para que a reação não se interrompa. Nesses casos, é essencial uma agitação mais vigorosa e constante, e não apenas ocasional. O mesmo ocorre quando as duas fases são líquidas. A aglomeração do reagente, em uma camada superior ou inferior, expõe apenas à reação a interface. A agitação vigorosa aumenta de muito essa interface, que será a área somada de todas as gotículas em suspensão.

3.2.1 Agitação elétrica mecânica

Dentre as operações de agitação elétrica, destaca-se a agitação mecânica, que é particularmente importante na síntese de reagentes químicos e produtos poliméricos. Neste tipo de agitação, o elemento móvel (haste e pá), que está em contato com o meio fluido, é ligado ao sistema rígido (balão ou reator) por um dispositivo (junta de vedação) que permite o isolamento do meio reacional (**Figura 1.9**).

Quando se trabalha a pressão atmosférica, o problema de vedação é facilmente contornável. Entretanto, a pressões mais elevadas, ou reduzidas, esse problema pode se constituir em um impedimento à realização do trabalho. Cuidado especial deve ser adotado durante a montagem de um sistema sob agitação mecânica. Se a aparelhagem estiver sob tensão, a excessiva vibração e a eventual excentricidade da haste do agitador podem dificultar e às vezes impossibilitar o trabalho com juntas cônicas de vidro esmerilhado, podendo mesmo provocar a quebra da aparelhagem. Juntas de Teflon® podem ser usadas em certos casos.

Figura 1.9
Agitação elétrica mecânica.

À pressão atmosférica, o dispositivo clássico para a vedação é um selo líquido, por exemplo de mercúrio ou silicone. Um par de juntas esféricas (*ball-and-socket*), conectando o dispositivo móvel do sistema com a parte rígida, mantidas em posição por intermédio de garras metálicas apropriadas, é a solução mais indicada para quaisquer pressões.

As pás de agitação são de vários tipos. A mais versátil, adequada à grande maioria, se não à totalidade dos casos de trabalho em laboratório, é a pá semicircular de Teflon®, que deve quase tocar a superfície interna do recipiente, sem que isso acarrete qualquer problema. As pás de vidro ou metálicas trazem sempre a possibilidade de quebra do frasco de reação, por um acidente na agitação. O formato das pás é importante, especialmente quando os componentes insolúveis do sistema têm densidades muito diferentes. Dentre as pás metálicas, é muito útil aquela feita de arame de níquel ou de tântalo, conhecida como agitador de Hershberg, que se adapta a balões de vidro de diversas capacidades. Entretanto, o ataque à liga metálica ou sua ação catalítica são por vezes inevitáveis, interferindo nos processos em execução.

É importante salientar que a agitação mecânica permite a operação em meios de alta viscosidade ou com elevado teor de sólidos.

3.2.2 Agitação elétrica-magnética

A agitação magnética é muito útil devido à simplicidade do equipamento; é geralmente utilizada em operações de laboratório. O sistema de agitação consiste em uma barra de metal ferromagnético, colocada de forma centralizada e muito próxima a uma placa, sobreposta a um magneto, o qual é submetido a um movimento de rotação pela ação de um motor elétrico. A barra metálica, em geral cilíndrica, é recoberta por material resistente ao ataque de reagentes e solventes, usualmente Teflon®, e é imersa no frasco contendo o meio fluido a ser homogeneizado. A alternância de posição dos polos do magneto submete a barra a movimento de rotação controlada. É necessário que as dimensões da barra permitam a sua proximidade à placa magnética, para que o movimento de rotação não se torne incontrolável e turbulento. A representação esquemática desse sistema pode ser vista na **Figura 1.10**.

Figura 1.10
Agitação elétrica magnética.

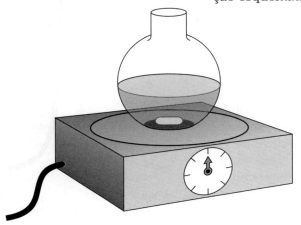

A agitação magnética não é eficiente ou possível quando a massa a agitar é muito volumosa, ou muito espessa, ou muito viscosa, ou contém uma fase sólida muito densa, depositada no fundo do recipiente. Outra restrição ao uso da agitação magnética é a necessidade de mantas de aquecimento elétrico apropriadas, cuja forma e capacidade permitam a proximidade da barra de agitação ao magneto. Existem placas aquecedoras magnéticas que possibilitam o uso de banhos de líquidos, dispensando a exigência de mantas.

3.2.3. Agitação elétrica ultra-sônica

Os ultra-sons são vibrações de freqüência superior a 20 000 Hz, inaudíveis para o homem, porém detectáveis por alguns animais[*]. Essas vibrações são geradas por um cristal piezoelétrico[**], convenientemente excitado por impulsos elétricos de freqüência apropriada, e provocam violenta agitação nos líquidos por colisão entre as partículas.

É um processo vantajoso sob muitos aspectos, pois dispensa o contato dos componentes do sistema em agitação com os elementos externos, evitando contaminação ou perda de massa. É empregado em laboratórios analíticos, especialmente nas áreas de bioquímica e produtos farmacológicos. Em laboratórios de polimerização, são úteis na preparação de polímeros em emulsão.

4 Extração

O problema de retirar de uma mistura, sólida, líquida ou gasosa, um determinado produto é comum em laboratórios de Química. Em geral, esse produto ou é o predominante ou é o contaminante. Assim, o problema comumente consiste em remover da mistura a maior parte ou apenas uma pequena parte. Os demais casos, isto é, a extração fracionada de uma mistura complexa, estão associados a procedimentos como a cromatografia, que não será abordada com detalhe neste trabalho.

A extração é empregada tanto em escala analítica quanto preparativa. O primeiro caso é o mais comum e é usado na maioria dos procedimentos de análise química, por exemplo, no controle de qualidade de uma imensa variedade de produtos e no enriquecimento de amostras para análise, inclusive relacionadas a problemas toxicológicos para cumprimento de determinações legais. Em escala preparativa, a extração é especialmente importante para as indústrias que utilizam matéria-prima natural, como a petroquímica, a farmacêutica e a alimentícia.

A natureza física do material a ser extraído precisa ser levada em conta na escolha do processo de extração, para permitir maior contato entre o solvente e o material a ser extraído. Dessa maneira, serão focalizadas, separada e sucessivamente, as técnicas de extração de materiais sólidos, pastosos, líquidos e gasosos.

4.1 Extração de material sólido

Para ser submetido a extração com solventes, o material sólido precisa ser pulverizado, a fim de expor uma grande área de contato do material com o solvente. Produtos pulverulentos podem ser extraídos em aparelho de Soxhlet ou em dispositivo semelhante, mais simples, como o extrator ASTM para análise química de borracha, ambos representados na **Figura 1.11**.

(*) Sons de freqüência até 45 000 Hz são percebidos por animais como cães, gatos e cavalos; morcegos são sensíveis a vibrações até 70 000 Hz.

(**) Cristais piezoelétricos apresentam a propriedade de piezoeletricidade. Piezoeletricidade é o fenômeno observado em cristais anisotrópicos, como os cristais hemiédricos de quartzo, nos quais as deformações mecânicas provocam polarização elétrica em determinadas direções. Nesses cristais, a tensão mecânica gera eletricidade, e vice-versa. Alguns materiais poliméricos de alta cristalinidade, como o poli(fluoreto de vinilideno), também apresentam piezoeletricidade.

Figura 1.11
Extração de material sólido:
(a) aparelho de Soxhlet;
(b) extrator ASTM.

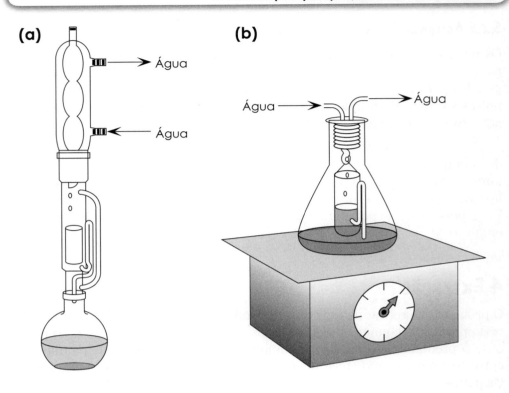

O pó a ser extraído é colocado em um cartucho de material filtrante, geralmente papel; o arraste de partículas sólidas é evitado pela inserção, na boca do cartucho, de um chumaço de algodão hidrófilo ou algodão-de-vidro. O cartucho é inserido em um recipiente dotado de sifão, adaptado ao frasco contendo o solvente e um condensador de refluxo, de tal modo que, sobre a amostra, goteje o solvente condensado. A temperatura de extração é mantida constante porque o sifão é banhado pelos vapores do solvente em ebulição. Dentro do sifão, o solvente tem contato com o material a ser extraído; ao atingir o nível, ocorre a descarga do solvente contendo o produto removido. Essa solução vai sendo incorporada, descontinuadamente, ao extrato que se vai progressivamente concentrando no frasco receptor.

Deve-se tomar cuidado para que não ocorra a completa evaporação do solvente no recipiente aquecido, contendo a solução que está sendo concentrada. Isso poderia acarretar a degradação do produto extraído. Normalmente, no início da extração, introduz-se um volume de solvente 2 ou 3 vezes superior ao volume do sifão.

No caso de extrator simplificado, é preciso evitar que a extremidade do tubo do sifão toque a superfície da solução contendo o material extraído, pois qualquer irregularidade de pressão pode causar sucção da solução e recontaminação do material no cartucho.

Caso a concentração da solução no frasco extrator se torne muito elevada, com aspecto viscoso ou coloração muito intensa, deve-se recolher esse extrato e substituí-lo por nova porção de solvente. A extração deve prosseguir até

Extração

que o conteúdo de um sifão não deixe resíduo em um vidro de relógio, após a evaporação espontânea. A extração por tempo prolongado implica eventual degradação do produto extraído; portanto, cuidado especial deve ser dado à seleção do solvente. Devem ser evitados líquidos de alto ponto de ebulição.

A extração de material sólido é de particular importância em laboratórios que trabalham com polímeros. Por exemplo, quando se realiza uma polimerização estereoespecífica de monômeros vinílicos, na maioria dos casos se obtém uma mistura de polímeros com diferentes estruturas, tanto com alto grau de regularidade configuracional (polímeros isotático ou sindiotático) quanto com desordem estrutural (polímero atático). A extração com solvente adequado remove o polímero mais solúvel, que é o atático. É interessante lembrar que foi essa técnica que permitiu a Natta e seus colaboradores a separação dos isômeros do polipropileno, de taticidades diferentes, resultantes da ação de seus catalisadores sobre o monômero propileno.

Na identificação de aditivos empregados em formulações de artefatos comercializados de plásticos rígidos, a extração com solvente adequado é freqüentemente indicada. Quando o sólido não é quebradiço, friável, porém incha com o solvente escolhido, como ocorre em composições de borracha, a extração dos aditivos também pode ser realizada. Se o material não friável é flexível, pode-se cortá-lo em lâminas muito finas, envolvendo-as entre duas pequenas folhas de papel de filtro, enrolando e colocando o canudo no sifão, para extração.

4.2 Extração de material pastoso

A extração de um ou mais componentes, presentes em pequena quantidade em uma mistura pastosa, oferece uma série de dificuldades, contornáveis pelo emprego de técnica adequada para expor ao solvente o máximo de superfície do material pastoso; por exemplo, na análise dos contaminantes eventuais de uma amostra de mel ou dos componentes minoritários de uma amostra de asfalto. Isso pode ser conseguido de diversas maneiras, conforme o objetivo da extração e o tipo de sistema material pastoso/solvente, em análise.

Uma das técnicas consiste em transformar o material em um filme pastoso, espalhando-o sobre folha de papel de filtro, tal como descrito anteriormente neste capítulo para extração de filmes plásticos (**item 4.1**).

Outra técnica, geralmente a mais usada, consiste em transformar preliminarmente a amostra pastosa em um material pulverulento e extraí-lo segundo o procedimento já descrito no **item 4.1**. Para isso, é preciso misturar a amostra pastosa com um material particulado e inerte, geralmente areia de rio, limpa e seca, de modo a resultar um material esfarelado, não coalescente.

Nessas duas técnicas, a amostra extraída torna-se contaminada pelo papel de filtro ou pela areia, respectivamente. Isso pode ser inconveniente, conforme o objetivo da análise. Uma terceira técnica contorna esse problema, transformando a amostra pastosa em líquida, pela sua diluição em um solvente; a mistura líquida resultante será então submetida à extração dos componentes minoritários com outro solvente, conforme será descrito adiante no **item 4.3**.

4.3 Extração de material líquido

Quando se trata de mistura líquida contendo o produto a ser extraído, um dos caminhos mais comuns para a separação é o uso de um solvente imiscível com a fase líquida inicial, tão seletivo quanto possível. Às vezes, o solvente pode ser reativo, isto é, capaz de reagir com algum dos componentes da mistura, sendo possível extraí-lo da fase líquida inicial. Por exemplo, solução aquosa ácida extrai componentes básicos de um extrato etéreo, enquanto que solução alcalina extrai componentes fenólicos ou ácidos de um solvente orgânico.

Em preparações orgânicas com volumes relativamente pequenos, a extração de mistura líquida é feita descontinuadamente, com funis de separação ou de decantação [**Figura 1.12 (a)**]. O contato entre as duas fases líquidas é promovido pela agitação forte e turbilhonar das fases líquidas, dentro do funil de decantação. Com o repouso, as fases se separam e é possível removê-las

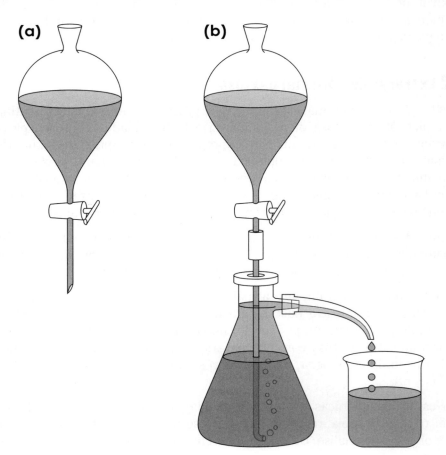

Figura 1.12
Extração de material líquido:
(a) funil de decantação;
(b) percolador.

Extração

separadamente. Deve-se observar que a fase líquida inferior é removida primeiro, pela torneira, em baixo, e a fase superior, pela boca do funil, em cima. Para melhor definição da interface, é muito eficiente proceder a um rápido movimento de centrifugação manual, antes de remover a fase inferior.

Partículas insolúveis, sólidas, trazem dificuldade à separação das fases líquidas, pois essas partículas podem se situar na interface ou depositar-se no fundo do funil, dificultando a vazão. Nesses casos, deve-se filtrar a mistura líquida através de fina camada de algodão hidrófilo, de modo a reter os detritos indesejáveis.

Outras vezes, forma-se emulsão que dificulta a rápida separação das camadas líquidas. Para "quebrar" a emulsão, pode-se proceder de diversas maneiras, conforme o sistema envolvido: borbulhar ar lentamente, através da mistura emulsionada; aquecer levemente; adicionar gotas de um solvente miscível nas duas fases líquidas, etc. A filtração do sistema emulsionado através de gaze ou fina camada de algodão hidrófilo é, em muitos casos, a melhor solução.

Quando as fases líquidas são muito escuras, é difícil notar-se a interface. A adição de um dos solventes, vagarosamente, pelas paredes do funil de decantação permite fácil identificação das fases.

Há alguns pequenos detalhes de técnicas que fazem com que os rendimentos das preparações aumentem ou diminuam substancialmente quando submetidos a extração com solvente.

É preciso recordar, primeiramente, a *Lei da Distribuição* ou *Lei da Partição*, que diz:

"Se, a um sistema de 2 líquidos imiscíveis ou ligeiramente miscíveis, for adicionada uma substância solúvel em ambos, a substância se distribuirá entre as duas camadas, de modo que a razão entre as concentrações nos dois solventes, a uma temperatura constante, permanece constante e é denominada *coeficiente de distribuição* ou *coeficiente de partição* **K**". Sem grande erro, pode-se fazer **K** igual à razão da solubilidade da substância nos dois solventes.

Essa lei permite calcular facilmente o que é mais eficiente: a extração em uma só vez, com um determinado volume de solvente, ou a extração repetidas vezes, com diversas porções, perfazendo um volume total igual àquele.

Sejam:
S_A peso da substância inicialmente dissolvida no solvente **A**;
S_B peso da substância extraída pelo solvente **B**;
V_A volume do solvente **A**;
V_B volume do solvente **B**;
K   coeficiente de partição da substância entre os solventes **B** e **A**;
C_A concentração da substância no solvente **A**, após a extração com o solvente **B**;
C_B concentração da substância no solvente **B**.

Após extrair, com o solvente **B**, a substância contida na solução feita com o solvente **A**, as concentrações em cada solvente passarão a ser:

$$C_A = (S_A - S_B)/V_A$$
$$C_B = S_B/S_A.$$

Então, o coeficiente de partição será:

$$K = C_B/C_A = (S_B/V_B)/[(S_B - S_A)/V_A].$$

Daí se tem:

$$S_B = (K \, S_A \, V_B)/(V_A + K \, V_B).$$

Como exemplo, uma solução de 10 g de fenol dissolvida em 100 mL de água é extraída com 50 mL de benzeno; o coeficiente de partição do fenol entre o benzeno e a água é 4. Assim:

$$K = 4$$
$$S_A = 10 \text{ g}$$
$$V_A = 100 \text{ mL.}$$

Extraindo o fenol da solução aquosa com 50 mL de benzeno de uma só vez ($V_B = 50$ mL), a quantidade de fenol extraída pelo benzeno será:

$$S_B = (4 \times 10 \times 50)/(100 + 4 \times 50) = 6,7 \text{ g.}$$

Por outro lado, extraindo o fenol com duas porções sucessivas de benzeno, de 25 mL cada uma ($V_B = 25$ mL), a quantidade de produto extraído pelo benzeno seria:

$$S'_B = (4 \times 10 \times 25)/(100 + 4 \times 25) = 5,0 \text{ g}$$
$$S''_B = (4 \times 5 \times 25)/(100 + 4 \times 25) = 2,5 \text{ g.}$$

Portanto, o total de fenol, extraído parceladamente com 50 mL de benzeno, seria maior:

$$5,0 + 2,5 = 7,5 \text{ g.}$$

Se a operação de extração for repetida muitas vezes, a quantidade de material extraída em cada vez vai se tornando cada vez menos significativa, perdendo-se a vantagem da aplicação da Lei da Partição. Na prática, são suficientes 3 porções sucessivas de solvente, sendo que a primeira porção deve ser suficientemente grande para extrair, sem saturação, o produto dissolvido a recuperar.

Quando se trata de soluções aquosas, pode-se diminuir a solubilidade do produto a extrair pela adição de um sal (*salting out*), como o cloreto de sódio, que satura a fase aquosa, deslocando, ou melhor, deixando mais apto a ser extraído, pelo solvente, o produto orgânico.

Quando se trata de grandes volumes e se deseja proceder de maneira contínua, emprega-se o percolador, conforme representado na **Figura 1.12 (b)**. Consiste em borbulhar o solvente extrator por uma certa altura da solução do produto a ser extraída. Como fonte do solvente, utiliza-se o funil de decantação, cuja haste é prolongada por um tubo de vidro em que a extremidade

Eliminação de solvente

apresenta pequenos furos, para liberar o solvente sob a forma de gotículas. É importante escolher a densidade do solvente extrator, para que seja adequadamente colocada a saída do recipiente pela qual escoará a solução do material extraído.

Quando o solvente extrator é mais leve e sobrenada, a extremidade do tubo de vidro deve penetrar até o fundo do recipiente contendo a solução do produto desejado, e a saída deve ser colocada na parte superior do recipiente [**Figura 1.12 (b)**]. Quando o solvente extrator é mais denso que a solução, a extremidade do tubo deve aflorar à interface, e a saída deve ser posicionada na parte inferior.

4.4 Extração de material gasoso

Quando se trata de misturas gasosas, é comum proceder-se à separação de certos componentes pela formação de complexos com determinados produtos em uma solução. A estabilidade desses complexos varia, possibilitando a extração de um componente a uma temperatura baixa; a recuperação do produto retido por complexação é feita pela simples elevação da temperatura. Por exemplo, a corrente de efluentes C4 de uma refinaria de petróleo contém uma série de hidrocarbonetos, saturados e insaturados; quando se deseja separar o butadieno, que é o produto mais insaturado, pode-se fazer sua extração por meio da passagem da corrente gasosa por solução amoniacal de acetato de cobre, a baixa temperatura. O butadieno forma um complexo com o cobre, ficando retido, enquanto os demais gases C4 prosseguem na corrente gasosa. A posterior elevação da temperatura permite recuperar o butadieno com alto grau de pureza.

5 Eliminação de solvente

Uma importante operação em Química é a separação do produto desejado, que geralmente está presente em uma amostra líquida. Preliminarmente, é preciso considerar qual é o produto desejado: o componente predominante da mistura, isto é, o solvente, ou o material que se encontra dissolvido, isto é, o soluto.

Esse é o caso mais comum na obtenção de quaisquer produtos químicos, de origem natural ou sintética. Por exemplo, a água do mar contém uma série de sais minerais dissolvidos, ao lado de uma multiplicidade de contaminantes sólidos, como areia, cascalhos e outros resíduos. Dentre os sais minerais, o mais abundante e importante é o cloreto de sódio. A sua separação em salinas pode ser feita efetuando-se sucessivamente a filtração, para remover os resíduos sólidos, e a evaporação da água, para concentração, visando à cristalização fracionada dos sais. Primeiramente, cristaliza o cloreto de sódio; os componentes mais solúveis, como os sais de magnésio, são os últimos a cristalizar, a partir da solução-mãe, quando já bastante concentrada. Assim, conforme o grau de solubilidade dos componentes da solução, é possível remover da mistura inicial o produto desejado. No exemplo acima, o solvente, água, é o componente predominante, e um dos solutos, o cloreto de sódio, o produto desejado. Nesse produto, haverá ainda umidade residual, cuja remoção deverá ser feita por secagem, conforme será descrito no **item 6**.

Em preparações orgânicas, o produto desejado é em geral extraído do meio reacional, resultando uma solução da qual é necessário eliminar o solvente. Quando o solvente é água, pode-se simplesmente evaporá-lo, como no exemplo acima. Porém, quando se trata de solvente orgânico, não é possível a sua simples evaporação, em razão da poluição ambiental, sendo necessária a eliminação do solvente por outros meios.

Se o produto dissolvido é sólido, o solvente pode ser eliminado por destilação, cuja técnica será discutida em item subseqüente (ver **item 7**). Em certos casos, pode-se empregar dispositivo rotatório, a vácuo, que permite a exposição à vaporização de toda a massa, sem as dificuldades decorrentes da formação de crostas superficiais.

Quando não se dispõe de evaporador rotatório, pode-se aquecer brandamente a solução, em banho de água, sob pressão reduzida por meio de sucção com trompa de água. A passagem de ar, ou corrente de nitrogênio, pela solução que está sendo concentrada favorece o arraste dos vapores de solvente, ao mesmo tempo que homogeneiza a temperatura e impede a formação de crostas e deposição de partículas precipitadas.

Outra forma de se atingir o objetivo, isto é, separar a massa sólida de seu solvente, é a sua precipitação pela adição de um não solvente. Na preparação de polímero, esse é o recurso normalmente empregado em operações de laboratório.

6 Secagem

As técnicas de secagem de um produto químico, isto é, a remoção de resíduos de solventes voláteis ou de umidade, são importantes em processos catalíticos, em geral, e particularmente em processos de polimerização iônica e por coordenação. O termo **secagem** é geral. No caso mais comum de secagem, o líquido volátil a ser removido é a água; a expressão **desidratação** é restrita a esse caso.

Os produtos químicos sólidos podem ser secos por aquecimento, ao ar ou em ambiente inerte, ou a vácuo. Quando líquidos, a adição de **agentes dessecantes** permite a secagem em condições brandas; a expressão **agente desidratante** se aplica especificamente à remoção de umidade. Quando gasosos, o contato repetido com produtos dessecantes, dispostos em colunas ou outra forma apropriada, é o recurso usualmente empregado. As características dos principais agentes dessecantes e sua forma de atuação em meios sólido, líquido ou gasoso são discutidos a seguir.

6.1 Agentes dessecantes

Um agente dessecante deve apresentar as seguintes características:

- ser rápido e eficiente;
- não reagir com a substância a ser seca;
- não ser solúvel no líquido;
- não ter ação catalítica que promova polimerizações, auto-oxidações, etc.;
- não ser empregado em grande excesso, em razão da perda de substância por absorção.

O **Quadro 1.6** reúne informações sobre a utilização específica desses agentes dessecantes, em relação à função química do produto a ser seco. No caso particular da remoção de vestígios de umidade, a ação de desidratação pode ocorrer tanto por interações físico-químicas, como a formação de hidratos, quanto por reação química, mais enérgica, como: o ataque da água por metais alcalinos, formando hidróxidos; a hidratação de anidridos, formando ácidos; e a hidratação de óxidos, formando hidróxidos (**Quadro 1.7**).

Deve-se preliminarmente proceder ao tratamento do líquido a ser secado com desidratantes de ação físico-química e, subseqüentemente, com desidratantes de ação química. Os principais agentes desidratantes que atuam por interações físico-químicas, por meio da formação de hidratos, são: cloreto de cálcio, sulfatos de sódio, magnésio e cálcio, carbonato de potássio, ácido silícico parcialmente desidratado (sílica-gel) e aluminossilicatos de cálcio e sódio (peneiras moleculares).

Quadro 1.6 Agentes dessecantes adequados para as diversas funções químicas	
Composto a dessecar	Agente dessecante
Álcoois	CaO, K_2CO_3, $MgSO_4$, $CaSO_4$
Fenóis	$MgSO_4$, $CaSO_4$, Na_2SO_4
Éteres	$MgSO_4$, $CaSO_4$, Na_2SO_4, $CaCl_2$, peneiras moleculares, Na, K
Halogenetos de alquila/arila	P_2O_5, $MgSO_4$, $CaSO_4$, Na_2SO_4, $CaCl_2$
Hidrocarbonetos	$MgSO_4$, $CaSO_4$, Na_2SO_4, $CaCl_2$, peneiras moleculares, Na, K
Aldeídos	$MgSO_4$, $CaSO_4$, Na_2SO_4, $CaCl_2$, Na
Cetonas	K_2CO_3, $MgSO_4$, Na_2SO_4
Ácidos	$MgSO_4$, $CaSO_4$, Na_2SO_4
Ésteres	$MgSO_4$, $CaSO_4$, Na_2SO_4
Aminas	CaO, KOH, $NaOH$

Quadro 1.7 Ação de agentes desidratantes a temperatura ambiente

Ação	Agente desidratante	Produto formado
Físico-química	K_2CO_3	Di-hidrato
	$MgSO_4$	Hepta-hidrato
	$CaSO_4$	Di-hidrato
	Na_2SO_4	Deca-hidrato
	$CaCl_2$	Hexa-hidrato
	KOH	Deliqüescente
	NaOH	Deliqüescente
	$ZnCl_2$	Deliqüescente
	$CuSO_4$	Penta-hidrato
	Ácido silícico parcialmente desidratado (sílica-gel)	Hidrato
	Aluminossilicatos de cálcio e sódio (peneiras moleculares)	Hidratos de aluminossilicatos de cálcio e sódio
Química	CaO	Hidróxido de cálcio
	Na	Hidrogênio e hidróxido de sódio
	K	Hidrogênio e hidróxido de potássio
	P_2O_5	Ácido fosfórico

O cloreto de cálcio é o agente desidratante mais comum em operações de laboratório para remoção de excesso de umidade em meios líquidos. O hexahidrato de cloreto de cálcio é formado abaixo de 30 °C (**Quadro 1.8**) e, embora o hidrato possa fixar até 6 moléculas de água, a sua ação é muito lenta. O processo pode ser acelerado por leve aquecimento, porém a proporção de água fixada pelo hidrato a essas temperaturas é muito menor, o que exige o emprego de maior quantidade do agente desidratante, com a conseqüente perda, por absorção, do produto a ser seco. Às vezes, em razão do processo industrial de preparação, o cloreto de cálcio contém $Ca(OH)_2$ livre e por isso não deve ser usado para secar ácidos. Também não deve ser usado para a secagem de álcoois, fenóis, aminas, cetonas, aldeídos e ésteres, pois forma complexos por coordenação. Por outro lado, quando se deseja remover álcoois, cetonas, ésteres, usados na cristalização do produto, o cloreto de cálcio é útil como carga de dessecadores.

Se o líquido contiver muita água, haverá separação de fase aquosa, decorrente da formação de solução saturada do agente desidratante; esta deve ser separada, e repetida a secagem, com nova quantidade de agente desidratante.

Após a secagem, deve-se decantar ou filtrar o líquido desumidificado antes da operação seguinte, que usualmente é uma destilação, pois o hidrato pode se decompor à temperatura de destilação, devolvendo a água absorvida.

Mesmo nos casos em que a água tenha sido retida por ação química, embora não seja imprescindível, deve-se também proceder à remoção do resíduo sólido, decantando a fase líquida, principalmente se grande quantidade de sólido for gerada durante a secagem. Esse procedimento evita projeções durante a destilação, causadas pela deposição da camada sólida, isolante térmica, no fundo do frasco.

O sulfato de cálcio, preparado sob uma forma especialmente ativa, é vendido comercialmente sob o nome de drierita. É muito rápido e de ação eficiente, mas absorve muito pouca água em relação ao seu peso.

O sulfato de sódio não é muito rápido, porém é de baixo custo e de uso generalizado, pois não interfere com a maior parte das substâncias.

A sílica-gel, ou gel-de-sílica, é ácido silícico incompletamente desidratado; é usado como agente de absorção de umidade. O produto comercial contém cloreto de cobalto, que torna azul o material quando seco, passando à coloração rosa quando saturado de umidade. Dessa maneira, é fácil controlar visualmente o grau de eficiência do gel. A regeneração é feita por aquecimento em estufa a 110 °C, até o dessecante retornar à cor azul.

Quadro 1.8 Estabilidade dos hidratos de cloreto de cálcio

Hidrato	Pressão de vapor (mm Hg)	Temperatura (°C)
$CaCl_2.6H_2O$	0	– 55
$CaCl_2.6H_2O - CaCl_2.4H_2O$	6,8	30
$CaCl_2.4H_2O - CaCl_2.2H_2O$	8,0	38
$CaCl_2.2H_2O - CaCl_2.H_2O$	842,0	175

As peneiras moleculares são dessecantes eficientes, mais modernos. São zeólitas sintéticas, isto é, aluminossilicatos cristalinos de metais alcalinos e alcalinoterrosos, como sódio e cálcio. Suas redes cristalinas variam conforme o tipo e as proporções desses íons, deixando, no interior da partícula, espaços vazios de dimensões moleculares, que constituem os poros. Esses poros permitem reter moléculas pequenas, como água, dióxido de carbono, metano, etc., o que torna as peneiras moleculares adsorventes seletivos excelentes. Os tipos mais comuns de peneiras moleculares disponíveis comercialmente se encontram relacionados no **Quadro 1.9**; são particularmente convenientes quando os contaminantes estão em pequena proporção. À temperatura ambiente, a peneira molecular tipo 5A pode absorver água até 18% de seu peso, enquanto que a sílica-gel absorve apenas 3,5%. As peneiras moleculares são provavelmente os agentes dessecantes de uso generalizado mais eficientes. Devem ser guardadas em dessecador e podem ser regeneradas por aquecimento a temperaturas entre 150 e 300 °C, sob fluxo de ar ou nitrogênio secos, ou sob vácuo.

Até aqui, foram abordados os agentes dessecantes que atuam por ação física ou físico-química. Já os agentes dessecantes por ação química, especificamente desidratantes, já relacionados no **Quadro 1.6**, têm como característica principal a sua ação muito enérgica. Em geral, são empregados após a secagem preliminar com agentes dessecantes de ação física. É preciso cuidado para evitar explosões, que podem ocorrer pela escolha inadequada do par substrato/agente desidratante.

Os agente desidratantes de ação química mais comuns são: cal, sódio, potássio, hidreto de cálcio e pentóxido de fósforo.

A cal (óxido de cálcio) é um produto de baixo custo, normalmente empregado na secagem preliminar de grandes volumes de líquido com alto teor de umidade, como ocorre no caso do álcool etílico obtido por fermentação. Sua reação com água produz hidróxido de cálcio; o agente desidratante deve ser mantido em contato com o líquido durante uma primeira destilação.

Metais alcalinos, como sódio e potássio, reagem violentamente com a água, gerando hidrogênio e hidróxidos, sendo excelentes agentes desidratantes para uma série de líquidos. O sódio é menos reativo que o potássio e pode ser usado sob a forma de fio ou de fita, para aumentar a área de contato. A formação de crostas de óxido metálico, que se formam à superfície do metal, diminui a eficiência da secagem, por apassivação. O metal alcalino deve ser empregado preferencialmente em líquidos que apresentem ponto de ebulição acima do ponto de amolecimento do metal. Assim, durante o processo de desidratação, normalmente realizado sob refluxo, o metal está sob a forma líquida, formando gotículas cuja superfície é permanentemente renovada e mais reativa. Por exemplo, hidrocarbonetos como tolueno e xileno, que apresentam ponto de ebulição acima de 100 °C, podem ser secos eficientemente com sódio (p.f.: 98 °C); já no caso do tetra-hidrofurano (p.e.: 65 °C), a secagem é mais eficiente com potássio (p.f.: 62 °C).

Quadro 1.9 Tipos de peneiras moleculares		
Tipo	Porosidade (Å)	Cátion do aluminossilicato
4A	4	Sódio
5A	5	Cálcio
13X	10	Sódio

Outra forma de aumentar a eficiência de desidratação por ação de metais alcalinos é a adição de benzofenona, que forma complexos de coloração azul

Secagem   **29**

com sódio e potássio. Esses complexos são solúveis em vários solventes e, assim, reagem mais rapidamente com a umidade a ser removida. No início da secagem, o complexo formado reage com a água, sendo destruído progressivamente, produzindo um sólido incolor ou ligeiramente amarelado. Quando a umidade é completamente eliminada do meio, a coloração azul reaparece.

Hidreto de cálcio é muito utilizado quando se desejam baixíssimos níveis de umidade, especialmente em produtos que não podem ser secos com metais alcalinos, como o estireno.

Pentóxido de fósforo é um excelente agente desidratante de ação química para produtos líquidos halogenados, que reagem com os metais alcalinos. Não deve ser empregado para secagem de compostos insaturados que possam polimerizar cationicamente, como o estireno.

Há diversas formas de realizar a operação de secagem, conforme se trate de material sólido, pastoso, líquido ou gasoso.

6.2 Secagem de material sólido

Em laboratório, materiais sólidos, sob a forma de pó, grânulos ou filme, são geralmente secos em estufa, a pressão reduzida ou pressão atmosférica, com circulação natural ou forçada de ar. No caso da remoção de solventes orgânicos, é necessário cuidado em verificar se a estufa permite a saída livre dos vapores, gerados durante a secagem; grandes volumes desses vapores no interior da estufa, em presença de ar, podem tornar a mistura gasosa inflamável e/ou explosiva. É importante que a verificação da temperatura seja feita por pirômetro ou termômetro, cujo bulbo esteja localizado no centro do ambiente aquecido e não tenha contato com as paredes metálicas da estufa, cuja temperatura é muito mais elevada.

Pequenas quantidades de amostra sólida, especialmente para fins analíticos, podem ser secas em câmaras de vidro, aquecidas adequadamente (ver neste capítulo **itens 1.7** e **1.8**).

A secagem em estufa a vácuo pode ser empregada quando se desejam condições brandas de aquecimento e ausência de atmosfera oxidante; por exemplo, no caso da secagem de elastômeros sintéticos ou de produtos farmacêuticos. No entanto, em geral, o equipamento empregado nas estufas a vácuo não permite vedação satisfatória, impedindo atingir a depressão desejada e, portanto, a eficiência do equipamento, a temperaturas baixas.

Quando o material sólido a ser seco suporta temperaturas mais elevadas, sem fusão ou decomposição, pode-se fazer a eliminação do solvente por evaporação em estufas com circulação natural de ar, a cerca de 100 °C. O material é reduzido a pó e espalhado em bandejas, sob a forma de finas camadas, para maior rapidez da evaporação. Quando se deseja remover o solvente orgânico ou água em condições brandas, mesmo em atmosfera oxidante, emprega-se estufa com circulação forçada de ar e temperaturas entre 50 e 70 °C, por algumas horas. Esse é o caso mais freqüente na secagem dos polímeros.

Certos materiais não permitem a secagem por aquecimento, pois sofrem decomposição ou amolecimento, resultando coalescência dos fragmentos. É o que ocorre com alguns produtos alimentícios, cosméticos e farmacêuticos, e também com polímeros elastoméricos ou mesmo oligoméricos. Nesses casos, a secagem é feita por meio de liofilização.

A **liofilização** consiste em: a) separar as macromoléculas por dispersão do material em pequena quantidade de um solvente sublimável, contida em um frasco; b) solidificar a solução altamente viscosa resultante, por imersão do frasco em banho de refrigeração a temperaturas muito baixa; c) submeter o sólido resultante a alto-vácuo, de forma a sublimar o solvente, restando o material polimérico completamente seco. Em geral, os solventes sublimáveis usados são água e benzeno. A rápida depressão permite a remoção instantânea do solvente, gerando uma estrutura celular, ainda sólida, em que as paredes das células são muito finas e, assim, permitem a fácil remoção do solvente no vácuo, sem necessidade de aquecimento. A liofilização deve prosseguir por uma ou duas horas, para garantir a total remoção dos vestígios de solvente. Durante esse tempo, a temperatura se eleva progressivamente até a temperatura ambiente. A estrutura sólida celular colapsa, porém já estará livre dos contaminantes voláteis indesejáveis. Ao retirar os tubos da câmara de liofili-

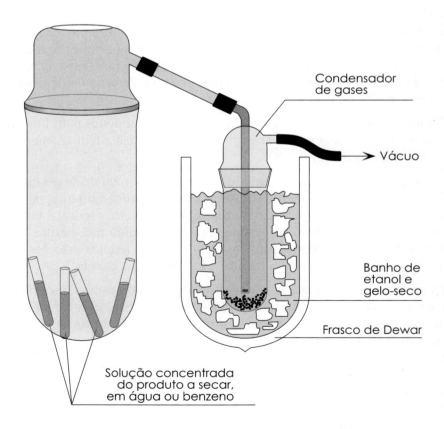

Figura 1.13
Câmara de secagem por liofilização.

zação (**Figura 1.13**), é preciso imediatamente selá-los ao fogo ou vedá-los com tampa de rosca, recoberta com parafina fundida, de modo a manter as amostras rigorosamente secas.

Em outros casos, dessecadores que permitem ou não a aplicação de vácuo podem ser utilizados. Um agente dessecante bastante versátil para dessecadores é o ácido sulfúrico concentrado, que é colocado no fundo do dessecador; removem-se assim não só umidade como também vapores básicos. Lentilhas de hidróxido de sódio ou potássio, colocadas em uma placa de Petri sob a placa perfurada do dessecador, são muito eficientes para remover umidade e vapores ácidos. Quando o resíduo a eliminar é um hidrocarboneto, éter, sulfeto de carbono, clorofórmio e outros, não absorvíveis pelo ácido ou pela base, devem-se empregar raspas de parafina ou isopor (poliestireno celular). Os dessecadores, no entanto, não são suficientes para a obtenção de produto adequadamente seco para análise elementar. Nesse caso, a pistola de Abderhalden ou a câmara de secagem são essenciais.

Para evitar acidentes, quando se trabalha com dessecadores a vácuo, deve-se envolver o dessecador em uma toalha ou aplicar sobre ele fita adesiva de papel ou celofane, de modo que, no caso de explosão, os fragmentos de vidro não atinjam o operador.

Em qualquer dos casos, antes de se proceder à secagem, deve-se remover ao máximo o solvente residual, por filtração.

6.3 Secagem de material pastoso

Um material pastoso é freqüentemente encontrado no trabalho de análise de produtos cosméticos, alimentícios, farmacêuticos e adesivos. A secagem de um material pastoso implica minimizar a sua característica de coalescência das partículas, o que impede o processo de completa secagem. As formas de contornar esse problema são semelhantes àquelas descritas no **item 4.2** deste capítulo. A técnica mais eficiente para a secagem desses materiais é a liofilização.

6.4 Secagem de material líquido

Nas preparações orgânicas, é comum separar-se o produto da reação da mistura reacional, por meio de extração, em que os materiais se distribuem entre dois solventes, um deles sendo comumente água. Nessas condições, a solução contendo o produto da reação está saturada de água, que precisa ser removida. Muitas vezes a umidade é revelada pela turbidez das soluções, quando o teor de água é superior ao admitido pelo solvente. Para eliminação dessa umidade, é preciso adicionar ao líquido fragmentos de agente desidratante ou dessecante. Esses agentes devem ser escolhidos com cuidado, de acordo com a natureza química dos componentes da mistura a secar.

6.5 Secagem de material gasoso

Em algumas reações químicas, especialmente de polimerização, é importante trabalhar-se com substâncias gasosas, que devem estar absolutamente isentas de umidade. Por exemplo, na polimerização de etileno ou propileno por meio de catalisadores organometálicos, que são muito sensíveis a quaisquer vestígios de umidade.

A secagem de gases é normalmente realizada por sua passagem por uma coluna ou outro recipiente de forma alta, contendo um agente dessecante, líquido ou sólido. O mais utilizado é o ácido sulfúrico concentrado; são ainda úteis os agentes dessecantes mencionados nos **Quadros 1.6** e **1.7**. Agentes dessecantes líquidos permitem o borbulhamento do gás. Para evitar o arraste de partículas do líquido, é conveniente interpor um frasco vazio, de modo a facilitar a eventual deposição de tais partículas. Dessecantes sólidos, como peneiras moleculares, sílica e lentilhas de hidróxido de sódio, são também muito utilizados em colunas na secagem de hidrocarbonetos gasosos, como etileno e propileno, e gases inertes, como nitrogênio e argônio.

7 Refluxo

Refluxo é a operação que consiste no contínuo aquecimento à ebulição e na condensação simultânea dos vapores de um líquido, estabelecendo-se um equilíbrio de temperatura. A operação de refluxo é necessária nos procedimentos prolongados de extração de produtos químicos em solventes voláteis, secagem de líquidos por agentes desidratantes de ação química, reações químicas de velocidade moderada ou lenta, assim como em uma série de métodos de análise de produtos químicos, farmacêuticos, alimentícios, etc.

Em muitas reações, é possível dispensar-se o controle de temperatura pelo uso de refluxo. Emprega-se um solvente cujo ponto de ebulição corresponda à faixa de temperatura desejada, e simplesmente procede-se ao aquecimento sob refluxo.

Os condensadores de refluxo diferem dos condensadores descendentes usados em destilação por apresentarem maior superfície de condensação, sendo o tipo mais comum o condensador de bolas (condensador de Allihn). O chamado "dedo-frio" também pode ser usado para refluxo, e é especialmente conveniente para trabalho em escala semimicro. Esses condensadores estão representados na **Figura 1.14** e na **Figura 1.22**.

Quando a operação de refluxo é rápida, como no caso da dissolução de material para cristalização, pode-se substituir o condensador de refluxo, refrigerado a água, por uma simples vara de vidro, refrigerada a ar, especialmente quando o solvente empregado tem ponto de ebulição próximo ou acima de 100 °C.

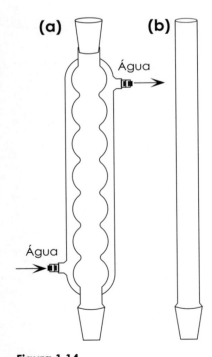

Figura 1.14
Refluxo:
(a) condensador de bolas;
(b) condensador de ar.

8 Destilação

A destilação consiste na passagem de uma substância do estado líquido para o estado gasoso e deste novamente ao estado líquido, por condensação. É um processo muito empregado na purificação de substâncias líquidas; é também útil na purificação de sólidos de baixo ponto de fusão (como o fenol, que funde a 41 °C) ou de gases liquefeitos (como o cloreto de vinila, p.e: –14 °C).

Em preparações orgânicas, é comum a necessidade de se destilar um líquido volátil, como éter, benzeno e outros. Às vezes, a destilação visa à eliminação do solvente, deixando no balão o resíduo como produto principal. Nesse caso, procede-se à operação no próprio balão em que se pretende realizar a recuperação do produto. Quando o produto é imiscível com água, destilados turvos indicam umidade no produto, isto é, secagem incompleta; nesse caso, é necessário repetir ambas as operações, de secagem e de destilação.

Ao proceder à destilação de solventes muito voláteis, como éter etílico, sulfeto de carbono e clorofórmio, é preciso cuidado para que não se contamine a atmosfera do laboratório com vapores. A operação deve ser feita em capela, ou os vapores devem ser encaminhados diretamente para o esgoto, em meio a água corrente.

A destilação pode ser considerada sob diversos pontos de vista: destilação simples ou fracionada, conforme se tenha um ou mais componentes voláteis; destilação homogênea ou heterogênea, dependendo de haver uma ou mais de uma fase presente; destilação a pressão atmosférica ou a pressão reduzida. Em qualquer caso, a operação de destilação exige a homogeneização adequada do material contido no balão.

8.1 Homogeneização da ebulição

A destilação de um líquido exige sempre o uso de homogeneizadores de ebulição, para evitar o superaquecimento da massa a destilar e, como conseqüência, a ebulição irregular e tumultuada, com projeções súbitas da mistura líquida. Pode ser feita pela adição de pequena quantidade de materiais porosos ou por agitação magnética.

Os homogeneizadores de ebulição mais usados são fragmentos inertes porosos de pedra-pomes, cerâmica, ladrilho ou telha. Pó de alumina ou sílica, lascas ou palitos de madeira e chumaços de lã de vidro são também empregados, pois geram minúsculas bolhas de ar. Por aquecimento, o ar aprisionado nos poros é liberado e borbulha, permitindo a criação de núcleos de vaporização no líquido a ser destilado, que atuarão como núcleos de bolhas maiores, formadas pelo vapor do líquido em aquecimento, as quais são propriamente os homogeneizadores de ebulição. No caso de destilação a pressão reduzida, apenas esse recurso não é suficiente para impedir as projeções de material durante a destilação. Essas projeções revelam desequilíbrio de temperatura, que, por sua vez, causa desequilíbrio de pressão.

A homogeneização por agitação magnética tem a vantagem da simplificação do trabalho laboratorial. Por exemplo, um balão de destilação de uma só boca é suficiente para destilação a vácuo, usando agitação magnética, enquanto que duas bocas são necessárias no caso de homogeneização por meio de bolhas de ar, introduzidas por um tubo capilar.

8.2 Destilação simples

A destilação simples é empregada quando se deseja separar um líquido de um sólido não volátil nele dissolvido. É também útil quando se pretende conhecer ou melhorar o grau de pureza de um produto comercial. A destilação de água ou álcool etílico em alambiques é uma destilação simples. A **Figura 1.15 (a)** representa uma aparelhagem de laboratório para essa operação.

8.3 Destilação fracionada

A destilação fracionada é o caso mais comum, em que se deseja separar um ou mais líquidos presentes em uma mistura. Nesse caso, usam-se as colunas de destilação, que permitem em uma única destilação, a separação de líquidos, a qual exigiria numerosas operações sucessivas, caso fossem empregadas destilações simples.

Uma coluna de fracionamento é um dispositivo destinado a permitir um maior contato entre o vapor do líquido em destilação e o condensado, que reflui ao balão de destilação. Esse contato possibilita uma série contínua de condensações parciais do vapor, paralelamente a vaporizações parciais do condensado, de modo que o seu efeito é equivalente ao de uma série de destilações separadas e sucessivas. A **Figura 1.15 (b)** representa um sistema de destilação fracionada.

Os principais tipos de coluna de fracionamento são: coluna de Hempel, de Vigreux e de Glinsky (**Figura 1.16**), em ordem crescente de complexidade. A coluna de Hempel pode ter enchimento de diversos tipos; pequenas hélices de vidro ou anéis de vidro ou porcelana são bastante eficientes, porém devem ser descartados após o uso, sem recuperação. As colunas de fracionamento devem ser protegidas de oscilações de temperatura por meio de um revestimento exterior de amianto, lã de vidro, etc. Aquecimento com fitas de amianto dotadas de resistências elétricas são particularmente convenientes quando a temperatura de destilação é mais elevada. As frações coletadas não devem variar mais de 1 ou 2 °C em seu ponto de ebulição.

A destilação fracionada é também usada na separação de misturas azeotrópicas.

Azeotropismo é a característica de um sistema, constituído por dois ou mais líquidos, em que há a formação de azeótropo. **Azeótropo** é uma solução constituída por dois ou mais líquidos que, sob pressão constante, tem uma temperatura de ebulição perfeitamente determinada, em que se vaporiza

Destilação

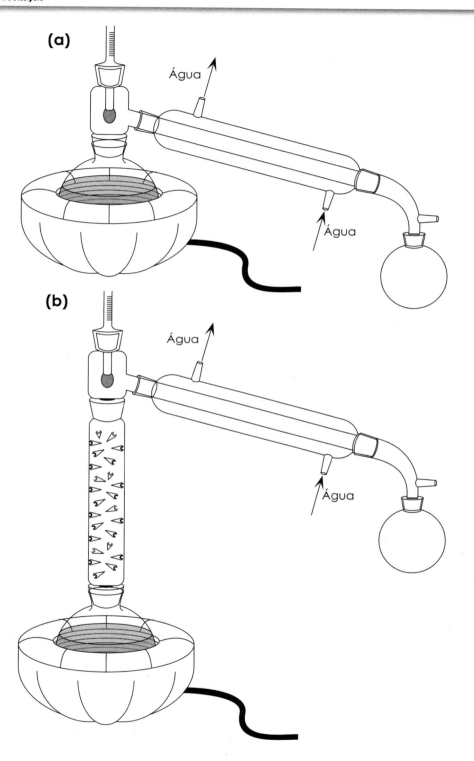

Figura 1.15
Destilação:
(a) simples;
(b) fracionada.

como se fosse uma substância pura, ficando em equilíbrio com o vapor, cuja composição é idêntica à sua. A temperatura de ebulição depende da natureza do azeótropo e da pressão e é inferior à mais baixa ou superior à mais alta

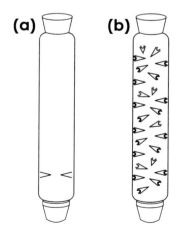

Figura 1.16
Tipos de coluna de destilação:
(a) Hempel;
(b) Vigreux.

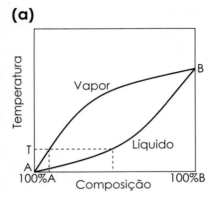

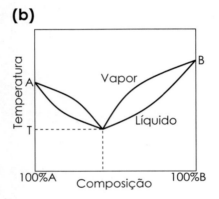

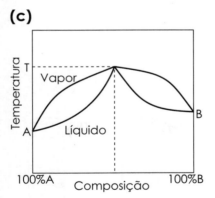

Figura 1.17
Diagramas de fase de sistemas binários.

das temperaturas de ebulição dos componentes puros. Quando a temperatura de ebulição do azeótropo, sob pressão constante, é maior do que a temperatura de ebulição dos componentes, trata-se de um **azeótropo de máxima**; quando é menor, trata-se de um **azeótropo de mínima**. Os azeótropos obedecem à **Regra de Konovalov**, que diz: "O vapor em equilíbrio com um líquido binário é sempre mais rico no componente cuja adição ao líquido eleva a sua pressão de vapor". Assim, dependendo da interação entre as moléculas dos componentes do azeótropo, resultará um azeótropo de máxima ou de mínima.

No caso de uma mistura não azeotrópica, a composição do destilado vai variando progressivamente, ao mesmo tempo que a temperatura vai ascendendo, entre os limites determinados pelos pontos de ebulição mínimo e máximo dos componentes da mistura. A diferença de comportamento das misturas azeotrópicas e não azeotrópicas é visualizada nos diagramas de fase mostrados na **Figura 1.17 (a)**, **(b)** e **(c)**, em que são representadas as fases líquida e gasosa de sistemas binários em função da temperatura.

As misturas azeotrópicas de ocorrência mais comum em preparações orgânicas estão relacionadas no **Quadro 1.10**. A observação do quadro permite estabelecer uma regra geral para a formação de azeótropos de máxima ou de mínima. O componente que comanda a formação do azeótropo é o componente de ponto de ebulição mais baixo; se o componente **A** tem interações fortes com o componente **B** (mais fortes que as dele com ele mesmo), resultará em azeótropo de máxima; se o componente **A** tem interações mais fracas com o componente **B**, mais fracas do que com ele mesmo, o componente **B** prejudicará a condição do componente **A** puro, resultando em azeótropo de mínima. Essas observações podem ser expostas em termos simples, para retenção na memória. Em mistura de líquidos **A** e **B**, sendo **A** o líquido de ponto de ebulição mais baixo, haverá azeótropo de máxima quando as interações de **A** com **B** forem mais intensas do que as interações de **A** com **A**. Será formado azeótropo de mínima quando as interações de **A** com **B** forem mais fracas do que as interações de **A** com **A**. Portanto, quando **A** é o componente de ponto de ebulição menor, e **A** e **B** são liófobos, o azeótropo será de mínima; se são liófilos, o azeótropo será de máxima.

A separação dos componentes das misturas azeotrópicas pode ser feita de diversos modos: formação de azeótropo ternário, aplicada industrialmente na preparação de álcool etílico anidro (etanol-água-benzeno, p.e.: 64,85 °C; etanol-benzeno, p.e: 68,2 °C; etanol, p.e: 78,3 °C); modificação química de um dos componentes do azeótropo; absorção seletiva; extração/cristalização fracionada; etc.

8.4 Destilação homogênea

O caso mais comum de destilação em laboratórios de Química é o de mistura contendo apenas uma fase líquida e é chamado de destilação homogênea.

Quadro 1.10 Misturas azeotrópicas de solventes comuns

Componente A		Componente B		Azeótropo	
Nome	Ponto de ebulição (°C)	Nome	Ponto de ebulição (°C)	Ponto de ebulição (°C)	Teor de A em peso (%)
Ácido acético	118,1	Ciclo-hexano	81,4	79,7	2,0
Ácido acético	118,1	Benzeno	80,0	80,1	2,0
Ácido acético	118,1	Éter butílico	142,0	116,7	81,0
Ácido acético	118,1	Dimetil-formamida	153,0	159,0	81,0
Ácido acético	118,1	Dioxana	101,5	119,5	77,0
Ácido acético	118,1	Etilbenzeno	136,2	114,7	66,0
Ácido acético	118,1	Piridina	115,3	139,7	35,0
Ácido acético	118,1	Tolueno	110,6	105,0	28,0
Ácido acético	118,1	Xileno	139,1	115,0	27,0
Ácido acético	118,1	Água	100,0	76,6	3,0
Acetona	56,3	Clorofórmio	61,2	64,7	20,0
Acetona	56,3	Ciclo-hexano	81,4	53,0	67,0
Acetona	56,3	Hexano	69,0	49,8	59,0
Água	100,0	Acetato de vinila	72,7	66,0	92,7
Água	100,0	Estireno	145,2	93,9	40,9
Água	100,0	Etanol	78,3	78,2	4,4
Água	100,0	Piridina	115,3	92,6	43,0
Água	100,0	Ácido fórmico	100,8	107,1	22,5
Água	100,0	Ácido butírico	163,5	99,4	18,4
Água	100,0	Ácido propiônico	140,7	100,0	17,7
Benzeno	80,0	Água	100	69,4	91,0
Benzeno	80,0	Metanol	64,7	58,3	60,5
Etanol	78,3	Acetato de etila	77,2	71,8	31,0
Etanol	78,3	Benzeno	80,0	68,2	32,4
Etanol	78,3	Tolueno	110,6	76,7	68,0
Metanol	64,7	Acetato de metila	57,0	54,0	19,0

8.5 Destilação heterogênea

A destilação heterogênea é empregada em preparações orgânicas quando se precisa remover um composto, contido em uma mistura sólida ou líquida, a temperaturas inferiores à de sua ebulição; em alguns casos, isso pode ser conseguido pelo arraste por vapor de água. Dessa maneira podem ser separados tanto o produto principal, volátil, como as impurezas residuais, a uma temperatura mais baixa do que o ponto de ebulição do produto desejado. A **Figura 1.18** mostra a aparelhagem utilizada para destilações por arraste de vapor de água. Para que se possa arrastar uma substância com vapor de água, é necessário que ela obedeça às seguintes condições:

- deve ter elevado ponto de ebulição;
- deve ser insolúvel ou muito pouco solúvel em água;
- deve suportar a ação prolongada de água quente;
- deve apresentar pressão de vapor apreciável (entre 5 e 15 mm Hg) na faixa de temperatura de 95 a 100 °C.

Admitindo que os produtos sejam imiscíveis, os seus vapores obedecem à **Lei de Dalton** das pressões parciais, que diz: "Quando dois ou mais gases ou vapores, que não reagem quimicamente um com o outro, são misturados a temperatura constante, cada gás exerce a mesma pressão que exerceria se estivesse sozinho, e a soma das pressões é igual à pressão total exercida pelo sistema".

Como um líquido ferve quando a sua pressão de vapor atinge a pressão atmosférica, a mistura de líquidos imiscíveis ou pouco miscíveis ferverá abaixo do ponto de ebulição de cada líquido; se um dos componentes é a água, a destilação ocorrerá abaixo de 100 °C. O ponto de ebulição da mistura mantém-se constante até que um dos componentes seja completamente removido, pois a pressão de vapor total é independente da quantidade relativa dos dois líquidos. Como a pressão de cada componente é proporcional ao número de suas moléculas no vapor, tem-se:

$$P_A/P_B = n_A/n_B$$

sendo:

P_A = pressão de vapor do líquido A
P_B = pressão de vapor do líquido B
n_A = número de moléculas de A
n_B = número de moléculas de B.

Multiplicando-se ambos os membros pela razão entre os pesos moleculares de **A** e **B**, tem-se:

$$(P_A \times M_A)/(P_B \times M_B) = (n_A \times M_A)/(n_B \times M_B)$$

sendo:

M_A = peso molecular de **A**
M_B = peso molecular de **B**.

O segundo membro da equação é a relação entre os pesos dos líquidos **A** e **B** destilados. Aplicando a fórmula acima a um caso concreto, o arraste de

Destilação

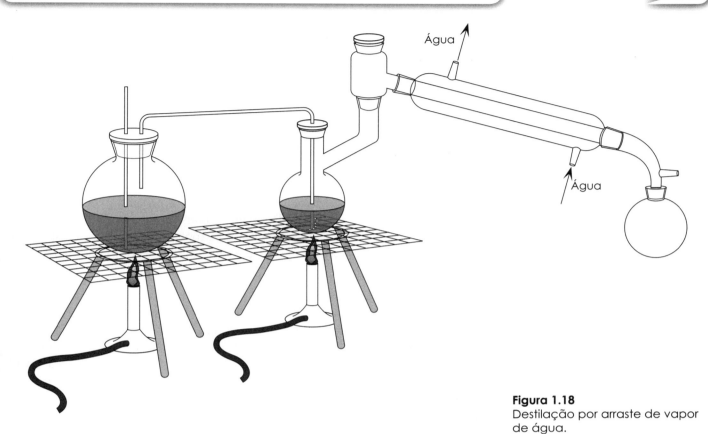

Figura 1.18
Destilação por arraste de vapor de água.

anilina por vapor de água, a temperatura em que ocorre o arraste é de 98,2 °C e, a essa temperatura, a pressão de vapor de cada componente é:

$$P_{anilina} = 43 \text{ mm Hg}$$
$$P_{água} = 717 \text{ mm Hg}$$

Sendo x a percentagem em peso de anilina no destilado, tem-se:

$$(93 \times 43)/(18 \times 717) = x/(100 - x)$$

donde:

$$x = 23\% \text{ de anilina.}$$

Experimentalmente, obtém-se um valor menor, porque a anilina é um pouco solúvel em água e a Lei de Dalton não é rigorosamente aplicável.

8.6 Destilação a pressão atmosférica

Quando se deseja destilar um líquido cuja temperatura de ebulição é inferior a 120 °C, normalmente se realiza a operação a pressão atmosférica. A temperaturas mais altas, pode ocorrer a decomposição do produto, sendo mais aconselhável destilar a temperaturas mais baixas, pelo arraste por vapor de água ou a pressões reduzidas.

8.7 Destilação a pressões reduzidas

Destilações homogêneas ou heterogêneas, simples ou fracionadas, podem ser realizadas a pressões reduzidas, que permitem abaixar a temperatura de destilação e eliminar o oxigênio do sistema, minimizando o risco de oxidação. Dessa maneira, uma substância que ferve a temperatura elevada pode ser purificada sem decomposição.

A redução da pressão de 760 mm Hg (pressão atmosférica) para 25 mm Hg (pressão obtida com trompa de água a temperatura ambiente) acarreta o abaixamento do ponto de ebulição de um líquido de 100 a 125 °C. Abaixo de 25 mm Hg, a redução de pressão de 50% causa um abaixamento do ponto de ebulição de cerca de 10 °C. Reduzindo mais ainda a pressão, abaixo de 0,01 mm Hg, a destilação se assemelha à evaporação e é chamada **destilação molecular**. Nesse caso, a operação exige técnica e equipamento especial (bomba de difusão).

Em laboratório, freqüentemente acontece a necessidade de se conhecer a pressão aproximada a que irá destilar um material, a uma determinada temperatura. Ou, ao contrário, precisa-se saber a temperatura aproximada em que irá destilar o material, a uma dada pressão. Nesses casos, emprega-se um ábaco, ou nomograma, de três linhas, como mostrado na **Figura 1.19**. As duas linhas verticais são retas em que se lançam as temperaturas de ebulição, em condições de pressão reduzida (**A**) e a pressão atmosférica (**B**). A terceira linha, inclinada, é uma curva em que se registram as pressões de destilação, em mm Hg (**C**). Passando-se uma reta por dois pontos, correspondentes aos dados conhecidos, a interseção dessa reta com a terceira linha indicará o valor aproximado da pressão, ou da temperatura, procurada.

O **Quadro 1.11** apresenta uma série de temperaturas de ebulição para dois líquidos comuns: o aldeído benzóico (p.e.: 179 °C) e o salicilato de etila (p.e.: 234 °C), em diferentes pressões. Deve-se alertar que, quando a temperatura de ebulição se refere à pressão atmosférica, registra-se o valor da temperatura, simplesmente. No caso de pressões reduzidas, a informação da pressão é registrada como índice superior. Por exemplo, para a água, a pressão atmosférica, p.e.: 100 °C; a pressão reduzida, a 30 mm Hg, p.e.: 29^{30} °C.

Não há conveniência em se trabalhar a pressões baixas demais, pois haverá perda de produto por condensação deficiente. No caso de monômeros e solventes comumente empregados em polimerização, a pressão obtida com trompa de água é em geral suficiente.

Para melhor compreensão, são apresentados no **Quadro 1.12** as pressões de vapor de água a várias temperaturas.

Quando se desejam pressões entre 10 e 30 mm Hg, pode-se utilizar trompa de água como meio de redução de pressão, conforme a temperatura da água. A pressão mínima que se pode obter com esse dispositivo é evidentemente aquela que a água apresenta à temperatura de trabalho escolhida.

Destilação

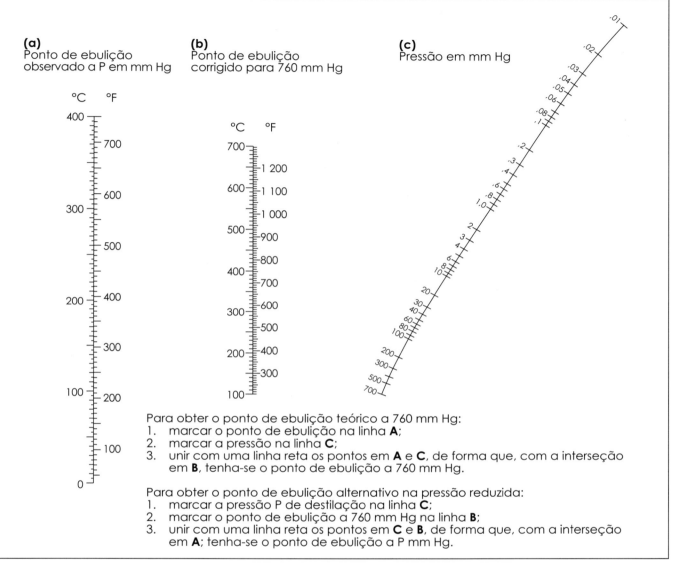

Para pressões mais baixas, usam-se bombas de óleo, que permitem destilações até a 0,1 mm Hg. Usualmente, entretanto, depressões entre 5 e 10 mm Hg são satisfatórias, e para conseguir realmente depressões de décimos de mm Hg, são necessários cuidados especiais na montagem do aparelho de destilação, bem como na conservação da bomba. Abaixo desse limite, usam-se em série a bomba de óleo e a bomba de difusão, chegando-se a depressões de 10^{-4} mm Hg, ou menores; essas depressões são utilizadas principalmente em pesquisas físico-químicas.

Figura 1.19
Ábaco de pressão e/ou temperatura de ebulição para destilação de líquidos a pressões reduzidas.

Quadro 1.11 Pontos de ebulição do aldeído benzóico e do salicilato de etila a pressões reduzidas

Pressão (mm Hg)	Ponto de ebulição (°C)	
	Aldeído benzóico	Salicilato de etila
760	179	234
50	95	139
30	84	127
25	79	124
20	75	119
15	69	113
10	62	105
5	50	95

Quadro 1.12 Pressão de vapor de água a várias temperaturas

Temperatura da água (°C)	Pressão de vapor de água (mm Hg)
8,0	8,1
9,0	8,3
10,0	9,2
11,0	9,8
12,0	10,5
13,0	11,2
14,0	12,0
15,0	12,8
16,0	13,4
17,0	14,5
18,0	15,5
19,0	16,5
20,0	17,0
21,0	18,7
22,0	19,8
23,0	21,1
24,0	22,4
25,0	23,8
26,0	25,2
27,0	26,7
28,0	28,4
29,0	30,0
30,0	31,8
50,0	38,0
100,0	760,0

Destilação

Quando se usa trompa de água para a destilação a pressão reduzida, é necessário proteger-se o sistema em destilação de um eventual refluxo da água da trompa, e para isso deve-se intercalar entre a trompa e o manômetro um kitasato, preferivelmente de grande capacidade (1 litro ou mais), ao qual se adapta tubo de vidro com torneira esmerilhada, para permitir a entrada gradual de ar no sistema, ao se terminar a destilação. É preferível usar-se balão com braço lateral em vez de balão comum de destilação, para dificultar o arraste de partículas do líquido a destilar, as quais iriam impurificar o destilado.

O bom aproveitamento da capacidade de uma bomba a óleo exige a remoção preliminar de quaisquer traços de solventes não condensáveis em banhos de refrigeração com gelo-seco e acetona. Para isso, realiza-se primeiramente uma destilação com trompa de água, até que não se tenha mais qualquer destilado a temperaturas iguais ou superiores àquelas em que se vai proceder subseqüentemente à destilação em alto vácuo. Além disso, é preciso que se instale um sistema de proteção tão perfeito quanto possível, para evitar o arraste de material volátil para a bomba, o que não só poderia causar dano às partes metálicas, como também iria introduzir no óleo material volátil, o que aumentaria a pressão de vapor do óleo e, assim, elevaria o limite inferior obtenível para a depressão.

O sistema de proteção da bomba de vácuo deve compreender tubos de absorção química, de vapores ácidos e de umidade, além de condensador de vapores de solventes, não absorvíveis pelos tubos. É útil empregarem-se hidróxido de sódio e, a seguir, sulfato de cálcio anidro, depois pentóxido de fósforo sobre suporte inerte de fragmentos de sulfato de cálcio anidro ou porcelana porosa, ligando-se então o condensador de gás, imerso em um frasco de Dewar contendo mistura de gelo-seco e acetona, ou gelo-seco e etanol, e convenientemente isolado na parte superior por lã de vidro. Instalam-se então o manômetro e a bomba de vácuo. A **Figura 1.20 (b)** torna mais compreensível o sistema de destilação a vácuo com bomba de óleo.

Os manômetros empregados são em geral de tipo de tubo fechado, em **U**, úteis a pressões acima de 1 mm Hg. O manômetro do tipo McLeod, rotatório, permite leituras com bastante precisão, na faixa de 0,01 mm até 5 mm Hg (**Figura 1.21**). No caso de depressões fracas, a leitura da pressão é feita com o clássico tubo de Torricelli, de cerca de 80 cm de altura, fechado em uma das extremidades, contendo mercúrio.

Em resumo:
- acima de 20 mm Hg, usar tubo de Torricelli;
- entre 1 e 20 mm Hg, usar manômetro de tubo em **U**;
- entre 0,01 e 5 mm Hg, usar manômetro de McLeod;
- abaixo de 0,01 mm Hg, usar dispositivos eletrônicos tipo Pirani.

Todos os manômetros devem apresentar torneira que permita o seu isolamento do sistema de destilação, abrindo-se apenas no momento da leitura, para evitar que a dissolução de vapores no mercúrio venha a ocasionar erros

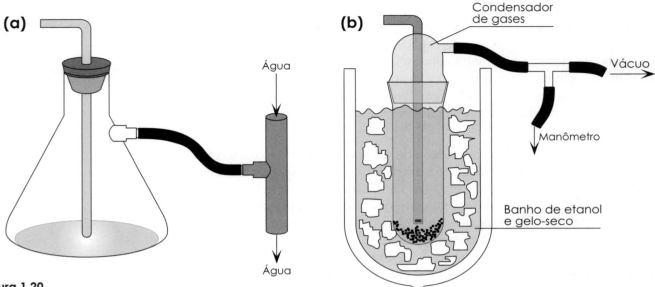

Figura 1.20
Destilação a pressões reduzidas:
(a) com trompa de água;
(b) com bomba de vácuo.

na observação. Além disso, o súbito aumento de pressão causa deslocamento rápido do mercúrio e risco de quebra do manômetro.

Os frascos usados em um sistema submetido a alto vácuo devem ser adequados a suportar altas diferenças de pressão. Peças de vidro obtidas em moldes, como balões de fundo chato, erlenmeyers e kitasatos, oferecem perigo de colapsar durante a operação de destilação com bomba de vácuo. Os condensadores devem ser eficientes e curtos, sendo de grande conveniência o tipo de "dedo-frio", para quantidades analíticas de destilados (**Figura 1.22**).

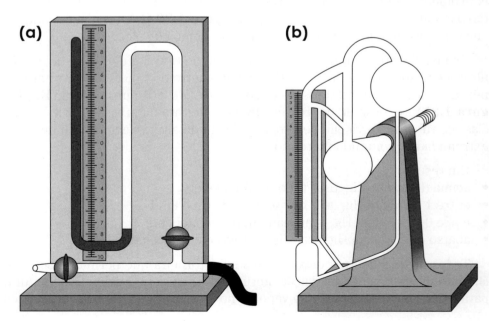

Figura 1.21
Destilação a pressões reduzidas:
(a) manômetro de tubo em U;
(b) manômetro de McLeod.

Destilação

Quando o material é esmerilhado, deve-se lubrificar adequadamente todas a juntas com graxa própria para alto-vácuo. Todas as conexões de borracha devem estar firmes, amarradas com arame encapado ou barbante, se necessário. Um dispositivo de recolhimento das frações sem interrupção da destilação deve ser usado.

Na destilação a pressões reduzidas, é essencial observar a boa homogeneização da ebulição, já discutida no **item 8.1** deste capítulo. Da mesma forma, devem-se respeitar as condições mais adequadas para o aquecimento, conforme referido no **item 1** deste capítulo.

O procedimento detalhado para a destilação a pressão reduzida é descrita a seguir.

Montar o aparelho de destilação, conectar o sistema à trompa de água e, a frio, aguardar o término da remoção de quaisquer solventes voláteis. A seguir, aquecer o balão até uma temperatura máxima igual à que se deseja atingir quando se destilar em alto-vácuo, e remover qualquer componente que destilar nessas condições. Desconectar com cuidado a trompa de água e deixar o sistema retornar à temperatura ambiente. Com o líquido a destilar frio, ligar o sistema à bomba de vácuo, devidamente protegida, e verificar qual o mínimo atingido pelo manômetro. Se esse mínimo não for suficientemente baixo, reduzir paulatinamente o percurso, fechando as torneiras esmerilhadas que separam as diferentes partes do sistema, até ler apenas a depressão na bomba de vácuo. Se houver diferença substancial nas leituras, procurar a fuga nas partes de vidro, se possível com um testador de centelha, que só dá indicação quando a depressão é inferior a 20 mm Hg. Se a própria bomba, isoladamente, não fornecer suficiente depressão, tentar primeiro a substituição do óleo, antes de enviar a bomba a uma revisão mecânica.

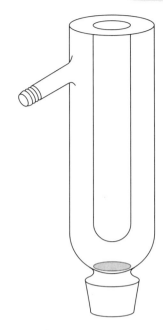

Figura 1.22
Condensador do tipo "dedo-frio".

Uma vez verificada a possibilidade de se conseguir depressão suficiente no sistema, iniciar o aquecimento, procurando manter continuamente a mesma depressão. Deixar o manômetro fora do sistema, fechando a torneira correspondente sempre que não estiver sendo feita a leitura da pressão. Em razão das oscilações de pressão e/ou temperatura, uma faixa de 2 °C é considerada aceitável para uma mesma fração de destilado. Registrar a dupla faixa de temperatura e pressão sob a qual cada fração foi recolhida.

Para recolher cada fração de destilado, fechar a torneira que isola o frasco receptor, retirar o balão receptor com a fração e substituí-lo por um novo frasco, limpo e com a região esmerilhada devidamente lubrificada. Abrir a torneira, restaurando a continuidade do sistema em destilação.

Quando terminar a destilação, desligar primeiro o aquecimento e, somente quando houver cessado a ebulição, permitir lentamente a entrada de ar, até restabelecer o equilíbrio de pressões interna e externa.

9 Filtração

A operação de filtração é empregada em quase todos os processos químicos conduzidos em laboratório. Tem como objetivo separar o material sólido, contido em uma solução ou suspensão, do componente fluido, líquido ou gasoso. O material sólido pode consistir de detritos ou impurezas, e nesse caso o que se deseja preservar é o filtrado, ou pode ser o produto principal, a ser obtido.

No caso de um sistema sólido-líquido, pode-se visar à obtenção de uma solução do material a nível molecular, da qual se irá separar o produto final, seja por cristalização ou por precipitação fracionada, com variação de temperatura ou pela adição de um não solvente. Uma nova filtração deverá ser feita a fim de separar a fase líquida do material sólido, que pode estar cristalizado ou precipitado.

No caso de um sistema sólido-gás, que é importante na despoluição ambiental em indústrias que trabalham com materia-prima ou produtos pulverulentos, a filtração visa a remover os resíduos da fase gasosa.

Assim, a filtração pode ter duas finalidades diferentes: a utilização do fluido filtrado ou a utilização do sólido retido sobre a camada porosa filtrante. Conforme o caso, a operação pode ser conduzida a frio ou a quente, a pressão atmosférica ou a pressões reduzidas, ou mesmo sob pressão.

9.1 Filtração para utilização do filtrado

Quando se deseja a utilização quantitativa do filtrado, o recurso empregado é em geral a clássica e lenta filtração analítica, a pressão atmosférica, com papel de filtro apropriado, bem adaptado sobre funil de vidro, a fim de aproveitar o efeito do gotejamento [**Figura 1.23 (a)**]. Se os líquidos a filtrar atacam a celulose do papel, como é o caso de soluções ácidas ou alcalinas muito concentradas, pode-se substituir o tecido de celulose por poliéster ou outro polímero resistente.

Quando a finalidade não é quantitativa e o que se pretende aproveitar é apenas o filtrado, como no caso das filtrações para cristalização posterior, utiliza-se papel de filtro pregueado [**Figura 1.23 (b)**] e banho de aquecimento. Sendo maior a superfície de filtração, em razão das dobras do papel, a velocidade da operação aumenta, sem o arrastamento eventual de partículas sólidas — como ocorre em geral na filtração rápida, a vácuo.

Ao dobrar um papel de filtro para obter maior superfície filtrante, deve-se ter o cuidado de evitar a repetição das dobras em um único ponto, no vértice, porque isso acarretaria um enfraque-

Figura 1.23
Filtração a pressão atmosférica:
(a) funil de vidro com papel analítico;
(b) funil de vidro com papel pregueado.

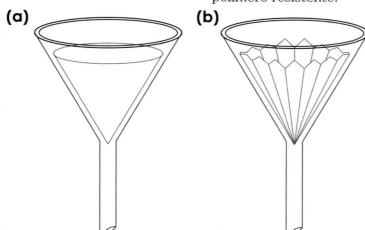

cimento do papel naquele ponto e a sua ruptura pelo peso da camada líquida a filtrar. O papel não deve atingir a borda do funil, para evitar arraste de material sólido, por capilaridade, para a superfície de vidro. Se o líquido a filtrar está quente, devem-se empregar funil de haste curta e papéis não muito grandes, e efetuar contínuo abastecimento do funil. O material a filtrar deve ser conservado aquecido sob refluxo durante todo o tempo da filtração, e com ele se procede ao reabastecimento freqüente da carga do funil.

A aceleração do processo de filtração pode ser obtida aplicando vácuo ou pressão. No caso de filtração a vácuo, usam-se cadinhos filtrantes, de fundo vitrificado, sinterizado e de porosidade adequada [**Figura 1.24 (a)**]; esse procedimento permite a obtenção rápida do filtrado ou do resíduo, sem contaminação, porém não de forma analítica, pois o vácuo provoca mudança de concentração da solução e eventual precipitação, irregular e indesejada.

Quando a quantidade de precipitado é volumosa, a filtração em funil de Buchner [**Figura 1.24 (b)**] é empregada. É necessário que o disco de papel de filtro tenha diâmetro um pouco inferior ao diâmetro interno do funil, de forma que, ao se umedecer preliminarmente o disco de papel de filtro com o mesmo solvente da suspensão a ser filtrada, haja possibilidade de acomodar o papel, evitando o preguinhamento periférico, que ocasionaria perda de precipitado e entrada de ar no sistema, reduzindo a eficiência do vácuo. A operação de filtração a vácuo em funil de Buchner deve ser conduzida de modo descontínuo, evitando adicionar a suspensão quando está aplicado o vácuo. Nesse caso, é comum ocorrer a deposição irregular do material sólido sobre o papel de filtro, ocorrendo rachaduras na massa que irão reduzir a eficiência da operação subseqüente de lavagem do material filtrado.

Na filtração sob pressão, emprega-se um dispositivo do tipo seringa (por exemplo, Millipore), que injeta o material através de um disco filtrante (**Figura 1.25**). É necessário que o material de que é feito o disco seja resistente ao meio líquido que se deseja filtrar; é essencial que se verifique preliminarmente a sua composição, informada pelo fabricante. Diferentemente dos papéis de filtro, que consistem em camadas fibrosas de celulose, os discos são membranas poliméricas porosas, com poros entre 0,2 e 0,45 μm de diâmetro,

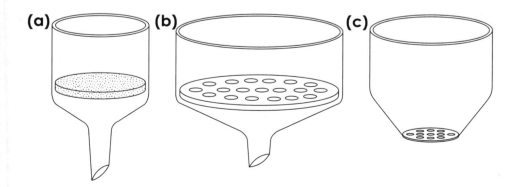

Figura 1.24.
Filtração a pressões reduzidas:
(a) funil de vidro sinterizado;
(b) funil de Buchner;
(c) cadinho de Gooch;

feitas de poli(tetraflúor-etileno) (PTFE), para uso no caso de solventes orgânicos em geral; podem também ser utilizadas membranas de acetato de celulose (CAc), quando se trabalha com líquidos aquosos. Para casos especiais, como estudos biológicos, outros tipos de polímero podem ser usados. Os filtros tipo seringa têm particular importância na filtração de amostras para análise cromatográfica.

Em certos casos, quando a diferença de solubilidade do material a frio e a quente é muito grande, devem-se empregar funis com jaqueta de aquecimento; se o solvente for inflamável, a jaqueta deve ser previamente aquecida, de modo a evitar a proximidade da chama e o risco de incêndio.

A pressões reduzidas, a remoção de detritos de uma solução só é empregada quando se trabalha a frio e com líquidos pouco voláteis. O abaixamento de pressão causa o abaixamento do ponto de ebulição dos líquidos e também a evaporação do solvente. Em conseqüência, aumenta a concentração da solução e pode ocorrer a solidificação irregular e indesejada do material dissolvido.

9.2 Filtração para utilização do resíduo

Quando se deseja utilizar o resíduo, a filtração pode ser conduzida tanto a frio quanto a quente, a pressão atmosférica ou a pressões reduzidas.

Se o objetivo é a separação quantitativa do resíduo, os meios usados, em geral, são a filtração em papel analítico [**Figura 1.23 (a)**], em cadinho filtran-

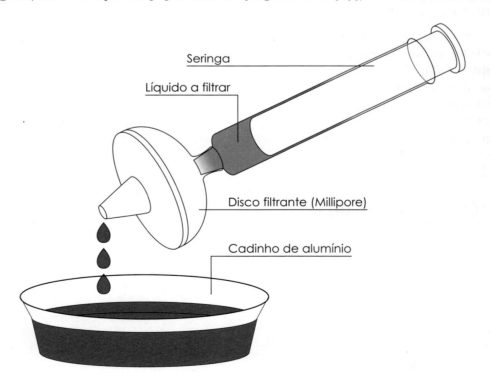

Figura 1.25
Filtração com pressão.

te de porosidade apropriada [**Figura 1.24 (a)**] ou em cadinho de Gooch [**Figura 1.24 (c)**], com camada de amianto. O cadinho de Gooch com amianto tratado é especialmente indicado para posterior determinação volumétrica do resíduo, como em análise de açúcar, por exemplo.

Se o interesse é apenas qualitativo, a filtração é via de regra feita em funil de Buchner [**Figura 1.24 (b)**], adaptado a kitasato, com sucção proveniente de trompa de água. É o caso da separação de cristais do líquido-mãe, tão freqüente em Química Orgânica experimental.

O papel de filtro para uso em funil de Buchner deve ser cortado em tamanho ligeiramente menor que o fundo do funil e umedecido com o solvente usado na solução; só então é feita a sucção, para permitir a boa aderência do papel ao funil. A sucção deve ser interrompida para se fazer a transferência do material a filtrar para o funil de Buchner. Deve-se abastecer continuamente o funil, sem permitir que seque o resíduo sobre o papel de filtro. No final da filtração, interrompe-se a sucção, umedece-se o resíduo com o líquido de lavagem e novamente se restabelece a sucção. Repete-se a operação tantas vezes quantas sejam necessárias, com os mesmos cuidados, usando-se o mínimo de líquido de lavagem, gelado, para minimizar a perda do produto desejado, aumentando, assim, a eficiência da operação.

Deve-se remover o máximo possível do líquido no processo de filtração, antes de se proceder à secagem do resíduo. Quando a massa a filtrar é muito volumosa, a compressão do resíduo sobre o papel de filtro durante a fase final da filtração é um recurso simples e eficiente. Pode-se usar uma superfície plana, rígida, como uma tampa de vidro ou o fundo de um pequeno bécher, para fazer essa compressão.

Também é conveniente enxugar a placa de sólido úmido, retirada do funil de Buchner, pela sua compressão entre folhas de papel de filtro, antes de levá-la à estufa para a secagem completa. Remove-se, assim, por capilaridade, uma boa parte do líquido de lavagem retido na massa.

10 Cristalização

Algumas vezes, é preciso purificar um material sólido, constituído de um único tipo de molécula ou de mais de um tipo, isto é, uma mistura, qualquer que seja sua natureza — micromolecular ou macromolecular, orgânica ou inorgânica. Para tanto é necessário proceder à separação individual das moléculas, seja por adição de um solvente, quando o material é solúvel, seja por fusão, quando o material é fusível. Em qualquer dos casos, é possível obter-se produto com maior ou menor grau de pureza, conforme a técnica adotada. No entanto, há casos em que o material é insolúvel e infusível, e procedimentos especiais precisam ser adotados.

A purificação de uma substância por cristalização se baseia na diferença de solubilidade das impurezas em relação ao produto a cristalizar. No solvente escolhido, as impurezas mais insolúveis que a substância principal são removidas por filtração da solução, antes da cristalização. As impurezas mais solúveis são separadas durante a cristalização e permanecem no líquido-mãe, residual, após a filtração.

Deve-se observar que a finalidade da cristalização, na grande maioria dos casos, não é apenas obter a substância sob aspecto mais bonito, mas também e principalmente obter a substância sob forma mais pura. Por esse motivo, não se pode levar a concentração da solução-mãe até a secura, o que resultaria na formação de crostas, visivelmente impuras.

Certas impurezas das substâncias dificultam, ou mesmo impedem, a cristalização. Assim, antes de se tentar cristalizar o produto de uma reação, sempre que possível deve-se extraí-lo com solvente adequado, ou precipitá-lo do meio reacional, ou submetê-lo a outro qualquer método de purificação preliminar.

O solvente deve ser escolhido de tal modo que dissolva muito a substância a quente e muito pouco a frio. Bastará, então, apenas um abaixamento da temperatura para a cristalização ocorrer, em forma bastante pura, com os cristais imersos no líquido-mãe de onde se originaram. Nesse caso, é conveniente utilizar recipientes, bécheres ou erlenmeyers, de forma alta, para garantir que os cristais se formem imersos no líquido-mãe. Solventes muito voláteis, como éter dietílico, não devem ser usados, pela facilidade com que permitem a formação de crostas pelas paredes do recipiente. Deve-se, igualmente, evitar o uso de solventes de elevado ponto de ebulição, que serão difíceis de remover dos cristais, posteriormente.

Quando a substância a cristalizar for solúvel demais em um solvente e insolúvel em outro, miscível ao primeiro, emprega-se a mistura dos dois solventes; faz-se primeiro a dissolução a quente no solvente mais ativo e então se adiciona, aos poucos, o não solvente, até haver turvação do líquido, ainda quente. Adiciona-se finalmente pequeno excesso do primeiro solvente, para restabelecer a limpidez da solução, e deixa-se em repouso para cristalizar.

É importante reiterar que nunca se deve permitir a evaporação total do solvente em uma cristalização. Quando, inadvertidamente, isso acontecer, deve ser repetida a dissolução e a cristalização da substância, pois, de outro modo, todas as substâncias que impurificavam os cristais permanecerão; não terá havido purificação da substância. Por esse motivo, quando se utilizam solventes voláteis, deve-se proceder à cristalização em recipientes de forma alta. Um erlenmeyer seria mesmo preferível, se não houvesse a dificuldade de posterior remoção dos cristais.

Durante a cristalização, deve-se proteger a solução das poeiras e dificultar a evaporação do solvente, cobrindo o recipiente com papel de filtro ou funil grande, de tamanho adequado. Não é conveniente o emprego de vidro de relógio diretamente sobre o bécher, pois as gotas de solvente condensadas iriam cair sobre a superfície do líquido, desfazendo o equilíbrio e prejudicando a cristalização uniforme.

A formação de bonitos cristais, de grandes dimensões, exige ausência de vibrações e de variações bruscas de temperatura — condições em que são formados pela Natureza, durante milênios de lento resfriamento ou lenta concentração. Os grandes cristais são obtidos utilizando frascos de Dewar; monocristais são preparados dessa forma e úteis para estudos de cristalografia. Quanto à pureza química, os grandes cristais retêm líquido-mãe e os cristais muito pequenos adsorvem impurezas à sua superfície. Assim, do ponto de vista da purificação química, devem-se evitar tais extremos.

Para induzir a cristalização de uma substância, é comum propiciar a formação de núcleos de cristalização, que podem ser pequenos cristais dessa substância, obtidos por evaporação do líquido-mãe à extremidade de um bastão de vidro, ou resíduos resultantes de fricção de um bastão de vidro contra as paredes do recipiente em que se processa a cristalização.

Freqüentemente, o líquido-mãe, de onde se pretende obter um produto puro, apresenta leve coloração que revela a presença de pequena quantidade de impurezas coloridas. A eliminação de tais impurezas é feita pela adição ao líquido-mãe de carvão ativado, em quantidade inferior a 5%. Em seguida, procede-se ao aquecimento à ebulição durante alguns minutos e, em seguida, realiza-se a filtração a quente.

Como a adsorção é processo físico-químico e diminui com o aumento de temperatura, a ação descorante do carvão ativado parece não ser limitada apenas à adsorção. Alguns carvões ativados possuem forte ação redutora, possivelmente pela presença de monóxido de carbono adsorvido. Outros carvões ativados são na realidade oxidantes, sugerindo que há oxigênio adsorvido. O descoramento de impureza colorida poderia ocorrer em ambos os casos, pela redução de produtos insaturados ou pela sua oxidação a fragmentos menores, incolores. Essas reações provavelmente são aceleradas por aquecimento, e isso pode explicar a ação química de alguns carvões ativados, ao lado de sua capacidade de adsorção. De qualquer modo, a filtração a quente é necessária, para que não haja cristalização do material dissolvido, que seria perdido na operação de filtração, juntamente com o carvão ativado.

Convém lembrar que, embora nada tendo a ver com o processo de filtração, a centrifugação conduz aos mesmos resultados, com uma série de vantagens e desvantagens. A centrifugação deve ser considerada como uma possibilidade, sempre que surgirem problemas durante a filtração, em razão do grande volume do resíduo, ou da alta viscosidade das soluções, ou ainda da forma de pó muito fino do precipitado.

11 Precipitação

Substâncias sólidas podem ser micromoleculares, isto é, de peso molecular inferior a 1 000, ou macromoleculares, de pesos moleculares mais elevados. No primeiro caso, são compostos químicos geralmente cristalizáveis. No segundo caso, trata-se de compostos químicos poliméricos, incapazes de formar cristais no sentido usual; no máximo, formam cristalitos, isto é, regiões ordenadas de matéria, não separáveis da matriz sólida.

A purificação das substâncias macromoleculares exige técnicas especiais, uma vez que esses produtos não são suscetíveis de destilação, ou cristalização, ou sublimação. Nesses casos, a separação desses polímeros é em geral feita procedendo-se à sua dissolução, filtração e precipitação, reduzindo-se a ação solvente do meio líquido pela adição de um não solvente, miscível ao solvente. Comumente, a proporção entre solvente e não solvente é 1 : 5-10.

A concentração da solução inicial deve ser elevada, especialmente com alguns pares de solvente e não solvente, porque as interações do soluto com o solvente, que causam a solubilidade do material, são, às vezes, também intensas no par solvente/não solvente, e nesses casos não ocorre a precipitação. Em geral, soluções com concentrações na faixa de 1 a 5% são recomendadas. Para um mesmo sistema soluto/solvente/não solvente, a morfologia das partículas do material precipitado depende das condições de precipitação (concentração da solução, tipo e velocidade de agitação durante a precipitação, temperatura, etc.).

Dois procedimentos podem ser indicados conforme a finalidade da purificação: gotejar a solução sobre o não solvente ou gotejar o não solvente sobre a solução. No primeiro caso, o precipitado contém a mistura de todos os componentes insolúveis presentes na amostra inicial. No segundo caso, haverá fracionamento dos componentes insolúveis contidos na amostra inicial.

11.1 Precipitação para recuperação total da amostra

Quando se deseja quantificar a eficiência da precipitação, emprega-se a diferença mais contrastante no sistema em operação — goteja-se a solução sobre o não solvente. Assim, cada gota da solução encontra a quantidade máxima de não solvente, precipitando simultaneamente todo o material insolúvel.

Esse processo é utilizado quando se deseja recuperar todos os componentes sólidos, ou quantificar o rendimento em uma reação química, ou purificar o produto bruto, resultante de uma reação química. Por exemplo, após a polimerização do estireno em benzeno, o poliestireno formado se encontra na solução benzênica, juntamente com o monômero e o iniciador não reagidos. Para se recuperar o poliestireno, verte-se a solução viscosa do polímero sobre o não solvente (geralmente metanol), com agitação, precipitando o polímero total, sem fracionamento.

A concentração da solução e a velocidade de agitação na precipitação são muito importantes para a morfologia da partícula precipitada. Se a concentração da solução for muito alta e a dispersão da gota que encontra o não solvente for ineficiente, haverá a formação de grumos inchados ou até mesmo de filamentos no solvente. Soluções com menor concentração, quando precipitadas em sistemas com alta velocidade de agitação, originam partículas pulverulentas.

11.2 Precipitação com fracionamento da amostra

Ao contrário do caso anterior, a modificação do meio solvente pela adição progressiva de não solvente permite o fracionamento de misturas. É feito gotejando-se vagarosamente o não solvente sobre a solução do material. Esse procedimento é particularmente útil quando se desejam obter frações isoladas, mesmo quando a constituição química é muito parecida.

Por exemplo, nos polímeros, em que não há um peso molecular único em um produto, é importante conhecer a distribuição desses pesos (polidispersão). As moléculas mais pesadas precipitam primeiro e devem ser retiradas do meio. À medida que aumenta a quantidade de não solvente na mistura em precipitação, frações de pesos moleculares menores vão sendo precipitadas e recolhidas.

12 Sublimação

A **sublimação** consiste na passagem direta de uma substância do estado sólido ao gasoso, sem passagem intermediária pelo estado líquido. O processo completo, isto é, a passagem de um sólido ao estado gasoso e novamente ao sólido, é também denominado sublimação.

Algumas substâncias possuem ponto de fusão incomum, porque a pressão de vapor do sólido excede a pressão atmosférica antes de o ponto de fusão ser alcançado. Como resultado, o sólido sublima. Nesses casos, o estado líquido pode ser obtido apenas sob uma pressão igual ou superior à pressão de vapor da substância no seu ponto triplo, que para essas substâncias está abaixo de 760 mm Hg.

O diagrama de fases, representado na **Figura 1.26**, mostra as mudanças de estado de um composto químico. Verifica-se que, abaixo da pressão e da temperatura de equilíbrio das 3 fases, isto é, abaixo das condições do ponto triplo, ocorre a passagem de sólido a vapor e vice-versa, sem passagem pelo estado líquido. Conforme a natureza química da substância, a sublimação pode ocorrer a pressões reduzidas, inferiores à pressão do ponto triplo.

As substâncias que apresentam alta pressão de vapor no ponto triplo são facilmente vaporizadas e podem ser sublimadas a pressão atmosférica. Por exemplo, a cânfora, que é uma cetona terpênica, apresenta ponto triplo a 179 °C e 370 mm Hg; quando aquecida lentamente abaixo de 179 °C, vaporiza sem fundir e os vapores se solidificam ao encontrar uma superfície fria, pois a pressão de vapor se conserva abaixo de 370 mm Hg.

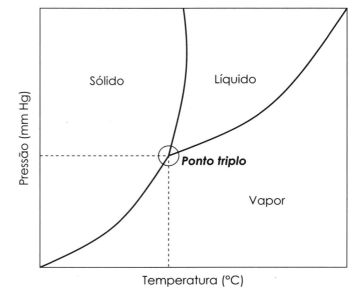

Figura 1.26
Diagrama de fases.

A sublimação somente ocorre quando a substância, mesmo líquida ou gasosa nas condições ambientais normais, é levada ao estado sólido, por abaixamento da temperatura, e é então submetida a pressões reduzidas.

A sublimação é um importante processo de purificação de substâncias, desde que sejam muito voláteis. Nesse caso, o composto puro sublima e se solidifica sob a forma de cristais ao contato com uma superfície fria, no sublimador. Quando a substância não é volátil, porém é solúvel em solventes sublimáveis, o processo é denominado **liofilização** (ver **item 6.2**) e permite a purificação ou secagem de produtos de aroma ou paladar delicado, como morangos, por exemplo, para a indústria de alimentos desidratados. Da mesma forma, produtos resinosos ou borrachosos, que não podem ser secos por aquecimento, uma vez que amolecem e formam pastas, ou produtos sensíveis ao calor, que se decompõem, podem ser dissolvidos em solventes sublimáveis; em seguida, o solvente é liofilizado, restando no frasco de sublimação o produto inicial, porém agora sob a forma celular, esponjosa, da qual foi totalmente removido o solvente ou a umidade.

Para análises elementar e estrutural, que exigem apenas quantidades muito pequenas de amostra, a sublimação é operação de especial utilidade na purificação de substâncias. Permite o fracionamento de misturas de forma rápida e eficiente, no mais elevado grau de pureza.

Quando se trabalha em escala maior, pode-se utilizar um dispositivo em que uma corrente de ar ou de nitrogênio promove a remoção dos vapores do frasco onde se procede ao aquecimento.

O emprego de pressões reduzidas é especialmente conveniente quando a substância em estudo tem elevado ponto de fusão e se destina a análise. Um condensador tipo "dedo-frio" recebe o material sublimado, que cristaliza à sua superfície [**Figura 1.27**]. É conveniente observar a distância mais adequada entre a substância a sublimar e a superfície fria, quando se trabalha com alto-vácuo. Distâncias muitos grandes resultam em perdas de vapor, pela elevada velocidade das moléculas que não chegam a encontrar a superfície fria, necessária à cristalização.

À pressão atmosférica, pode ser satisfatória para a sublimação uma simples cápsula de porcelana, coberta com disco de papel de filtro no qual foram feitas múltiplas perfurações, colocando sobre ele um funil invertido. Aquecendo a cápsula por meio de banho de areia, os vapores sublimados solidificam, formando cristais pendentes do papel de filtro [**Figura 1.27**]. A sublimação do ácido benzóico pode ser facilmente realizada dessa maneira.

Sublimação

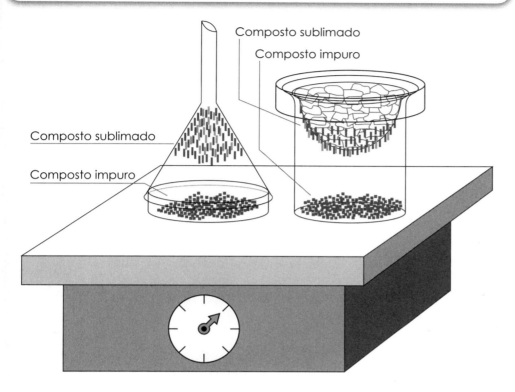

Figura 1.27
Sublimação.

Referências bibliográficas

1. Mano E.B. & Seabra A.P. — *Práticas de Química Orgânica.* Editora Edgard Blücher Ltda., São Paulo, 1987.

2. Vogel A.I. — *Textbook of Practical Organic Chemistry.* Longmans, Green & Co., Londres, 1948.

3. Macedo H. — *Dicionário de Física.* Editora Nova Fronteira, Rio de Janeiro, 1976.

4. Kallgren R.W. — *Antifreezes* em Kirk-Othmer. *Encyclopedia of Chemical Technology*, vol. 2. John Wiley & Sons, Nova York, 1967. p. 540.

CAPÍTULO 2
PURIFICAÇÃO E CARACTERIZAÇÃO DE MONÔMEROS, SOLVENTES E INICIADORES

1 Monômeros
- 1.1 Acetato de vinila
- 1.2 Ácido adípico
- 1.3 Ácido sebácico
- 1.4 Ácido tereftálico
- 1.5 Acrilamida
- 1.6 Acrilato de butila
- 1.7 Acrilonitrila
- 1.8 Anidrido ftálico
- 1.9 Anidrido maleico
- 1.10 Butadieno
- 1.11 Cloreto de vinila
- 1.12 Estireno
- 1.13 Etileno
- 1.14 Fenol
- 1.15 Formaldeído
- 1.16 Glicol etilênico
- 1.17 Glicol propilênico
- 1.18 Isopreno
- 1.19 Melamina
- 1.20 Metacrilato de metila
- 1.21 Propileno
- 1.22 Uréia

2 Solventes
- 2.1 Acetona
- 2.2 Benzeno
- 2.3 Cloreto de metileno
- 2.4 Clorofórmio
- 2.5 *N,N*-Dimetil-formamida (DMF)
- 2.6 Dimetil-sulfóxido (DMSO)
- 2.7 Dioxana
- 2.8 Etanol
- 2.9 Heptano
- 2.10 Metanol
- 2.11 Metil-etil-cetona (MEK)
- 2.12 Tetra-hidrofurano (THF)
- 2.13 Tolueno

3 Iniciadores
- 3.1 Azo-*bis*-isobutironitrila (AIBN)
- 3.2 Hidroperóxido de *p*-mentila
- 3.3 Peróxido de benzoíla ($Bz_2 O_2$)
- 3.4 Peróxido de cumila
- 3.5 Peróxido de metil-etil-cetona
- 3.6 Persulfato de potássio
- 3.7 Tetracloreto de titânio
- 3.8 Trifluoreto de boro (eterato)

O trabalho experimental bem executado é particularmente importante no campo de Polímeros. Os compostos químicos utilizados nas preparações são muito sensíveis ao calor, à luz, às impurezas, etc., podendo ou não ser deflagrada uma reação em cadeia, cuja velocidade é muito rápida, resultando produtos com características muito diferentes dos compostos iniciais ou dos produtos visados.

Os cuidados com a pureza dos reagentes são essenciais nas reações de polimerização, em razão da possibilidade de ação inibidora, ou retardadora, imprevisível, de algumas impurezas. A mesma substância pode agir, em certos casos, como iniciador e, em outros, como inibidor, dependendo da estabilidade da espécie ativa formada. Por exemplo, nas poliadições, o oxigênio atua como iniciador, no caso da polimerização do etileno pelo processo de altas pressões, resultando o polietileno de baixa densidade (*low density polyethylene*, LDPE), e como inibidor, na polimerização da acrilonitrila via radicais livres, resultando a poliacrilonitrila (*polyacrylonitrile*, PAN). Ambos os processos envolvem mecanismo homolítico. No caso de mecanismos iônicos, como na poliadição de estireno iniciada por butil-lítio, vestígios de umidade são suficientes para impedir o prosseguimento da polimerização. Nas policondensações, isso não ocorre.

Quando se procede à estocagem dos monômeros ou dos solventes, deve-se observar que, ao abrir a embalagem, precisam ser tomados cuidados especiais. Em certos casos, é essencial impedir que a umidade do ar ambiente contamine o produto químico e possa interferir na polimerização, modificando a cinética ou mesmo inibindo o processo. Se o ambiente for refrigerado, particularmente com a repetida utilização do mesmo frasco, como ocorre em laboratórios, haverá a condensação da umidade do ar nas paredes internas do recipiente, e a pureza do produto químico é progressivamente alterada.

As reações de polimerização são normalmente conduzidas em ambiente inerte, geralmente obtido por passagem de corrente de nitrogênio, cujo grau de maior ou menor pureza depende da sensibilidade do sistema reacional utilizado. Nos casos de polimerização viva (*living polymerization*), por exemplo, exige-se máxima pureza, uma vez que quaisquer contaminantes poderão atuar como terminadores das cadeias vivas, isto é, em crescimento, destruindo os centros ativos. Nas reações de policondensação, em que não existem centros ativos, os cuidados são os mesmos recomendados para o trabalho experimental com síntese de micromoléculas.

Para evitar a poluição ambiental, os subprodutos das reações, quando em quantidade significativa, precisam sofrer tratamento adequado antes de serem descartados. Quando se trata de pequenas quantidades, entretanto, esse tratamento pode ser dispensado. Em cada preparação descrita neste livro serão encontradas instruções para o descarte desses subprodutos. Caso haja disponibilidade de forno de incineração apropriado, todos os resíduos, líquidos ou sólidos, devem ser incinerados.

O presente capítulo aborda os procedimentos específicos envolvidos na purificação em laboratório dos principais monômeros, solventes e iniciadores de importância industrial, empregados em polimerização. Em alguns casos, como, por exemplo, os compostos organometálicos utilizados nas polimerizações iônicas ou por coordenação, os iniciadores e/ou catalisadores já se encontram disponíveis comercialmente com pureza adequada a seu uso, e assim sua purificação não será descrita. Os casos que exigem cuidados espe-

Monômeros

ciais serão abordados minuciosamente, dentro dos procedimentos descritos para a preparação dos polímeros individuais, em capítulos subseqüentes. A caracterização de cada monômero, solvente ou iniciador será abordada a seguir. Deve-se ressaltar que, nas constantes físicas desses produtos, apenas estão referidos alguns dos principais agentes solventes e não solventes. São também mencionados os números de identificação de cada substância: **CAS RN** — Chemical Abstracts Service Registry Number (inclui até 9 dígitos, separados em 3 grupos por hífen, sem conotação química importante), **Beilstein** — Beilstein Handbook of Organic Chemistry (por exemplo, o número 5-18-11-01234 indica que o composto pode ser encontrado na série 5, volume 18, subvolume 11, página 1234) e **Merck** (número correspondente do *The Merck Index,* 11.ª edição).

Neste livro, são adotadas as convenções usualmente empregadas na literatura, inclusive o Handbook of Chemistry and Physics, C.R.C. Press, 78.ª edição, 1997-1998, Nova York.

1 Monômeros

Freqüentemente, os monômeros têm vida útil curta nas condições usuais de armazenagem, isto é, tempo prolongado e temperatura ambiente elevada. Isso acontece principalmente em países tropicais, nas regiões portuárias, onde chegam os navios com carregamento de produtos químicos, ou nos amplos depósitos de instalações industriais. Por essa razão, é regra geral proteger os monômeros contra eventual polimerização espontânea, adicionando a eles, na fase de fabricação, inibidores de polimerização. Além disso, sempre que possível, os monômeros devem ser estocados em ambientes refrigerados.

Por exemplo, o cobre e o enxofre são inibidores de polimerização do estireno, especialmente nas temperaturas atingidas durante a destilação. A hidroquinona e o *p-tert*-butil-catecol são ambos compostos fenólicos 1,4-dissubstituídos, isto é, com grupos substituintes facilmente oxidáveis a estruturas quinônicas por ação de radicais livres. Esses inibidores são comuns em monômeros industriais, tais como estireno e butadieno. Como substâncias fenólicas que são, esses inibidores podem ser facilmente removidos dos monômeros com grau de pureza industrial, pela sua passagem através de solução aquosa diluída de hidróxido de sódio. Dessa maneira, pode ser eliminada a necessidade de destilação industrial para uma série de tipos comercializados de polímeros.

Os principais monômeros empregados para a realização, em laboratório, de polimerizações via radicais livres são: estireno, metacrilato de metila, acrilato de butila, acetato de vinila, acrilonitrila e cloreto de vinila. Quanto aos monômeros adequados à polimerização via catiônica, os principais são: estireno e isobutileno. No caso da polimerização via aniônica, destacam-se: estireno, butadieno e isopreno. Na polimerização por coordenação, aplicam-se especialmente os monômeros etileno, propileno, butadieno, isopreno e estireno.

Nas policondensações, são mais comumente usados os seguintes monômeros: fenol, aldeído fórmico, uréia, melamina, glicol etilênico, glicol propilênico, tereftalato de dimetila, anidrido ftálico, epicloridrina, diisocianato de tolileno, diisocianato de difenilmetileno e caprolactama.

Os monômeros são usualmente líquidos, porém alguns monômeros gasosos são bastante importantes; poucos monômeros são sólidos. Alguns procedimentos de caráter geral podem ser recomendados.

No caso de monômeros insaturados, líquidos e pouco solúveis em água, deve-se sempre iniciar a purificação pela remoção do inibidor que deve estar eventualmente presente. Para tanto, procede-se à lavagem do produto comercial ou industrial com solução aquosa diluída de hidróxido de sódio, seguida de lavagem com água e remoção dos vestígios de umidade, retida pelo monômero, por meio de contato com agente desidratante adequado. Após a secagem, o monômero é destilado. Se a temperatura de ebulição, nas condições de destilação — a pressão atmosférica ou sob pressão reduzida —, for superior a 50 °C, é aconselhável a adição de cerca de 1% em peso de um inibidor de polimerização, usualmente hidroquinona. O **Quadro 2.1** apresenta uma série de monômeros e os inibidores recomendados para seu armazenamento. O inibidor difenil-picril-hidrazila é muito utilizado em estudos de cinética de reação, quando é desejado determinar as constantes de velocidade. Esse radical pode ser quantificado por espectroscopia no ultravioleta por apresentar coloração violeta e, ao reagir com outro radical do meio reacional, formar um produto estável, incolor ou amarelo-claro.

Monômeros gasosos são normalmente purificados por destilação instantânea (*flash distillation*) ou por passagem através de colunas contendo recheio apropriado.

Monômeros sólidos podem ser tratados como monômeros líquidos de alto ponto de ebulição, ou por cristalização ou sublimação.

Os monômeros, solventes e iniciadores de maior importância industrial, assim como suas fórmulas químicas e constantes físicas, serão apresentados individualmente a seguir. Para cada composto, serão detalhadas as técnicas de purificação e de confirmação da natureza química, bem como de seu grau de pureza, visando à polimerização.

Quando se trabalha com iniciadores do tipo peróxido, hidroperóxido ou azoderivados, é importante conhecer o tempo de meia-vida do produto, a uma dada temperatura. É possível encontrar na literatura tabelas ou gráficos com essas informações. O **Quadro 2.2** mostra a temperatura em que é atingido o tempo de meia-vida de 10 horas, isto é, a temperatura necessária para que metade da quantidade de iniciador seja desativada em 10 horas de reação. Esses valores são uma indicação grosseira, uma vez que variam conforme o sistema iniciador-monômero-solvente e as suas proporções.

Monômeros

Quadro 2.1 Inibidores de radicais livres eficientes para monômeros insaturados

Inibidor			Monômero insaturado
Nome	Fórmula, sigla	Principais caraterísticas físicas	
Hidroquinona	HOC_6H_4OH	Sólido incolor, p.f.: 175 °C, solúvel em água, metanol, clorofórmio, acetona, benzeno	Estireno, metacrilato de metila, acrilato de butila, acetato de vinila, acrilonitrila, cloreto de vinila
p-Metoxi-fenol	$HOC_6H_4OCH_3$	Sólido incolor, p.f.: 53 °C, p.e.: 243 °C , solúvel em água, metanol, clorofórmio, acetona, benzeno	Acrilato de butila, metacrilato de metila
p-t-Butil-catecol	$(HO)_2C_6H_3C(CH_3)_3$	Sólido incolor, p.f.: 55 °C, solúvel em heptano, metanol, clorofórmio, acetona, benzeno	Butadieno, isopreno, isobutileno
Dimetil-ditio-carbamato de sódio	$S{=}C(SNa)[N(CH_3)_2]$	Sólido incolor, solúvel em heptano, metanol, clorofórmio, acetona, benzeno	Butadieno, isopreno
Oxigênio	O_2	Gás incolor	Acrilonitrila
Enxofre	S_8	Sólido amarelo, p.f.: 113 °C	Estireno, metacrilato de metila
Cobre	Cu	Sólido avermelhado, p.f.: 1 083 °C	Estireno
Difenil-picril-hidrazila (DPPH)		Sólido violeta, p.f.: 129 a 133 °C	Usado em estudo cinético

Quadro 2.2 Iniciadores de radicais livres eficientes para monômeros insaturados

Iniciador			Monômero insaturado
Nome	Fórmula	Temperatura para tempo de meia-vida de 10 h (°C)	
Azo-bis-isobutironitrila	$[(CH_3)_2CCNN{=}]_2$	64	Estireno, cloreto de vinila, acetato de vinila, metacrilato de metila, acrilato de metila, acrilonitrila, etileno, cloreto de vinilideno
Hidroperóxido de p-mentila	$CH_3(C_6H_4)C(OOH)(CH_3)_2$	133	Cloreto de vinila
Peróxido de benzoíla	$(C_6H_5COO{-})_2$	72	Cloreto de vinila, estireno, acetato de vinila, metacrilato de metila
Peróxido de cumila	$[C_6H_5C(CH_3)_2O{-}]_2$	112	Estireno, metacrilato de metila
Peróxido de metil-etil-cetona	$CH_3C_2H_5COHOOH$	–	Estireno
Persulfato de potássio	$K_2S_2O_8$	–	Acetato de vinila, estireno

1.1 Acetato de vinila

Beilstein, 4-02-00-00176
CAS RN, 108-05-4
Merck Index, 9896

Constantes físicas

Líquido incolor, de odor forte
Densidade: $0,9317^{20}$
p.e. (°C): 72^{760}
p.f. (°C): –93
Índice de refração: $1,3959^{20}$
Insolubilidade: água, heptano, etc.
Solubilidade: álcoois, clorofórmio, éteres, cetonas, etc.
$C_4H_6O_2$ Peso molecular: 86

1.1.1 Purificação

Remover o eventual inibidor do monômero da seguinte maneira:

Em funil de decantação de 1 litro de capacidade, colocar 500 mL de **acetato de vinila** comercial ou industrial e 100 mL de solução aquosa a 5% de NaOH. Recolher a camada sobrenadante e repetir a operação, desta vez com água para eliminar vestígios da solução alcalina. Secar o monômero pré-tratado por contato, durante algumas horas, com fragmentos de $MgSO_4$ ou $CaSO_4$. Remover o desidratante, por simples decantação ou filtração através de gaze ou fina camada de algodão, e conservar o monômero em frasco fechado, em ambiente fresco e ao abrigo da luz, para evitar a formação de radicais livres.

Montar a aparelhagem conforme descrito abaixo.

Sobre plataforma de altura variável ("macaco") ou sobre alguns pequenos blocos de madeira, instalar um banho de água dotado de controle de temperatura ou manta de aquecimento elétrico e colocar um balão de destilação de vidro, de fundo redondo e l litro de capacidade. Adaptar pequena coluna de destilação, sem recheio, termômetro de escala adequada e condensador descendente, reto, ligado a um tubo de vidro com saída lateral, para equalizar a pressão no sistema. Conectar à extremidade do tubo um balão de 100 mL, para recolher a primeira fração do destilado, reservando um balão de 500 mL para recolher o **acetato de vinila** destilado; ambos os balões também deverão poder ser apoiados em plataforma. Se a aparelhagem não tiver sido montada em capela, proteger a atmosfera ambiente da poluição dos vapores de monômero, adaptando à saída lateral um tubo de borracha que atinja ou a capela, ou o esgoto da pia, mantendo a água corrente, ou a janela, de forma que os vapores sejam transferidos para fora do laboratório.

Destilar o **acetato de vinila** da seguinte forma:

No balão de destilação, introduzir cerca de 500 mL de **acetato de vinila**, pré-tratado como já descrito. Adicionar cerca de 5 g de hidroquinona, para evitar a polimerização indesejável do monômero durante o aquecimento, e alguns fragmentos de pedra-pomes ou cerâmica não vitrificada, para homogeneizar a ebulição. Aquecer progressivamente, recolhendo a primeira fração ("cabeça" de destilação) até a temperatura se estabilizar em torno do ponto de ebulição do monômero. Substituir o balão receptor pelo outro de maior capacidade. Recolher o monômero destilado, tendo o cuidado de interromper o aquecimento antes da remoção total da fração volátil ("cauda" da destilação). Coletar 1 mL, ou 1 g, ou cerca de 20 gotas de amostra para análise, em pequeno frasco ou ampola de vidro. Transferir o **acetato de vinila** purificado para frasco escuro, seco, devidamente vedado, com a tampa recoberta por filme de polietileno ou folha de alumínio, para proteção contra a água condensada, ao retirar o frasco frio do refrigerador. Para maior duração do **acetato de vinila** destilado, conservar em refrigerador.

1.1.2 Caracterização

A caracterização do composto é feita por suas constantes físicas. No caso de monômero líquido, como o **acetato de vinila**, é particularmente conveniente determinar o índice de refração, já referido. Além disso, para saber o grau de pureza do monômero, é necessário proceder à cromatografia com fase gasosa e à espectroscopia na região do infravermelho, embora outros métodos possam também ser empregados.

1.1.3 Toxidez

Em alta concentração, vapores de **acetato de vinila** podem ter efeito narcótico.

1.2 Ácido adípico

Beilstein, 4-02-00-01956
CAS RN, 124-04-9
Merck Index, 152

Constantes físicas
Sólido cristalino
Densidade: $1,360^{25}$
p.e. (°C): 337^{760}
p.f. (°C): 153
Insolubilidade: benzeno, heptano, etc.
Solubilidade: água quente, álcoois, éteres, cetonas, etc.
$C_6H_{10}O_4$ Peso molecular: 146

1.2.1 Purificação

Embora o **ácido adípico** comercial possa ser utilizado diretamente em policondensações, para alguns trabalhos de pesquisa é preciso proceder à sua purificação. Como se trata de uma substância sólida, pode ser recristalizado em acetona.

A purificação do **ácido adípico** é feita da seguinte maneira:

Em erlenmeyer de 50 mL introduzir 20 mL de acetona destilada. Colocar o erlenmeyer sobre placa de aquecimento com agitação e aquecer o solvente a 52 °C, deixando o erlenmeyer com vedação, para evitar perdas de solvente por evaporação. Adicionar 2 g de **ácido adípico** em pequenas porções até todo o ácido dissolver, sempre vedando frouxamente o erlenmeyer após cada adição. Filtrar a solução ainda quente em funil de buchner, recolhendo o filtrado em outro erlenmeyer. Evaporar aproximadamente 5 mL de acetona, deixar atingir a temperatura ambiente e levar ao refrigerador por 3 ou 4 dias, para a formação dos cristais. Os cristais de **ácido adípico** são isolados passando a solução por papel de filtro pregueado. Evaporar a acetona residual, em estufa de circulação de ar a 120 °C por 1 hora.

1.2.2 Caracterização

A caracterização do **ácido adípico**, bem como o seu grau de pureza, é feita por cromatografia em fase gasosa e espectroscopia na região do infravermelho, embora outros métodos possam ser também empregados.

1.2.3 Toxidez

O **ácido adípico** não é tóxico.

1.3 Ácido sebácico

Beilstein, 4-02-00-02078
CAS RN, 111-20-6
Merck Index, 8369

Constantes físicas

Sólido cristalino
    Densidade: 1,207^{20}
    p.e. (°C): 295^{100}
    p.f. (°C): 134
    Índice de refração: 1,422^{133}
    Insolubilidade: benzeno; pouco solúvel em água, por exemplo
    Solubilidade: álcoois, éteres, cetonas, etc.
$C_{10}H_{18}O_4$ Peso molecular: 202

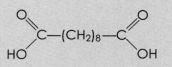

1.3.1 Purificação

Embora o **ácido sebácico** comercial possa ser utilizado diretamente em policondensações, para alguns trabalhos de pesquisa é preciso proceder à sua purificação. Como se trata de uma substância sólida, pode ser recristalizado em acetona.

A purificação do **ácido sebácico** é feita da seguinte maneira:

    Em erlenmeyer de 50 mL colocar 30 mL de acetona destilada. Aquecer o sistema a 50 °C e adicionar 2 g de **ácido sebácico**, em pequenas porções, com agitação. Após cada adição, tampar frouxamente o erlenmeyer e aguardar a solubilização do ácido adicionado. Quando todo o ácido estiver dissolvido, adicionar uma pequena quantidade de carvão ativado à solução e deixar misturando por 1 minuto. Filtrar a solução a quente em papel de filtro, recolhendo o filtrado em outro erlenmeyer. Evaporar aproximadamente 5 mL de acetona no erlenmeyer, vedar e deixar atingir a temperatura ambiente. Cristais em forma de agulhas começam a se formar. Levar ao refrigerador por 3 ou 4 dias. Filtrar os cristais em papel de filtro pregueado e evaporar a acetona residual, em estufa de circulação de ar a 120 °C, por 2 horas.

1.3.2 Caracterização

A caracterização do **ácido sebácico**, bem como o seu grau de pureza, é feita por cromatografia em fase gasosa e espectroscopia na região do infravermelho, embora outros métodos possam ser também empregados.

1.3.3 Toxidez

O **ácido sebácico** não é tóxico.

1.4 Ácido tereftálico

Beilstein, 4-09-00-03301
CAS RN, 100-21-0
Merck Index, 9093

Constantes físicas
Sólido cristalino
Densidade: $1,510^{20}$
p.f. (°C): sublima acima de 300
Insolubilidade: água, clorofórmio, álcoois, éteres, ácido acético, etc.
Solubilidade: álcalis, por exemplo
$C_8H_6O_4$ Peso molecular: 166

1.4.1 Purificação

O **ácido tereftálico** sublima facilmente acima de 300 °C, formando longas agulhas brancas, com o inconveniente de compor uma massa fofa, volumosa, pouco adequada para utilização em sínteses.

A purificação também pode ser feita por dissolução em solução aquosa de hidróxido de sódio, filtração e precipitação, vertendo vagarosamente a solução de tereftalato de sódio sobre solução aquosa a 10% p/v de HCl.

A purificação do **ácido tereftálico** é feita da seguinte maneira:

Colocar 2 g de **ácido tereftálico** em erlenmeyer de 200 mL e adicionar 100 mL de solução aquosa de hidróxido de sódio a 3,5%, com agitação. O erlenmeyer deve estar apoiado sobre uma placa de agitação que possa ser aquecida. Em seguida, aquecer levemente até a dissolução do ácido, filtrar a solução para eliminar impurezas e recolher o filtrado em outro erlenmeyer. Gotejar 30 mL de solução aquosa de HCl comercial sobre a solução do **ácido tereftálico**, agitando, para que haja recristalização. Filtrar os cristais em funil de Buchner e secar o sólido em estufa a 110 °C, por 1 hora.

1.4.2 Caracterização

A caracterização do **ácido tereftálico**, bem como o seu grau de pureza, é feita por cromatografia em fase gasosa e espectroscopia na região do infravermelho, embora outros métodos possam ser também empregados.

1.4.3 Toxidez

O **ácido tereftálico** tem ação levemente irritante sobre a pele.

1.5 Acrilamida

Beilstein, 4-02-00-01471
CAS RN, 79-06-1
Merck Index, 123

Constantes físicas
Sólido cristalino
Densidade: $1,122^{30}$
p.e. (°C): 192^{760}
p.f. (°C): 84
Índice de refração: $1,55^{20}$
Insolubilidade: benzeno, heptano, etc.
Solubilidade: água, álcoois, éteres, clorofórmio, cetonas, etc.
C_3H_5NO Peso molecular: 71

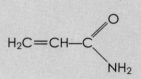

1.5.1 Purificação

Embora a **acrilamida** comercial possa ser utilizada diretamente em policondensações, para alguns trabalhos de pesquisa é preciso proceder à sua purificação. Como se trata de uma substância sólida, pode ser recristalizada em acetona.

A purificação da **acrilamida** é feita da seguinte maneira:

Colocar no erlenmeyer 1,8 g de **acrilamida** e 15 mL de acetona destilada. Aquecer o sistema a 50 °C para dissolver a **acrilamida**, deixar esfriar a solução e filtrar em papel de filtro, recolhendo o filtrado em outro erlenmeyer. Evaporar aproximadamente 8 mL de acetona, vedar o erlenmeyer, deixar atingir a temperatura ambiente e levar ao refrigerador por 3 ou 4 dias. Formam-se agulhas incolores. Filtrar os cristais em papel de filtro preguedo e evaporar a acetona residual, em estufa de circulação de ar a 50 °C, por 2 horas.

1.5.2 Caracterização

A caracterização da **acrilamida**, bem como o seu grau de pureza, é feita por cromatografia em fase gasosa e espectroscopia na região do infravermelho, embora outros métodos possam ser também empregados.

1.5.3 Toxidez

A **acrilamida** é fortemente tóxica e irritante, e pode ser absorvida pela pele. Causa paralisia.

1.6 Acrilato de butila

Beilstein, 4-02-00-01463
CAS RN, 141-32-2
Merck Index, 1539

Constantes físicas

Líquido incolor, de odor forte
Densidade: $1,4975^{20}$
p.e. (°C): 145^{760}
p.f. (°C): -65
Índice de refração: $1,4185^{20}$
Insolubilidade: água, heptano, etc.
Solubilidade: álcoois, éteres, cetonas, etc.
$C_7H_{12}O_2$ Peso molecular: 128

1.6.1 Purificação

Remover o eventual inibidor do monômero da seguinte maneira:

Em funil de decantação de 1 litro de capacidade, colocar 500 mL de **acrilato de butila** comercial ou industrial e 100 mL de solução aquosa a 5% de NaOH. Recolher a camada sobrenadante e repetir a operação, desta vez com água para eliminar vestígios da solução alcalina. Secar o monômero pré-tratado por contato, durante algumas horas, com fragmentos de $MgSO_4$ ou $CaSO_4$. Remover o desidratante por simples decantação ou filtração através de gaze ou fina camada de algodão, e conservar o monômero em frasco fechado, em ambiente fresco e ao abrigo da luz, para evitar a formação de radicais livres.

Montar a aparelhagem conforme descrito abaixo.

Sobre plataforma de altura variável ("macaco") ou sobre alguns pequenos blocos de madeira, instalar um banho de água ou manta de aquecimento elétrico e colocar um balão de destilação de vidro, de fundo redondo e l litro de capacidade. Adaptar pequena coluna de destilação, sem recheio, termômetro de escala adequada e condensador descendente, reto, ligado a um tubo de vidro com saída lateral, para equalizar a pressão no sistema. Conectar à extremidade do tubo um balão de 100 mL, para recolher a primeira fração do destilado, reservando um balão de 500 mL para recolher o **acrilato de butila** destilado; ambos os balões também deverão poder ser apoiados em plataforma, para permitir a sua remoção do sistema. Se a aparelhagem não tiver sido montada em capela, proteger a atmosfera ambiente da poluição pelos vapores de monômero, adaptando à saída lateral um tubo de borracha que atinja ou a capela, ou o esgoto da pia, mantendo a água corrente, ou a janela aberta, para que os vapores sejam tranferidos para fora do laboratório.

Destilar o **acrilato de butila** da seguinte forma:

No balão de destilação, introduzir 400 mL de **acrilato de butila**, pré-tratado como já foi descrito. Adicionar cerca de 5 g de hidroquinona, para evitar a polimerização indesejável do monômero durante o aquecimento, e alguns fragmentos de pedra-pomes ou cerâmica não vitrificada, para homogeneizar a ebulição. Aquecer progressivamente, recolhendo a primeira fração ("cabeça" de destilação) até a temperatura se estabilizar, em torno do ponto de ebulição do monômero. Substituir o balão receptor pelo outro de maior capacidade. Recolher o monômero destilado, tendo o cuidado de interromper o aquecimento antes da remoção total da fração volátil ("cauda" da destilação). Coletar 1 mL, ou 1 g, ou cerca de 20 gotas de amostra para análise, em pequeno frasco ou ampola de vidro. Transferir o monômero purificado para frasco escuro, seco, devidamente vedado, cuidando em manter a tampa recoberta com filme de polietileno ou folha de alumínio, como proteção contra a água condensada, ao retirar o frasco frio do refrigerador. Conservar em refrigerador para maior duração do **acrilato de butila** destilado.

1.6.2 Caracterização

A caracterização do composto é feita por suas constantes físicas. No caso de monômero líquido, como o **acrilato de butila**, é particularmente conveniente determinar o índice de refração, já referido. Além disso, para saber o grau de pureza do monômero, é necessário proceder à cromatografia com fase gasosa e à espectroscopia na região do infravermelho, embora outros métodos possam também ser empregados.

1.6.3 Toxidez

O **acrilato de butila** não é tóxico.

1.7 Acrilonitrila

Beilstein, 4-02-00-01473
CAS RN, 107-13-1
Merck Index, 125

Constantes físicas

Líquido incolor

Densidade: $0,8060^{20}$
p.e. (°C): 78^{760}
p.f. (°C): −84
Índice de refração: $1,3911^{20}$
Insolubilidade: heptano, por exemplo
Solubilidade: água, álcoois, éteres, cetonas, etc.
C_3H_3N Peso molecular: 53

$$H_2C=CH-CN$$

1.7.1 Purificação

No caso da **acrilonitrila**, não é necessário proteger o monômero com inibidor, pois o oxigênio do ar já atua inibindo a formação de radicais livres. O líquido é explosivo e inflamável. Em ausência de oxigênio ou em exposição à luz visível, pode polimerizar espontaneamente. Em presença de álcali concentrado, a reação pode ser violenta.

Montar a aparelhagem conforme descrito abaixo.

Sobre plataforma de altura variável ("macaco") ou sobre alguns pequenos blocos de madeira, instalar um banho de água ou manta de aquecimento elétrico e colocar um balão de destilação de vidro, de fundo redondo e l litro de capacidade. Adaptar pequena coluna de destilação, sem recheio, termômetro de escala adequada e condensador descendente, reto, ligado a um tubo de vidro com saída lateral, para equalizar a pressão no sistema. Conectar à extremidade do tubo um balão de 100 mL, para recolher a primeira fração do destilado, reservando um balão de 500 mL para recolher a **acrilonitrila** destilada; ambos os balões também deverão poder ser apoiados em plataforma. Se a aparelhagem não tiver sido montada em capela, proteger a atmosfera ambiente da poluição pelos vapores de monômero, adaptando à saída lateral do balão receptor um tubo de borracha que atinja ou a capela, ou o esgoto da pia, mantendo a água corrente, ou a janela, de forma a transferir os vapores para fora do laboratório.

Destilar a **acrilonitrila** da seguinte forma:

No balão de destilação, introduzir 500 mL de **acrilonitrila**. Adicionar 3 a 5 gotas de ácido fosfórico a 85%, para reter a umidade e os produtos aminados de decomposição da acrilonitrila, e alguns fragmentos de pedra-pomes ou cerâmica não vitrificada, para homogeneizar a ebulição. Aquecer progressivamente, recolhendo a primeira fração ("cabeça" de destilação) até a temperatura se estabilizar, em torno do ponto de ebulição do monômero.

Substituir o balão receptor pelo outro de maior capacidade. Recolher o monômero destilado, tendo o cuidado de interromper o aquecimento antes da remoção total da fração volátil ("cauda" da destilação). Coletar 1 mL, ou 1 g, ou cerca de 20 gotas de amostra para análise, em pequeno frasco. Transferir o monômero purificado para frasco escuro, seco, devidamente vedado, mantendo a tampa recoberta com filme de polietileno ou folha de alumínio, como proteção contra a água condensada, na retirada do frasco frio do refrigerador. Conservar em refrigerador para maior duração da **acrilonitrila** destilada.

1.7.2 Caracterização

A caracterização do composto é feita por suas constantes físicas. No caso de monômero líquido, como a **acrilonitrila**, é particularmente conveniente determinar o índice de refração, já referido. Além disso, para saber o grau de pureza do monômero, é necessário proceder à cromatografia com fase gasosa e à espectroscopia na região do infravermelho, embora outros métodos possam também ser empregados.

1.7.3 Toxidez

A **acrilonitrila** é altamente tóxica, podendo ocorrer dor de cabeça, vertigem, náusea e vômito. Esses sintomas são causados pelo efeito cianeto, que acarreta dificuldade de respiração, paralisia, inconsciência, convulsão e interrupção respiratória.

1.8 Anidrido ftálico

Beilstein, 5-17-11-00253
CAS RN, 85-44-9
Merck Index, 7346

Constantes físicas

Sólido cristalino

Densidade: $1,527^{20}$
p.f. (°C): 131, facilmente sublimável
Insolubilidade: heptano, por exemplo
Solubilidade: álcoois, benzeno, etc.
$C_8H_4O_3$ Peso molecular: 148

Embora o **anidrido ftálico** comercial possa ser utilizado diretamente em policondensações, para alguns trabalhos de pesquisa é preciso proceder à sua purificação. Como se trata de uma substância sólida, pode ser recristalizado em clorofórmio; sendo sublimável, não pode ser seco em estufa aquecida.

1.8.1 Purificação

A purificação do **anidrido ftálico** é feita da seguinte maneira:

Colocar no erlenmeyer 1,5 g de **anidrido ftálico** e 30 mL de clorofórmio destilado. Dissolver o **anidrido ftálico,** filtrar em papel de filtro, recolhendo o filtrado em outro erlenmeyer. Evaporar aproximadamente 15 mL de clorofórmio, vedar o erlenmeyer, deixar atingir a temperatura ambiente e levar ao refrigerador por 2 dias. Formam-se agulhas incolores. Filtrar os cristais em papel de filtro pregueado e evaporar o clorofórmio, sob corrente de nitrogênio.

1.8.2 Caracterização

A caracterização do **anidrido ftálico** é feita por cromatografia em fase gasosa e espectroscopia na região do infravermelho, embora outros métodos possam ser também empregados.

1.8.3 Toxidez

O **anidrido ftálico** não é tóxico.

1.9 Anidrido maleico

Beilstein, 5-17-11-00055
CAS RN, 108-31-6
Merck Index, 5586

Constantes físicas

Sólido cristalino
Densidade: $0,934^{20}$
p.e. (°C): 197^{760}
p.f. (°C): 60
Insolubilidade: heptano, por exemplo
Solubilidade: água, éteres, cetonas, clorofórmio, dioxana, etc.
$C_4H_2O_3$ Peso molecular: 98

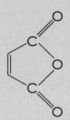

Embora o **anidrido maleico** comercial possa ser utilizado diretamente em policondensações, para alguns trabalhos de pesquisa é preciso proceder à sua purificação. Como se trata de uma substância sólida, pode ser recristalizado em clorofórmio; sendo sublimável, não pode ser seco em estufa aquecida.

1.9.1 Purificação

A purificação do **anidrido maleico** é feita da seguinte maneira:

Colocar no erlenmeyer 1,5 g de **anidrido maleico** e 30 mL de clorofórmio destilado. Dissolver o **anidrido maleico,** filtrar em papel de filtro, recolhendo o filtrado em outro erlenmeyer. Evaporar aproximadamente 15 mL de clorofórmio, vedar o erlenmeyer, deixar atingir a temperatura ambiente e levar ao refrigerador por 2 dias. Formam-se agulhas incolores. Filtrar os cristais em papel de filtro preguedo e evaporar o clorofórmio, sob corrente de nitrogênio.

1.9.2 Caracterização

A caracterização do **anidrido maleico** é feita por cromatografia em fase gasosa e espectroscopia na região do infravermelho, embora outros métodos possam ser também empregados.

1.9.3 Toxidez

O **anidrido maleico** é um agente irritante fraco; é importante evitar contato com a pele e os olhos, pois causa queimaduras. Nesse caso, deve-se lavar com bastante água, por no mínimo 15 minutos. Convém evitar a exposição a vapores, porque a inalação pode causar edema.

1.10 Butadieno

Beilstein, 4-01-00-00976
CAS RN, 106-99-0
Merck Index, 1500

Constantes físicas

Gás incolor
Densidade: $0,6211^{20}$
p.e. (°C): -4^{760}
p.f. (°C): -109
Índice de refração: $1,4292^{-25}$
Insolubilidade: água, por exemplo
Solubilidade: hidrocarbonetos, álcoois, éteres, cetonas, por exemplo
C_4H_6 Peso molecular: 54

$H_2C=CH-CH=CH_2$

1.10.1 Purificação

O **butadieno** é um gás, disponível para utilização sob a forma liquefeita, em cilindros sob pressão. O monômero contém inibidor de radicais livres, geralmente *p-tert*-butilcatecol, cuja remoção é feita imediatamente antes da polimerização, borbulhando o **butadieno** em solução aquosa a 1% de hidróxido de sódio, seguida de borbulhamento em água. Quando a polimerização for em meio aquoso, não é preciso proceder à secagem do gás. Caso isso seja necessário, pode-se fazer passar o **butadieno** úmido por coluna de vidro contendo camadas alternadas de lã de vidro e pentóxido de fósforo, P_2O_5.

1.10.2 Caracterização

A caracterização do **butadieno** é feita por cromatografia em fase gasosa e espectroscopia na região do infravermelho; outros métodos podem também ser empregados.

1.10.3 Toxidez

O **butadieno** é irritante para a pele e as mucosas. Em alta concentração, é narcótico.

Monômeros

1.1 1 Cloreto de vinila

Beilstein, 4-01-00-00700
CAS RN, 75-01-4
Merck Index, 9898

Constantes físicas

Gás incolor

Densidade: $0,9106^{20}$
p.e. (°C): -13^{760}
p.f. (°C): -154
Índice de refração: $1,3700^{20}$
Insolubilidade: água, por exemplo
Solubilidade: álcoois, éteres, cetonas
C_2H_3Cl Peso molecular: 62,5

$$H_2C{=}CH{-}Cl$$

1.1 1.1 Purificação

O **cloreto de vinila** é um gás, disponível para utilização sob a forma liquefeita, em cilindros sob pressão. O monômero contém inibidor de radicais livres,
cuja remoção é feita imediatamente antes da polimerização, por descompres-
são e destilação instantânea, condensando o **cloreto de vinila** gasoso por
meio de resfriamento em frasco de Dewar.

1.1 1.2 Caracterização

A caracterização do **cloreto de vinila**, bem como a avaliação de seu grau de
pureza, é feita por cromatografia em fase gasosa e espectroscopia na região
do infravermelho, embora outros métodos possam ser também empregados.

1.1 1.3 Toxidez

O **cloreto de vinila** é narcótico em altas concentrações. Se cair na pele, a
rápida evaporação pode causar sensação de frio.

1.12 Estireno

Beilstein, 4-05-00-01334
CAS RN, 100-42-5
Merck Index, 8830

Constantes físicas

Líquido incolor, de odor forte

Densidade: $0,9060^{20}$

p.e. (°C): 145^{760}; 34^{10}

p.f. (°C): -31

Índice de refração: $1,5468^{20}$

Insolubilidade: água, por exemplo

Solubilidade: heptano, clorofórmio, éter etílico, acetona, etc.

C_8H_8 Peso molecular: 104

1.12.1 Purificação

Remover o eventual inibidor do **estireno** da seguinte maneira:

Em funil de decantação de 1 litro de capacidade, colocar 500 mL de **estireno** comercial ou industrial e 100 mL de solução aquosa a 5% de NaOH. Recolher a camada sobrenadante e repetir a operação, desta vez com água para eliminar vestígios da solução alcalina. Secar o monômero pré-tratado por contato, durante algumas horas, com fragmentos de $MgSO_4$ ou $CaSO_4$. Remover o desidratante por decantação ou filtração através de gaze ou fina camada de algodão, e conservar o monômero em frasco fechado, em um ambiente fresco e ao abrigo da luz, para evitar formação de radicais livres.

Montar a aparelhagem para destilação a vácuo conforme descrito abaixo.

Sobre plataforma de altura variável ("macaco") ou sobre alguns pequenos blocos de madeira, instalar uma placa de agitação magnética e manta de aquecimento elétrico, dotada de controle de temperatura. Sobre a manta, colocar um balão de destilação de vidro, de fundo redondo e 1 litro de capacidade, e introduzir uma barrinha de agitação, de Teflon®. Adaptar ao balão uma coluna de destilação com cerca de 20 cm, em cujo interior é colocada uma espiral de cobre, feita com fio de cobre comercial e espirais modeladas por enrolamento em um lápis. O verniz de revestimento do fio de cobre é removido por imersão da espiral em tubo contendo benzeno. Sobre a coluna, adaptar conexão tanto para a colocação do termômetro como para a saída lateral para o condensador. Observar que o termômetro tenha escala adequada. O condensador deve ser descendente, reto, com a extremidade ligada a um tubo de vidro com saída lateral, para conectar o sistema à trompa de água. Adaptar à extremidade do tubo um balão de 100 mL, para recolher a primeira fração do destilado, reservando um balão de 500 mL para recolher depois o **estireno**; ambos os balões também deverão poder ser apoiados em plataforma, para possibilitar a substituição dos frascos coletores das frações destiladas.

Destilar o **estireno** da seguinte forma:

No balão de destilação, introduzir 400 mL de **estireno**, previamente seco como já foi descrito. Adicionar cerca de 5 g de enxofre, para evitar a polimerização indesejável do monômero durante o aquecimento. Ligar a trompa de água, regulando a pressão para que se obtenham cerca de 20 mm Hg. Aquecer progressivamente, recolhendo a primeira fração ("cabeça" de destilação) até a temperatura se estabilizar, em torno do ponto de ebulição do monômero. Substituir o balão receptor pelo outro de maior capacidade. Recolher o **estireno** destilado, tendo o cuidado de interromper o aquecimento antes da remoção total da fração volátil, isto é, da "cauda" da destilação. Coletar amostra para análise, 1 mL, ou 1 g, ou cerca de 20 gotas, em pequeno frasco ou ampola de vidro. Transferir o **estireno** purificado para frasco escuro, seco, devidamente vedado, com a tampa recoberta com filme de polietileno ou folha de alumínio, para proteção contra a água condensada, ao retirar o frasco frio do refrigerador. Para maior duração, conservar em refrigerador o **estireno** destilado.

1.1 2.2 Caracterização

A caracterização do composto é feita por suas constantes físicas. No caso de monômero líquido, como o **estireno**, é particularmente conveniente determinar o índice de refração, já referido. Além disso, para saber o grau de pureza do monômero, é necessário proceder à cromatografia em fase gasosa e à espectroscopia na região do infravermelho, embora outros métodos possam também ser empregados.

1.1 2.3 Toxidez

O **estireno** é irritante aos olhos e mucosas. É narcótico em altas concentrações.

1.13 Etileno

Beilstein, 4-01-00-00677
CAS RN, 74-85-1
Merck Index, 3748

Constantes físicas

Gás incolor

$H_2C=CH_2$

Densidade: $0,00126^0$
p.e. (°C): -104^{760}; 34^{10}
p.f. (°C): -169
Índice de refração: $1,363^{100}$
Solubilidade: 1:4 C_2H_4:H_2O v/v (0 °C/760 mm Hg);
1:9 C_2H_4:H_2O v/v (25 °C/760 mm Hg);
1:0,5 C_2H_4:C_2H_5OH v/v (25 °C/760 mm Hg)
Solúvel: acetona, benzeno
C_2H_4 Peso molecular: 28

1.13.1 Purificação

O **etileno** é um gás, disponível para utilização sob a forma liquefeita ou gasosa em cilindros sob pressão. Em operações em laboratório, são empregados cilindros contendo etileno gasoso, que contém traços de impurezas inertes, como etano, e impurezas que podem impedir a polimerização do monômero por mecanismo de coordenação, como O_2, CO_2, H_2O e substâncias contendo enxofre. A purificação é realizada permitindo a passagem do monômero, sob a forma gasosa, através de colunas contendo material ativo. Umidade é removida por colunas com recheio de peneira molecular, sílica gel ou grânulos de hidróxido de potássio. A remoção de O_2 é feita por colunas contendo óxido cuproso.

1.13.2 Caracterização

A caracterização do **etileno**, bem como o seu grau de pureza, é feita por cromatografia em fase gasosa e espectroscopia na região do infravermelho, embora outros métodos possam ser também empregados.

1.13.3 Toxidez

O **etileno** é asfixiante. Em altas concentrações, causa sonolência e inconsciência.

Monômeros

1.14 Fenol

Beilstein, 4-06-00-00531
CAS RN, 108-95-2
Merck Index, 7208

Constantes físicas

Líquido incolor, de odor forte
Densidade: $1,0576^{20}$
p.e. (°C): 181^{760}
p.f. (°C): 41
Índice de refração: $1,5509^{21}$
Insolubilidade: heptano, por exemplo
Solúvel: água, álcool, éter, acetona, benzeno, clorofórmio, etc.
C_6H_6O Peso molecular: 94

1.14.1 Purificação

Montar a aparelhagem conforme descrito abaixo.

Sobre plataforma de altura variável ("macaco") ou sobre alguns pequenos blocos de madeira, instalar um banho de água ou manta de aquecimento elétrico e colocar um balão de destilação de vidro, de fundo redondo e 1 litro de capacidade. Adaptar pequena coluna de destilação, sem recheio, termômetro de escala adequada e condensador descendente, reto, ligado a um tubo de vidro com saída lateral, para equalizar a pressão no sistema. Conectar à extremidade do tubo um balão de 100 mL, para recolher a primeira fração do destilado, reservando um balão de 500 mL para recolher o **fenol** destilado; ambos os balões também deverão poder ser apoiados em plataforma, para permitir a sua remoção do sistema Se a aparelhagem não tiver sido montada em capela, proteger a atmosfera ambiente da poluição pelos vapores de monômero, adaptando à saída lateral um tubo de borracha que atinja ou a capela, ou o esgoto da pia, mantendo a água corrente, ou a janela, de forma que os vapores sejam transferidos para fora do laboratório.

Destilar o **fenol** da seguinte forma:

Em balão de destilação, introduzir 500 mL de **fenol**. Adicionar alguns fragmentos de pedra-pomes ou cerâmica não vitrificada para homogeneizar a ebulição. Aquecer progressivamente, recolhendo a primeira fração ("cabeça" de destilação) até a temperatura se estabilizar, em torno do ponto de ebulição do monômero. Substituir o balão receptor pelo outro de maior capacidade. Recolher o monômero destilado, tendo o cuidado de interromper o aquecimento antes da remoção total da fração volátil ("cauda" da destilação). Coletar cerca de 1 mL de amostra para análise, em pequeno frasco ou ampola de vidro. Transferir o monômero purificado para frasco escuro, seco, devidamente vedado, com a tampa recoberta por filme de polietileno ou folha de alumínio.

1.14.2 Caracterização

A caracterização do **fenol** é feita por cromatografia em fase gasosa e espectroscopia na região do infravermelho, embora outros métodos analíticos possam também ser empregados.

1.14.3 Toxidez

O **fenol** é tóxico. Se ingerido, mesmo em pequena quantidade, pode causar vômito, paralisia, coma e morte. Pode ocorrer envenenamento pela absorção cutânea.

1.15 Formaldeído

Beilstein, 4-01-00-03017
CAS RN, 50-00-0
Merck Index, 4148

Constantes físicas

Gás incolor, de odor forte
Densidade: $0,815^{20}$
p.e. (°C): -21^{760}
p.f. (°C): -92
Insolubilidade: heptano, por exemplo
Solubilidade: água, álcool, éter, acetona, benzeno, clorofórmio, etc.
CH_2O Peso molecular: 30

$$H_2C=O$$

1.15.1 Purificação

O **formaldeído** é fabricado sob a forma de solução aquosa a cerca de 40%. O produto comercial é obtido pela oxidação catalítica do metanol, em presença de prata. Para utilização do gás HCHO, decompõe-se o trímero cíclico, sólido, que é o trioxano, comumente denominado paraformaldeído. A trimerização é conseguida por simples ebulição da solução aquosa de HCHO até a secura, restando o resíduo sólido de paraformaldeído puro.

Montar a aparelhagem conforme descrito abaixo, para obtenção de paraformaldeído.

Sobre plataforma de altura variável ("macaco") ou sobre alguns pequenos blocos de madeira, instalar uma placa de aquecimento elétrico e colocar um bécher de vidro de 1 litro de capacidade para a ebulição de 500 mL da solução de **formaldeído**. Aquecer a solução até a obtenção do resíduo sólido de paraformaldeído. Lavar o resíduo com água e secar em dessecador a vácuo contendo ácido sulfúrico.

Montar a aparelhagem conforme descrito abaixo, para regeneração do **formaldeído**.

Sobre plataforma de altura variável ("macaco") ou sobre alguns pequenos blocos de madeira, instalar um banho de água ou manta de aquecimento elétrico e colocar um balão de destilação de vidro, de fundo redondo e 500 mL de capacidade. Adaptar pequena coluna de destilação, termômetro de escala adequada e condensador descendente, reto, ligado a um tubo de vidro com saída lateral para a trompa de água. Conectar à extremidade do tubo um balão de 100 mL, para recolher a primeira fração do destilado, reservando um balão de 500 mL para recolher o destilado; ambos os balões também deverão poder ser apoiados em plataforma, para permitir tanto sua remoção do sistema quanto sua imersão em nitrogênio líquido, contido em frasco de Dewar.

Recuperar o **formaldeído** da seguinte forma:

Em balão de destilação, introduzir o paraformaldeído. Adicionar alguns fragmentos de pedra-pomes ou cerâmica não vitrificada para homogeneizar a ebulição. Consultar o ábaco de pressão e/ou temperatura de ebulição no **Capítulo 1**, **Figura 1.19** para avaliar a temperatura estimada para o aquecimento com pressão de trompa de água. Aquecer progressivamente, recolhendo a primeira fração ("cabeça" de destilação) até a temperatura se estabilizar, em torno do ponto de ebulição do monômero. Substituir o balão receptor pelo outro de maior capacidade. Recolher o monômero gasoso, que deve ser condensado no balão imerso em banho de nitrogênio líquido. O monômero purificado deve ser conservado em refrigerador.

1.15.2 Caracterização

A caracterização do **formaldeído** é feita por cromatografia em fase gasosa e espectroscopia na região do infravermelho, embora outros métodos possam ser também empregados.

1.15.3 Toxidez

O **formaldeído** é irritante para as mucosas.

1.1 6 Glicol etilênico

Beilstein, 4-01-00-02369
CAS RN, 107-21-1
Merck Index, 3755

Constantes físicas

Líquido incolor viscoso

$$\text{Densidade: } 1,1088^{20}$$
$$\text{p.e. (°C): } 198^{760}$$
$$\text{p.f. (°C): } -11$$
$$\text{Índice de refração: } 1,4318^{20}$$

Insolubilidade: éter etílico, éter isopropílico, heptano, etc.
Solubilidade: água, álcool, éter, acetona, benzeno, etc.
$C_2H_6O_2$ Peso molecular: 62

$HOCH_2CH_2OH$

1.1 6.1 Purificação

O **glicol etilênico** é muito higroscópico. Secar o monômero por contato, durante algumas horas, com fragmentos de $MgSO_4$ ou $CaSO_4$. Remover o desidratante por simples decantação, ou filtração através de gaze, ou fina camada de algodão, e conservar o monômero em frasco fechado.

Montar a aparelhagem conforme descrito abaixo.

Sobre plataforma de altura variável ("macaco") ou sobre alguns pequenos blocos de madeira, instalar um banho de água ou manta de aquecimento elétrico e colocar um balão de destilação de vidro, de fundo redondo e l litro de capacidade. Adaptar pequena coluna de destilação, com recheio de anéis de vidro, termômetro de escala adequada e condensador descendente, reto, ligado a um tubo de vidro com saída lateral para a trompa de água. Conectar à extremidade do tubo um balão de 100 mL, para recolher a primeira fração do destilado, reservando um balão de 500 mL para recolher o destilado; ambos os balões também deverão poder ser apoiados em plataforma, para permitir a sua remoção do sistema.

Destilar o **glicol etilênico** da seguinte forma:

No balão de destilação, introduzir 500 mL de **glicol etilênico**. Adicionar alguns fragmentos de pedra-pomes ou cerâmica não vitrificada para homogeneizar a ebulição. Consultar o ábaco de pressão e/ou temperatura de ebulição no **Capítulo 1**, **Figura 1.19** para avaliar a temperatura estimada para a destilação com pressão de trompa de água. Aquecer progressivamente, recolhendo a primeira fração ("cabeça" de destilação) até a temperatura se estabilizar, em torno do ponto de ebulição do monômero. Substituir o balão receptor pelo outro de maior capacidade. Recolher o monômero destilado, tendo o cuidado de interromper o aquecimento antes da remoção total da fração volátil ("cauda" da destilação). Coletar 1 mL, ou 1 g, ou cerca de 20 gotas de amostra para análise, em pequeno frasco ou ampola de vidro. Transferir o monômero purificado para frasco seco, devidamente vedado; conservar à temperatura ambiente.

1.16.2 Caracterização

A caracterização do **glicol etilênico**, bem como o seu grau de pureza, é feita por cromatografia em fase gasosa e espectroscopia na região do infravermelho, embora outros métodos possam ser também empregados.

1.16.3 Toxidez

O **glicol etilênico** constitui um perigo quando ingerido: causa depressão, vômito, coma, convulsão.

Monômeros

1.1 7 Glicol propilênico

Beilstein, 3-01-00-02142
CAS RN, 55-55-6
Merck Index, 7868

Constantes físicas

Líquido incolor viscoso
Densidade: $1,0361^{25}$
p.e. (°C): 189^{760}
Índice de refração: $1,4324^{20}$
Insolubilidade: heptano, por exemplo
Solubilidade: água, álcool, éter, acetona, benzeno, etc.
$C_3H_8O_2$ Peso molecular: 76

$$HOCHCH_2OH$$
$$|$$
$$CH_3$$

1.1 7.1 Purificação

Secar o **glicol propilênico** por contato, durante algumas horas, com fragmentos de $MgSO_4$ ou $CaSO_4$. Remover o desidratante por simples decantação ou filtração através de gaze ou fina camada de algodão, e conservar o monômero em frasco fechado.

Montar a aparelhagem conforme descrito abaixo.

Sobre plataforma de altura variável ("macaco") ou sobre alguns pequenos blocos de madeira, instalar um banho de água ou manta de aquecimento elétrico e colocar um balão de destilação de vidro, de fundo redondo e 1 litro de capacidade. Adaptar pequena coluna de destilação, com recheio de anéis de vidro, termômetro de escala adequada e condensador descendente, reto, ligado a um tubo de vidro com saída lateral para a trompa de água. Conectar à extremidade do tubo um balão de 100 mL, para recolher a primeira fração do destilado, reservando um balão de 500 mL para recolher o destilado; ambos os balões também deverão poder ser apoiados em plataforma, para permitir a sua remoção do sistema.

Destilar o **glicol propilênico** da seguinte forma:

No balão de destilação, introduzir 500 mL de **glicol propilênico**. Adicionar alguns fragmentos de pedra-pomes ou cerâmica não vitrificada para homogeneizar a ebulição. Consultar o ábaco de pressão e/ou temperatura de ebulição no **Capítulo 1**, **Figura 1.19** para avaliar a temperatura estimada para a destilação com pressão de trompa de água. Aquecer progressivamente, recolhendo a primeira fração ("cabeça" de destilação) até a temperatura se estabilizar, em torno do ponto de ebulição do monômero. Substituir o balão receptor pelo outro de maior capacidade. Recolher o monômero destilado, tendo o cuidado de interromper o aquecimento antes da remoção total da fração volátil ("cauda" da destilação). Coletar 1 mL, ou 1 g, ou cerca de 20 gotas de amostra para análise, em pequeno frasco ou ampola de vidro. Transferir o monômero purificado para frasco seco, devidamente vedado; conservar à temperatura ambiente.

1.17.2 Caracterização

A caracterização do **glicol propilênico** é feita por cromatografia em fase gasosa e espectroscopia na região do infravermelho, embora outros métodos possam ser também empregados.

1.17.3 Toxidez

O **glicol propilênico** não é tóxico, provavelmente porque é precursor dos ácidos pirúvico e acético, por oxidação.

Monômeros

1.18 Isopreno

Beilstein, 4-01-00-01001
CAS RN, 78-79-5
Merck Index, 5087

Constantes físicas

Líquido incolor
Densidade: $0,6810^{20}$
p.e. (°C): 34^{760}
p.f. (°C): -146
Índice de refração: $1,4219^{20}$
Insolubilidade: água, por exemplo
Solubilidade: hidrocarbonetos, álcoois, éteres, cetonas, etc.
C_5H_8 Peso molecular: 68

$$H_2C{=}C{-}CH{=}CH_2$$
$$|$$
$$CH_3$$

1.18.1 Purificação

O **isopreno** é um líquido muito volátil, semelhante ao éter etílico, e por esse motivo devem ser tomados cuidados especiais em sua manipulação. O monômero deve ser mantido em refrigerador e utilizado a temperaturas abaixo da ambiente.

Remover o inibidor do monômero da seguinte maneira:

Em funil de decantação de 1 litro de capacidade, colocar 500 mL de **isopreno** gelado comercial ou industrial e 100 mL de solução aquosa a 5% de NaOH. Agitar com moderação. Recolher a camada sobrenadante, e repetir a operação, dessa vez com água, para eliminar vestígios da solução alcalina. Transferir o monômero pré-tratado para um frasco e deixar em contato, durante cerca de 1 hora, com fragmentos de $MgSO_4$ ou $CaSO_4$, mantendo a temperatura abaixo da ambiente. Remover o desidratante por simples decantação ou filtração através de gaze ou fina camada de algodão, e conservar o monômero em frasco fechado, em refrigerador, ao abrigo da luz, para evitar formação de radicais livres.

Montar a aparelhagem conforme descrito abaixo:

Sobre plataforma de altura variável ("macaco") ou sobre alguns pequenos blocos de madeira, instalar um banho de água dotado de controle de temperatura ou manta de aquecimento elétrico e colocar um balão de destilação de vidro, de fundo redondo e 1 litro de capacidade. Adaptar pequena coluna de destilação, sem recheio, termômetro de escala adequada e condensador descendente, reto, ligado a um tubo de vidro com saída lateral, para equalizar a pressão no sistema. Conectar à extremidade do tubo um balão de 500 mL para recolher o **isopreno** destilado. Como se trata de composto químico muito volátil, não haverá condensação de "cabeça" de destilação. Se a aparelhagem não tiver sido montada em capela, proteger a atmosfera ambiente da poluição pelos vapores de monômero, adaptando à saída lateral um tubo de borracha que atinja ou a capela, ou o esgoto da pia, mantendo a água corrente, ou a janela, para que os vapores sejam transferidos para fora do laboratório.

Destilar o **isopreno** da seguinte forma:

No balão de destilação, introduzir 400 mL de **isopreno**, pré-tratado como já descrito. Adicionar cerca de 5 g de hidroquinona, para evitar a polimerização indesejável do monômero durante o aquecimento, e alguns fragmentos de pedra-pomes ou cerâmica não vitrificada, para homogeneizar a ebulição. Aquecer progressivamente, até a temperatura se estabilizar, em torno do ponto de ebulição do monômero. Recolher o monômero destilado, tendo o cuidado de não levar o balão de destilação à secura; deixar o resíduo líquido, que contém o dímero do **isopreno**. Coletar 1 mL, ou 1 g, ou cerca de 20 gotas de amostra para análise, em pequeno frasco ou ampola de vidro. Transferir o **isopreno** purificado para frasco escuro, seco, devidamente vedado, com a tampa recoberta por filme de polietileno ou folha de alumínio, para proteção contra a água condensada, ao retirar o frasco frio do refrigerador. Conservar em refrigerador para maior duração do **isopreno** destilado.

1.18.2 Caracterização

A caracterização do **isopreno** é feita por cromatografia em fase gasosa e espectroscopia na região do infravermelho; outros métodos também podem ser empregados.

1.18.3 Toxidez

O **isopreno** é irritante para a pele e para as mucosas. Em altas concentrações, é narcótico.

1.19 Melamina

Beilstein, 4-26-00-01253
CAS RN, 108-78-1
Merck Index, 5691

Constantes físicas

Sólido branco, cristalino
p.f. (°C): 353, com sublimação
Insolubildade: éter etílico, por exemplo
Solubilidade: água, álcoois, etc.
$C_3H_6N_6$ Peso molecular: 126

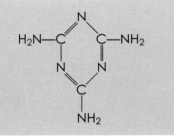

1.19.1 Purificação

Como se trata de uma substância sólida, a **melamina** pode ser recristalizada em água.

A purificação da **melamina** é feita da seguinte maneira:

Colocar em erlenmeyer de 200 mL de capacidade 2 g de **melamina** e 175 mL de água destilada. Dissolver a **melamina**, filtrar em papel de filtro, recolhendo o filtrado em outro erlenmeyer. Concentrar o filtrado por evaporação, aquecendo brandamente até restar um volume aproximado de 50 mL da solução concentrada. Deixar atingir a temperatura ambiente e levar ao refrigerador por 2 dias, para cristalização. Filtrar os cristais em papel de filtro pregueado. Eliminar a água residual em estufa a 120 °C.

1.19.2 Caracterização

A caracterização do composto é feita por suas constantes físicas. Além disso, para saber o grau de pureza do monômero, é necessário proceder à espectroscopia na região do infravermelho, embora outros métodos possam também ser empregados.

1.19.3 Toxidez

A **melamina** não é tóxica.

1.20 Metacrilato de metila

Beilstein, 4-02-00-01519
CAS RN, 80-62-6
Merck Index, 5849

Constantes físicas

Líquido incolor, odor forte
Densidade: $0,9440^{20}$
p.e. (°C): 100^{760}; 24^{32}
p.f. (°C): -48
Índice de refração: $1,4142^{20}$
Insolubilidade: água, por exemplo
Solubilidade: álcoois, éteres, cetonas, ésteres, etc.
$C_5H_8O_2$ Peso molecular: 100

1.20.1 Purificação

Remover o eventual inibidor do monômero da seguinte maneira:

Em funil de decantação de 1 litro de capacidade, colocar 500 mL de **metacrilato de metila** comercial ou industrial e 100 mL de solução aquosa a 5% de NaOH. Recolher a camada sobrenadante e repetir a operação, dessa vez com água para eliminar vestígios da solução alcalina. Secar o monômero pré-tratado por contato, durante algumas horas, com fragmentos de $MgSO_4$ ou $CaSO_4$ secos. Remover o desidratante por simples decantação ou filtração através de gaze ou fina camada de algodão, e conservar o monômero em frasco fechado, em ambiente fresco e ao abrigo da luz, para evitar formação de radicais livres.

Montar a aparelhagem conforme descrito abaixo.

Sobre plataforma de altura variável ("macaco") ou sobre alguns pequenos blocos de madeira, instalar um banho de água ou manta de aquecimento elétrico e colocar um balão de destilação de vidro, de fundo redondo e l litro de capacidade. Adaptar pequena coluna de destilação, sem recheio, termômetro de escala adequada e condensador descendente, reto, ligado a um tubo de vidro com saída lateral, para equalizar a pressão no sistema. Conectar à extremidade do tubo um balão de 100 mL, para recolher a primeira fração do destilado, reservando um balão de 500 mL para recolher o **metacrilato de metila** destilado; ambos os balões também deverão poder ser apoiados em plataforma, para permitir a sua remoção do sistema. Se a aparelhagem não tiver sido montada em capela, proteger a atmosfera ambiente da poluição pelos vapores de monômero, adaptando à saída lateral um tubo de borracha que atinja ou a capela, ou o esgoto da pia, mantendo a água corrente, ou a janela, de modo a que os vapores sejam transferidos para fora do laboratório.

Destilar o **metacrilato de metila** da seguinte forma:

No balão de destilação, introduzir 400 mL de **metacrilato de metila**, pré-tratado como já descrito. Adicionar cerca de 5 g de hidroquinona ou enxofre em pó, para evitar a polimerização indesejável do monômero durante o aquecimento, e alguns fragmentos de pedra-pomes ou cerâmica não vitrificada para homogeneizar a ebulição. Aquecer progressivamente, recolhendo a primeira fração ("cabeça" de destilação) até a temperatura se estabilizar, em torno do ponto de ebulição do monômero. Substituir o balão receptor pelo outro de maior capacidade. Recolher o monômero destilado, tendo o cuidado de interromper o aquecimento antes da remoção total da fração volátil ("cauda" da destilação). Coletar cerca de 1 mL de amostra para análise, em pequeno frasco ou ampola de vidro. Transferir o monômero purificado para frasco escuro, seco, devidamente vedado, com a tampa recoberta por filme de polietileno ou folha de alumínio, para proteção contra eventual água de degelo. Conservar em refrigerador para maior duração do **metacrilato de metila** destilado.

1.20.2 Caracterização

A caracterização do composto é feita por suas constantes físicas. No caso de monômero líquido, como o **metacrilato de metila**, é particularmente útil determinar o índice de refração. Para saber o grau de pureza do monômero, é necessário proceder à cromatografia em fase gasosa e à espectroscopia na região do infravermelho, embora outros métodos possam também ser empregados.

1.20.3 Toxidez

O **metacrilato de metila** tem odor forte, irritante.

1.21 Propileno

Beilstein, 4-01-00-00725
CAS RN, 115-07-1
Merck Index, 7862

Constantes físicas

Gás incolor

$$H_2C{=}CH{-}CH_3$$

Densidade: $0,5193^{20}$
p.e. (°C): -47^{760}
p.f. (°C): -185
Índice de refração: $1,3567^{-70}$
Insolubilidade: glicol etilênico, por exemplo
Solubilidade (v/v): 45% em água;
1 250% em álcool;
525% em ácido acético
C_3H_6 Peso molecular: 42

1.21.1 Purificação

O **propileno** é um gás, disponível para utilização sob a forma liquefeita, em cilindros sob pressão. O monômero contém traços de impurezas inertes, como propano, e impurezas que podem impedir a polimerização do monômero por mecanismo de coordenação, como O_2, CO_2, H_2O e substâncias contendo enxofre. A purificação é realizada permitindo a passagem do monômero, sob a forma gasosa, através de colunas contendo material ativo. Umidade e impurezas polares são removidas por colunas com recheio de peneira molecular, sílica gel ou grânulos de hidróxido de potássio. A remoção de O_2 é feita por colunas contendo óxido cuproso.

1.21.2 Caracterização

A caracterização do **propileno**, bem como o seu grau de pureza, é feita por cromatografia em fase gasosa e espectroscopia na região do infravermelho, embora outros métodos possam ser também empregados.

1.21.3 Toxidez

O **propileno** é asfixiante. Em alta concentração, causa inconsciência.

1.22 Uréia

Beilstein, 4-03-00-00094
CAS RN, 57-13-6
Merck Index, 9781

Constantes físicas

Sólido branco
Densidade: $1,335^{20}$
p.f. (°C): 132
Índice de refração: $1,484^{20}$
Insolubilidade: clorofórmio, éter etílico, etc.
Solubilidade: metanol, etanol, água, etc.
CH_4N_2O Peso molecular: 60

1.22.1 Purificação

Como se trata de uma substância sólida, a **uréia** pode ser recristalizada, sendo o metanol um bom solvente.

A purificação da **uréia** é feita da seguinte maneira:

Colocar em pequeno erlenmeyer 2,5 g de **uréia** e 20 mL de metanol. Dissolver a **uréia**, filtrar em papel de filtro, recolhendo o filtrado em outro erlenmeyer. Evaporar aproximadamente metade do volume, deixar atingir a temperatura ambiente e levar ao refrigerador por 24 horas. Formam-se agulhas incolores. Filtrar os cristais em papel de filtro pregueado e evaporar o metanol residual sob vácuo, a temperatura ambiente.

1.22.2 Caracterização

A caracterização da **uréia** é feita por cromatografia em fase gasosa e espectroscopia na região do infravermelho; outros métodos podem também ser empregados.

1.22.3 Toxidez

A **uréia** não é tóxica.

2 Solventes

Ao escolher o grau de pureza de um solvente destinado à reação de polimerização, é essencial considerar 4 fatores: o **monômero** a ser usado, o **tipo de mecanismo** envolvido na reação, a **remoção** do polímero do meio reacional e a **caracterização química** do polímero.

Quando se trata de monômero insaturado, a polimerização é, em geral, feita por meio de mecanismo homolítico, isto é, via radicais livres. Nesse caso, é essencial a ausência de impurezas no solvente, porque podem atuar como agentes de transferência de cadeia, impedindo a obtenção de pesos moleculares elevados. Vestígios de umidade não prejudicam a obtenção do polímero. Todas as reações de poliadição em emulsão aquosa ocorrem via radicais livres. No entanto, a ausência total de umidade é ponto fundamental na obtenção de polímero quando o mecanismo é iônico, tanto catiônico quanto aniônico, ou o mecanismo é de coordenação, casos em que se empregam catalisadores muito sensíveis.

Se a reação de polimerização envolve policondensação, as exigências quanto à pureza e ao manuseio de reagentes e solventes são semelhantes às que são aplicadas para as micromoléculas.

A consideração preliminar da finalidade do solvente, seja para uso em síntese ou para dissolução do material, é muito importante. Em reações de polimerização, há restrições quanto à estrutura química dos solventes, que devem ter um mínimo de reatividade. Portanto, é preciso levar em conta o balanço de polaridade e reatividade na estrutura do par solvente/polímero, para que possa haver interações sem prejuízo da atividade catalítica, quando for o caso. Para mecanismos via radicais livres, as exigências são mais brandas. Nos processos que envolvem iniciação iônica ou de coordenação, é essencial que se evite a interação do solvente com o catalisador, por reação ou por complexação, e que se garanta a ausência total de quaisquer vestígios de umidade.

Para dissolver polímeros, não há em princípio quaisquer restrições quanto à estrutura química do solvente.

Os reagentes e os solventes selecionados para uma reação devem primeiramente ser examinados quanto à sua toxicidade e inflamabilidade. Informações técnicas sobre o perigo envolvido em sua manipulação constituem a primeira preocupação de quem trabalha com um produto químico. O emprego de qualquer composto exige que o operador tenha consciência do risco de exposição sobre si mesmo e sobre as demais pessoas que se encontram no local. Além disso, como padrão de atitute responsável, há que cuidar permanentemente da preservação do meio ambiente. Dentro desses princípios, qualquer produto químico pode ser manuseado.

Os principais solventes industriais utilizados em laboratório de síntese e purificação de polímeros são: acetona, benzeno, cloreto de metileno, clorofórmio, *N,N*-dimetil-formamida, dioxana, etanol, heptano, metanol, metil-etil-cetona, dimetil-sulfóxido, tetra-hidrofurano e tolueno. A seguir encontram-se detalhadas a purificação e a caracterização desses solventes.

2.1 Acetona

Beilstein, 4-01-00-03180
CAS RN, 67-64-1
Merck Index, 58

Constantes físicas

Líquido incolor

Densidade: $0,7899^{20}$
p.e. (°C): 56^{760}
p.f. (°C): –95
Índice de refração: $1,3588^{20}$
Insolubilidade: heptano, por exemplo
Solubilidade: água, álcoois, éteres, cetonas, ésteres, benzeno, clorofórmio, etc.

C_3H_6O Peso molecular: 58

2.1.1 Purificação

A **acetona** é um solvente de grande interesse industrial, uma vez que é produto químico de uso comum e toxicidade tolerável e sua fabricação envolve a co-produção de fenol, que é um composto químico importante como matéria-prima.

Montar a aparelhagem para a purificação da **acetona** conforme descrito abaixo.

Sobre plataforma de altura variável ("macaco") ou sobre alguns pequenos blocos de madeira, instalar um banho de água ou manta de aquecimento elétrico e colocar um balão de destilação de vidro, de fundo redondo e l litro de capacidade. Adaptar conexão para pequena coluna de destilação, sem recheio, termômetro de escala adequada e condensador descendente, reto, ligado a um tubo de vidro com saída lateral, para equalizar a pressão no sistema. Conectar à extremidade do tubo um balão de 500 mL para recolher a **acetona** destilada. Se a aparelhagem não tiver sido montada em capela, proteger a atmosfera ambiente da poluição pelos vapores de **acetona**, adaptando à saída lateral um tubo de borracha que atinja ou a capela, ou o esgoto da pia, mantendo a água corrente, ou a janela, para que os vapores sejam transferidos para fora do laboratório.

Destilar a **acetona** da seguinte forma:

No balão de destilação, introduzir 500 mL de **acetona**, adicionar cerca de 1g de K_2CO_3 seco, para remoção de eventuais vestígios de ácido e de umidade, e alguns fragmentos de pedra-pomes ou cerâmica não vitrificada, para homogeneizar a ebulição. Aquecer progressivamente, até a temperatura se estabilizar, em torno do ponto de ebulição da **acetona**. Em vista de a temperatura ser moderada, não há condensação de produtos químicos como "cabeça" da destilação. Recolher o solvente destilado, tendo o cuidado de interromper o aquecimento antes da remoção total da fração volátil ("cauda" da destilação). Coletar cerca de 1 mL da **acetona** para análise, em pequeno frasco ou ampola de vidro. Transferir a **acetona** purificada para frasco escuro, seco, e conservar em refrigerador, para evitar perda de solvente por evaporação. O frasco deve estar devidamente vedado, com a tampa coberta com filme de polietileno ou folha de alumínio, para evitar, dentro do refrigerador, contato eventual com água de degelo. Antes de abrir o frasco, é importante imergi-lo em banho de água por 1 ou 2 minutos, a fim de permitir que a parede do frasco retorne à temperatura ambiente, para evitar a condensação de água no interior do frasco pela entrada de ar úmido, com a conseqüente contaminação do líquido purificado.

2.1.2 Caracterização

A caracterização do composto é feita por suas constantes físicas. No caso de um líquido, como a **acetona**, é particularmente útil determinar o índice de refração. Além disso, para saber o grau de pureza do solvente, é necessário proceder à cromatografia em fase gasosa e à espectroscopia na região do infravermelho. Outros métodos também podem ser empregados.

2.1.3 Toxidez

Uso tópico prolongado ou repetido da **acetona** costuma causar vermelhidão e secura da pele. Inalação de vapores pode produzir dor de cabeça, fadiga, excitação, irritação bronquial e, em grande quantidade, sonolência.

2.2 Benzeno

Beilstein, 4-05-00-00583
CAS RN, 71-43-2
Merck Index, 1074

Constantes físicas

Líquido incolor, de odor forte
Densidade: $0{,}87865^{20}$
p.e. (°C): 80^{760}
p.f. (°C): 6
Índice de refração: $1{,}5011^{20}$
Insolubilidade: água, por exemplo
Solubilidade: álcoois, éteres, cetonas, clorofórmio, etc.
C_6H_6 Peso molecular: 78

2.2.1 Purificação

O **benzeno**, pela sua volatilidade, é o mais tóxico dos solventes aromáticos, devendo-se evitar o seu uso no ambiente de laboratório, fora da capela. É produto de grande interesse industrial, a partir do qual se preparam numerosos compostos químicos. Em laboratório de pesquisa, o **benzeno** é um excelente solvente para liofilização. A sua produção industrial, a partir do carvão ou do petróleo, é um bom indicador do estado de desenvolvimento da indústria química de um país.

Montar a aparelhagem para a purificação do **benzeno** conforme descrito abaixo.

Sobre plataforma de altura variável ("macaco") ou sobre alguns pequenos blocos de madeira, instalar um banho de água ou manta de aquecimento elétrico e colocar um balão de destilação de vidro, de fundo redondo e 1 litro de capacidade. Adaptar pequena coluna de destilação, sem recheio, termômetro de escala adequada e condensador descendente, reto, ligado a um tubo de vidro com saída lateral, para equalizar a pressão no sistema. Conectar à extremidade do tubo um balão de 100 mL, para recolher a primeira fração do destilado, reservando um balão de 500 mL para recolher o **benzeno** destilado; ambos os balões também deverão poder ser apoiados em plataforma, para permitir a sua remoção do sistema. Se a aparelhagem não tiver sido montada em capela, proteger a atmosfera ambiente da poluição pelos vapores de **benzeno**, adaptando à saída lateral um tubo de borracha que atinja ou a capela, ou o esgoto da pia, mantendo a água corrente, ou a janela, de forma que os vapores sejam transferidos para fora do laboratório.

A purificação do **benzeno** é feita da seguinte maneira:

No balão de destilação, introduzir 500 mL de **benzeno** e alguns fragmentos de pedra-pomes ou cerâmica não vitrificada, para homogeneizar a ebulição. Aquecer progressivamente, recolhendo a primeira fração ("cabeça" de destilação) até a temperatura se estabilizar, em torno do ponto de ebulição do solvente. Substituir o balão receptor por outro de maior capacidade. Recolher o solvente destilado, tendo o cuidado de interromper o aquecimento antes da remoção total da fração volátil ("cauda" da destilação). Coletar cerca de 1 mL de amostra para análise, em pequeno frasco ou ampola de vidro. Transferir o **benzeno** purificado para frasco escuro, seco. O frasco deve ser devidamente vedado.

Preparação de **benzeno** superseco:

Os últimos vestígios de umidade do **benzeno** destilado são removidos por redestilação sobre sódio. O trabalho com sódio é perigoso, pois o metal reage violentamente com a água, até mesmo com a umidade do ar, gerando hidrogênio que se inflama e incendeia o solvente. Para evitar acidentes perigosos, ter o máximo cuidado ao trabalhar com sódio, seguindo as instruções detalhadas a seguir.

Transferir um bloco de sódio do frasco-estoque (onde os blocos estão imersos em nafta, para proteção contra a umidade) para uma folha de papel de filtro, espetando-o com um canivete ou faca de ponta fina. Secar a nafta que recobre o sódio com o papel de filtro e "descascar" a camada externa, oxidada, de forma a expor a superfície do metal limpa, cinzenta, brilhante. Cortar lâminas do sódio e subdividi-las em pequenos pedaços, para uso imediato. Os resíduos da "casca" do sódio devem ser extintos com etanol, contido em cuba, ou então acondicionados no frasco-estoque, sob nafta. É essencial que o papel de filtro sobre o qual foi cortado o sódio e o canivete ou faca com resíduos do metal sejam imersos em álcool na cuba para isso destinada, a fim de se extinguirem todos os vestígios de sódio, para evitar incêndio. Após a obtenção do **benzeno** superseco, ter o máximo cuidado em destruir o sódio residual, dentro do balão de destilação. Isso é feito adicionando etanol cuidadosamente, gota a gota, sobre o **benzeno**/sódio remanescente no balão, acompanhando o aquecimento por contato manual. Finalmente, quando houver certeza de que a transformação de sódio em etóxido de sódio está terminada (por cessar a evolução de hidrogênio e de calor), adicionar gradualmente água à mistura alcoólica, antes de lançá-la ao esgoto.

2.2.2 Caracterização

A caracterização de um composto é feita por suas constantes físicas. No caso de um líquido, como o **benzeno**, é particularmente útil determinar o índice de refração. Além disso, para saber o grau de pureza do solvente, é necessá-

Solventes

rio proceder à cromatografia em fase gasosa e à espectroscopia na região do infravermelho, embora outros métodos possam também ser empregados.

2.2.3 Toxidez

O **benzeno** é tóxico, por ingestão ou por inalação. Pode ocorrer irritação da pele ou das mucosas. Por exemplo, é conhecida a ardência na pele do dedo que porta anel de ouro, quando em contato com **benzeno**. Além de um certo limite, a absorção pela pele provoca reações adversas. Aumentando a quantidade inalada, o **benzeno** pode causar inquietação, convulsão, excitação, depressão e mesmo morte, por falha respiratória. Toxidez crônica pode diminuir a ação hematopoética da medula dos ossos, porém raramente conduz à leucemia.

2.3 Cloreto de metileno

Beilstein, 4-01-00-00035
CAS RN, 75-09-2
Merck Index, 5982

Constantes físicas

H_2CCl_2

Líquido incolor
Densidade: $1,3266^{20}$
p.e. (°C): 4^{760}
p.f. (°C): -95
Índice de refração: $1,4242^{20}$
Insolubilidade: água, por exemplo
Solubilidade: álcoois, éteres, cetonas, ésteres, etc.
CH_2Cl_2 Peso molecular: 89

2.3.1 Purificação

O **cloreto de metileno** é um solvente muito útil em laboratório devido à sua grande versatilidade e eficiência. Tem como inconveniente a sua alta volatilidade, que obriga sua manutenção em frasco escuro, em refrigerador, além de exigir as devidas precauções ao abrir o frasco, para ser evitada a condensação de umidade nas paredes internas, o que contaminaria o produto. A presença de umidade irá interferir ou mesmo impedir o uso do solvente em polimerizações aniônicas, catiônicas e de coordenação. Entretanto, para utilização como solvente de polímeros, não são em geral necessários tantos cuidados no manuseio do **cloreto de metileno**.

A purificação do **cloreto de metileno** é feita da seguinte maneira:

Em funil de decantação seco, colocar 500 mL de **cloreto de metileno** e, com cuidado, 50 mL de ácido sulfúrico concentrado; agitar vagarosamente, permitindo que seja restaurada a pressão atmosférica no interior do funil. Repetir a operação mais duas vezes. Separar a camada sobrenadante, contendo o **cloreto de metileno**, e remover o ácido sulfúrico já utilizado, vertendo-o vagarosamente sobre um volume de água três vezes maior que o da solução ácida, antes de descartá-la pelo esgoto. Em seguida, lavar o **cloreto de metileno** sucessivamente com porções de 50 mL de água, solução aquosa 0,5 N de hidróxido de sódio e novamente água. Secar com cloreto de cálcio anidro por uma noite e decantar o solvente para um balão de destilação seco.

Solventes

Montar a aparelhagem para a purificação do **cloreto de metileno** conforme descrito abaixo.

Sobre plataforma de altura variável ("macaco") ou sobre alguns pequenos blocos de madeira, instalar um banho de água ou manta de aquecimento elétrico e colocar um balão de destilação de vidro, de fundo redondo e 1 litro de capacidade. Adaptar pequena coluna de destilação, sem recheio, termômetro de escala adequada e condensador descendente, reto, ligado a um tubo de vidro com saída lateral, para equalizar a pressão no sistema. Conectar à extremidade do tubo um balão de 100 mL, para recolher a primeira fração do destilado, e reservar um balão de 500 mL para recolher o **cloreto de metileno** destilado; ambos os balões também deverão poder ser apoiados em plataforma, para permitir a sua remoção do sistema. Se a aparelhagem não tiver sido montada em capela, proteger a atmosfera ambiente da poluição pelos vapores de **cloreto de metileno**, adaptando à saída lateral um tubo de borracha que atinja ou a capela, ou o esgoto da pia, mantendo a água corrente, ou a janela, de modo a transferir os vapores para fora do laboratório.

Destilar o **cloreto de metileno** da seguinte forma:

No balão de destilação, introduzir cerca de 500 mL de **cloreto de metileno** e uma varinha de madeira ou um agitador magnético para homogeneização da temperatura. Aquecer progressivamente, recolhendo o destilado em torno do ponto de ebulição do solvente. Coletar cerca de 1 mL de amostra para análise, em pequeno frasco ou ampola de vidro. Transferir o **cloreto de metileno** purificado para frasco escuro, seco, com tampa de rosca. Não se deve usar rolha de vidro esmerilhado porque um eventual aumento de temperatura provocará o correspondente aumento de pressão e causará a projeção da rolha, podendo provocar acidentes no laboratório. A tampa deve ser coberta com filme de polietileno ou folha de alumínio, para evitar eventual contato com água de degelo, dentro do refrigerador. Antes de abrir o frasco, é importante imergi-lo em banho de água a temperatura ambiente por 1 ou 2 minutos, para evitar que a condensação de água no interior do frasco pela entrada de ar úmido contamine o líquido purificado.

Preparação de **cloreto de metileno** superseco:

Os últimos vestígios de umidade do solvente destilado são removidos por redestilação sobre pentóxido de fósforo.

Transferir o **cloreto de metileno** destilado para o balão contendo cerca de 5% de pentóxido de fósforo e proceder à destilação, como anteriormente. Após terminada a destilação, o pentóxido de fósforo residual, contido no balão, deve ser extinto pela adição lenta de água, com o desaparecimento dos resíduos sólidos, que passarão gradualmete a ácido fosfórico, líquido, diluído, podendo ser descartado no esgoto.

2.3.2 Caracterização

A caracterização do composto é feita por suas constantes físicas. No caso de um líquido, como o **cloreto de metileno**, é particularmente útil determinar o índice de refração. Para conhecer o grau de pureza do solvente, é necessário proceder à cromatografia em fase gasosa e à espectroscopia na região do infravermelho; outros métodos podem também ser empregados.

2.3.3 Toxidez

Em altas concentrações, vapores de **cloreto de metileno** podem ter efeito narcótico.

Solventes

2.4 Clorofórmio

Beilstein, 4-01-00-00042
CAS RN, 67-66-3
Merck Index, 2141

Constantes físicas

Líquido incolor, de odor forte
Densidade: $1,4832^{20}$
p.e. (°C): 62^{760}
p.f. (°C): -64
Índice de refração: $1,4459^{-70}$
Insolubilidade: água, por exemplo
Solubilidade: álcoois, éteres, cetonas, ésteres, ácido acético, etc.
$CHCl_3$ Peso molecular: 109,5

$CHCl_3$

2.4.1 Purificação

O **clorofórmio** é um solvente muito útil em laboratório em razão de sua grande versatilidade e eficiência. Tem como inconveniente a alta volatilidade e a reação com o oxigênio atmosférico, sob a ação da luz, determinando a formação de fosgênio, cloro e ácido clorídrico. Deve-se ter sempre presente que os átomos de cloro do **clorofórmio** podem reagir com os produtos químicos eventualmente utilizados para a sua purificação; por exemplo, secagem com sódio é contra-indicada, pois pode ocorrer explosão. O **clorofórmio** deve ser mantido em frasco escuro, em refrigerador, com as devidas precauções ao abrir o frasco, para evitar a condensação de umidade nas paredes internas, o que contaminaria o produto.

A purificação do **clorofórmio** é feita da seguinte maneira:

Em funil de decantação seco, colocar 500 mL de **clorofórmio** e, com cuidado, 50 mL de ácido sulfúrico concentrado; agitar vagarosamente, permitindo que seja restaurada a pressão atmosférica no interior do funil. Repetir a operação mais duas vezes. Separar a camada sobrenadante, contendo o **clorofórmio**, e remover o ácido sulfúrico já utilizado, vertendo-o vagarosamente sobre um volume de água três vezes maior que o da solução ácida, antes de descartá-la pelo esgoto. Em seguida, lavar o **clorofórmio** sucessivamente com porções de 50 mL de água, solução aquosa 0,5 N de hidróxido de sódio e novamente água. Secar com cloreto de cálcio anidro por uma noite e decantar o solvente para um balão de destilação seco.

Montar a aparelhagem para a purificação do **clorofórmio** conforme descrito abaixo.

Sobre plataforma de altura variável ("macaco") ou sobre alguns pequenos blocos de madeira, instalar um banho de água ou manta de aquecimento elétrico e colocar um balão de destilação de vidro, de fundo redondo e 1 litro de capacidade. Adaptar pequena coluna de destilação, sem recheio, termômetro de escala adequada e condensador descendente, reto, ligado a um tubo de vidro com saída lateral, para equalizar a pressão no sistema. Conectar à extremidade do tubo um balão de 100 mL, para recolher a primeira fração do destilado, reservando um balão de 500 mL para recolher o **clorofórmio** destilado; ambos os balões também deverão poder ser apoiados em plataforma, para permitir a sua remoção do sistema. Se a aparelhagem não tiver sido montada em capela, proteger a atmosfera ambiente da poluição pelos vapores de **clorofórmio**, adaptando à saída lateral um tubo de borracha que atinja ou a capela, ou o esgoto da pia, mantendo a água corrente, ou a janela, para que os vapores sejam transferidos para fora do laboratório.

Destilar o **clorofórmio** da seguinte forma:

No balão de destilação, introduzir cerca de 500 mL de **clorofórmio** e uma varinha de madeira ou um agitador magnético para homogeneização da temperatura. Aquecer progressivamente, recolhendo o destilado em torno do ponto de ebulição do solvente. Coletar cerca de 1 mL de amostra para análise, em pequeno frasco ou ampola de vidro. Transferir o **clorofórmio** purificado para frasco escuro, seco. O frasco deve estar devidamente vedado, com a tampa coberta com filme de polietileno ou folha de alumínio, para evitar contato com água de degelo, dentro do refrigerador. Antes de abrir o frasco, é importante imergi-lo em banho de água à temperatura ambiente por 1 ou 2 minutos, para evitar a condensação de água no interior do frasco pela entrada de ar úmido, com a conseqüente contaminação do líquido purificado.

Preparação de **clorofórmio** superseco:

Remover os últimos vestígios de umidade do solvente destilado por redestilação sobre pentóxido de fósforo. Após a obtenção do **clorofórmio** superseco, transferi-lo para vidro escuro com tampa de rosca; não usar rolha de vidro esmerilhado porque um eventual aumento de temperatura provocará o correspondente aumento de pressão e causará a projeção da rolha, podendo provocar acidentes no laboratório. Após terminada a destilação, o pentóxido de fósforo residual, contido no balão, pode ser facilmente extinto pela adição gradual de água, que formará ácido fosfórico diluído, o qual pode ser descartado no esgoto.

Solventes

2.4.2 Caracterização

A caracterização do composto é feita por suas constantes físicas. No caso de um líquido, como o **clorofórmio**, é particularmente útil determinar o índice de refração. Para determinar o grau de pureza do solvente, pode-se empregar a cromatografia em fase gasosa ou a espectroscopia na região do infravermelho; outros métodos podem também ser empregados.

2.4.3 Toxidez

Quando em grandes doses ou aspirados por tempo prolongado, os vapores de **clorofórmio** podem causar hipotensão, desmaio, depressão respiratória e miocardial e mesmo a morte.

2.5 N,N-Dimetil-formamida (DMF)

Beilstein, 4-04-00-00171
CAS RN, 68-12-2
Merck Index, 3232

Constantes físicas

Líquido incolor

Densidade: $0,9487^{20}$
p.e. (°C): 149^{760}
p.f. (°C): -61
Índice de refração: $1,4305^{20}$
Insolubilidade: heptano, por exemplo
Solubilidade: água, álcoois, éteres, cetonas, benzeno, clorofórmio, etc.

C_3H_7ON Peso molecular: 73

2.5.1 Purificação

A **DMF** se decompõe na temperatura de destilação a pressão atmosférica, gerando dimetil-amina e monóxido de carbono. Quando a **DMF** é armazenada por tempo prolongado, precisa ser purificada.

A purificação da **DMF** é feita da seguinte maneira:

Em erlenmeyer de 1 litro de capacidade, colocar 500 mL de **DMF** e cerca de 5 g de $MgSO_4$ ou $CaSO_4$ anidros, por algumas horas, à temperatura ambiente. Remover o desidratante por simples decantação; se necessário, filtrar através de papel de filtro pregueado ou fina camada de algodão.

Montar a aparelhagem para a purificação da **DMF** conforme descrito abaixo.

Sobre plataforma de altura variável ("macaco") ou sobre alguns pequenos blocos de madeira, instalar um banho de água ou manta de aquecimento elétrico e colocar um balão de destilação de vidro, de fundo redondo e l litro de capacidade. Adaptar pequena coluna de destilação, sem recheio, termômetro de escala adequada e condensador descendente, reto, ligado a um tubo de vidro com saída lateral, para equalizar a pressão no sistema. Conectar à extremidade do tubo um balão de 100 mL, para recolher a primeira fração do destilado, reservando um balão de 500 mL para recolher a **DMF** destilada; ambos os balões também deverão poder ser apoiados em plataforma, para permitir a sua remoção do sistema. Se a aparelhagem não tiver sido montada em capela, proteger a atmosfera ambiente da poluição pelos vapores do solvente, adaptando à saída lateral um tubo de borracha que atinja ou a capela, ou o esgoto da pia, mantendo a água corrente, ou a janela, para que se transfiram os vapores para fora do laboratório.

Solventes

Destilar a **DMF** da seguinte forma:

No balão de destilação, introduzir 400 mL de **DMF** e alguns fragmentos de pedra-pomes ou cerâmica não vitrificada, para homogeneizar a ebulição. Aquecer progressivamente, recolhendo a primeira fração ("cabeça" de destilação) até a temperatura se estabilizar, em torno do ponto de ebulição do solvente. Substituir o balão receptor por outro de maior capacidade. Recolher o solvente destilado, tendo o cuidado de interromper o aquecimento antes da remoção total da fração volátil ("cauda" da destilação). Coletar cerca de 1 mL de amostra para análise, em pequeno frasco ou ampola de vidro. Transferir a **DMF** purificada para frasco escuro, seco. O frasco deve ser devidamente vedado.

Preparação de **DMF** superpura:

Quando se deseja alta pureza da **DMF**, a destilação deve ser realizada sob pressão reduzida, após secagem. A coluna de fracionamento é preenchida com limalhas de ferro, que capturam os produtos de degradação térmica da **DMF**, deixando o destilado seco e livre dessas impurezas. Para a temperatura de destilação de 50 °C, a pressão deve ser de 20 mm Hg.

2.5.2 Caracterização

A caracterização do composto é feita por suas constantes físicas. No caso de um líquido, como a **DMF**, é particularmente útil determinar o índice de refração. Além disso, para saber o grau de pureza do solvente, é necessário proceder à cromatografia em fase gasosa e à espectroscopia na região do infravermelho, embora outros métodos possam também ser empregados.

2.5.3 Toxidez

A **DMF** é altamente irritante para a pele, para os olhos e para as mucosas.

2.6 Dimetil-sulfóxido (DMSO)

Beilstein, 4-01-00-01277
CAS RN, 67-68-5
Merck Index, 3247

Constantes físicas

Líquido incolor

Densidade: $1,1014^{20}$
p.e. (°C): 189^{760}
p.f. (°C): 18
Índice de refração: $1,4770^{20}$
Insolubilidade: heptano, por exemplo
Solubilidade: água, álcoois, éteres, cetonas, etc.
C_2H_6OS Peso molecular: 78

2.6.1 Purificação

A purificação do **DMSO** é feita da seguinte maneira:

Em erlenmeyer de 1 litro de capacidade, colocar 500 mL de **DMSO** e cerca de 5 g de $CaSO_4$ anidro por algumas horas, à temperatura ambiente. Remover o desidratante por simples decantação; se necessário, filtrar através de papel de filtro pregueado ou fina camada de algodão.

Montar a aparelhagem para a purificação do **DMSO** conforme descrito abaixo.

Sobre plataforma de altura variável ("macaco") ou sobre alguns pequenos blocos de madeira, instalar um banho de água ou manta de aquecimento elétrico e colocar um balão de destilação de vidro, de fundo redondo e l litro de capacidade. Adaptar pequena coluna de destilação, sem recheio, termômetro de escala adequada e condensador descendente, reto, ligado a um tubo de vidro com saída lateral, para equalizar a pressão no sistema. Conectar à extremidade do tubo um balão de 100 mL, para recolher a primeira fração do destilado, reservando um balão de 500 mL para recolher o **DMSO** destilado; ambos os balões também deverão poder ser apoiados em plataforma, para permitir a sua remoção do sistema. Se a aparelhagem não tiver sido montada em capela, proteger a atmosfera ambiente da poluição pelos vapores de **DMSO**, adaptando à saída lateral um tubo de borracha que atinja ou a capela, ou o esgoto da pia, mantendo a água corrente, ou a janela, para que os vapores sejam transferidos para fora do laboratório.

Solventes

Destilar o **DMSO** da seguinte forma:

No balão de destilação, introduzir 500 mL de **DMSO** e alguns fragmentos de pedra-pomes ou cerâmica não vitrificada, para homogeneizar a ebulição. Aquecer progressivamente, recolhendo a primeira fração ("cabeça" de destilação) até a temperatura se estabilizar, em torno do ponto de ebulição do solvente. Substituir o balão receptor por outro de maior capacidade. Recolher o solvente destilado, tendo o cuidado de interromper o aquecimento antes da remoção total da fração volátil ("cauda" da destilação). Coletar cerca de 1 mL de amostra para análise, em pequeno frasco ou ampola de vidro. Transferir o **DMSO** purificado para frasco escuro e seco. O frasco deve ser devidamente vedado.

2.6.2 Caracterização

A caracterização do composto é feita por suas constantes físicas. No caso de um líquido, como o **DMSO**, é particularmente útil determinar o índice de refração. Além disso, para saber o grau de pureza do solvente, é necessário proceder à cromatografia em fase gasosa e à espectroscopia na região do infravermelho, embora outros métodos possam também ser empregados.

2.6.3 Toxidez

O contato de **DMSO** com a pele resulta em irritação, com vermelhidão, coceira e algumas vezes fechamento dos poros. A absorção pela pele pode causar náusea, vômito, espasmo, calafrio e entorpecimento.

2.7 Dioxana

Beilstein, 5-19-01-00016
CAS RN, 123-91-1
Merck Index, 3294

Constantes físicas

Líquido incolor
Densidade: $1,0336^{20}$
p.e. (°C): 101^{760}
p.f. (°C): 12
Índice de refração: $1,4224^{20}$
Solubilidade: água, álcoois, éteres, ésteres, cetonas, etc.
Insolubilidade: heptano, por exemplo
$C_4H_8O_2$ Peso molecular: 88

2.7.1 Purificação

A **dioxana**, como diéter cíclico, é suscetível de peroxidação fácil, por ação do ar e da luz. O peróxido formado precisa ser removido antes da destilação do solvente, pois o resíduo no balão de destilação pode atingir a concentração crítica de peróxido e ocorrer explosão.

A purificação da **dioxana** é feita da seguinte maneira:

Em erlenmeyer de 1 litro de capacidade, colocar 500 mL de **dioxana** e cerca de 5 g de $MgSO_4$ anidro por algumas horas, a temperatura ambiente. Remover o desidratante por simples decantação; se necessário, filtrar através de papel de filtro pregueado ou fina camada de algodão.

Montar a aparelhagem para a purificação da **dioxana** conforme descrito abaixo.

Sobre plataforma de altura variável ("macaco") ou sobre alguns pequenos blocos de madeira, instalar um banho de água ou manta de aquecimento elétrico e colocar um balão de destilação de vidro, de fundo redondo e l litro de capacidade. Adaptar pequena coluna de destilação, sem recheio, termômetro de escala adequada e condensador descendente, reto, ligado a um tubo de vidro com saída lateral, para equalizar a pressão no sistema. Conectar à extremidade do tubo um balão de 100 mL, para recolher a primeira fração do destilado, reservando um balão de 500 mL para recolher a **dioxana** destilada; ambos os balões também deverão poder ser apoiados em plataforma, para permitir a sua remoção do sistema. Se a aparelhagem não tiver sido montada em capela, proteger a atmosfera ambiente da poluição pelos vapores de **dio-**

Solventes

xana, adaptando à saída lateral um tubo de borracha que atinja ou a capela, ou o esgoto da pia, mantendo a água corrente, ou a janela, para que os vapores sejam transferidos para fora do laboratório.

Destilar a **dioxana** da seguinte forma:

No balão de destilação, introduzir 400 mL de **dioxana,** cerca de 5 g de cristais de sulfato ferroso seco, para eliminar peróxidos, e alguns fragmentos de pedra-pomes ou cerâmica não vitrificada, para homogeneizar a ebulição. Aquecer progressivamente, recolhendo a primeira fração ("cabeça" de destilação) até a temperatura se estabilizar, em torno do ponto de ebulição do solvente. Substituir o balão receptor por outro de maior capacidade. Recolher o solvente destilado, tendo o cuidado de interromper o aquecimento sem permitir que o resíduo fique muito concentrado, pelo perigo de explosão. Coletar cerca de 1 mL de amostra para análise, em pequeno frasco ou ampola de vidro. Transferir a **dioxana** purificada para frasco escuro, seco. O frasco deve ser devidamente vedado.

2.7.2 Caracterização

A caracterização do composto é feita por suas constantes físicas. No caso de um líquido, como a **dioxana**, é particularmente útil determinar o índice de refração. Para saber o grau de pureza do solvente, é necessário proceder à cromatografia em fase gasosa e à espectroscopia na região do infravermelho, embora outros métodos possam também ser empregados.

2.7.3 Toxidez

A **dioxana** pode causar problemas no sistema nervoso central, além de necrose do fígado e dos rins. É irritante para a pele, para os pulmões e para as mucosas.

2.8 Etanol

Beilstein, 2-02-00-01289
CAS RN, 64-17-5
Merck Index, 3716

Constantes físicas

CH_3CH_2OH

Líquido incolor
Densidade: $0,7893^{20}$
p.e. (°C): 79^{760}
p.f. (°C): -117
Índice de refração: $1,3611^{20}$
Insolubilidade: heptano, por exemplo
Solubilidade: água, álcoois, éteres, ésteres, cetonas, benzeno, clorofórmio, etc.
C_2H_6O Peso molecular: 46

2.8.1 Purificação

O solvente mais comum no Brasil é o **etanol**, obtido da fermentação da cana-de-açúcar, ao contrário do que ocorre na quase totalidade dos países industrializados, que utilizam **etanol** puríssimo, obtido por via petroquímica, pela hidratação do etileno. Assim, o produto brasileiro contém uma série de componentes voláteis, subprodutos da fermentação, que lhe dão sabor e aroma, e é utilizado como bebida (cachaça).

A purificação do **etanol** inclui a secagem com agente dessecante de ação química, por aquecimento do etanol comercial com CaO em refluxo, antes que se proceda à destilação, conforme é descrito abaixo.

Sobre placa de aquecimento, colocar em erlenmeyer de 1 litro de capacidade 10 g de CaO, 500 mL de **etanol** e, como homogeneizador de aquecimento, uma varinha de madeira. Aquecer sob refluxo durante 1 hora, e transferir por decantação o etanol seco para o balão de destilação.

Montar a aparelhagem para destilação, conforme descrito abaixo.

Sobre plataforma de altura variável ("macaco") ou sobre alguns pequenos blocos de madeira, instalar um banho de água, dotado de controle de temperatura, ou manta de aquecimento elétrico e colocar um balão de destilação de vidro, de fundo redondo e 1 litro de capacidade. Para a etapa de secagem, adaptar condensador de refluxo reto, tendo o cuidado de montar a aparelhagem em condições de modificar o sistema para a etapa de destilação subseqüente, em que a posição do condensador é descendente. Para essa etapa, remover o condensador reto, instalar uma coluna com recheio de anéis de vidro e, sobre ela, colocar uma conexão para adaptar termômetro e conden-

Solventes

sador reto descendente. À extremidade do condensador, instalar uma conexão com saída lateral, para permitir a equalização da pressão. Colocar um balão de 100 mL, para recolher a primeira fração do destilado, e reservar um balão de 500 mL para receber o **etanol** purificado. Ambos os balões também devem ter possibilidade de apoio em plataforma. Se a aparelhagem não tiver sido montada em capela, proteger a atmosfera ambiente da poluição pelos vapores de **etanol**, adaptando à saída lateral um tubo de borracha que atinja ou a capela, ou o esgoto da pia, mantendo a água corrente, ou ainda a janela, de forma a transferir os vapores para fora do laboratório.

A purificação do **etanol** é feita por destilação da seguinte maneira:

No balão de destilação, introduzir 400 mL de **etanol**. Adicionar cerca de 5 g de CaO e alguns fragmentos de pedra-pomes, ou cerâmica não vitrificada, ou varinha de madeira, para homogeneizar a ebulição. Recolocar o condensador reto em posição ascendente. Aquecer progressivamente, mantendo em refluxo por cerca de 30 minutos. Deixar esfriar, remover o condensador e adaptar coluna e conexão para fixar um termômetro, com saída lateral para o destilado. Recolocar o condensador reto, agora em posição descendente, adaptar o balão receptor da "cabeça" de destilação e reiniciar o aquecimento, até a temperatura dos vapores atingir as proximidades da temperatura de ebulição do etanol. Recolher a primeira fração até a temperatura se estabilizar, em torno do ponto de ebulição do solvente. Substituir o balão receptor por outro de maior capacidade. Recolher o solvente destilado, tendo o cuidado de interromper o aquecimento antes da remoção total da fração volátil ("cauda" da destilação). Coletar cerca de 1 mL de amostra para análise, em pequeno frasco ou ampola de vidro. Transferir o **etanol** purificado para um frasco seco, devidamente vedado, a ser mantido ao abrigo do calor.

2.8.2 Caracterização

A caracterização do composto é feita por suas constantes físicas. No caso de um líquido, como o **etanol**, é particularmente útil determinar a densidade e o índice de refração. Além disso, para saber o grau de pureza do solvente, é necessário proceder à cromatografia em fase gasosa e à espectroscopia na região do infravermelho, embora outros métodos possam também ser empregados.

2.8.3 Toxidez

O **etanol** anidro pode causar náusea, vômito, excitação ou depressão, distorção perceptiva, falta de coordenação, estupor, coma e pode até levar à morte.

2.9 Heptano

Beilstein, 4-01-00-00725
CAS RN, 142-82-5
Merck Index, 4580

Constantes físicas

Líquido incolor

$CH_3(CH_2)_5CH_3$

Densidade: $0,68376^{20}$
p.e. (°C): 98^{760}
p.f. (°C): −91
Índice de refração: $1,3876^{20}$
Insolubilidade: água, por exemplo
Solúvel: álcoois, éteres, cetonas, benzeno, clorofórmio, etc.
C_7H_{16} Peso molecular: 100

2.9.1 Purificação

O **heptano** é um excelente solvente parafínico apolar, importante nas reações com reagentes do tipo hidrocarboneto, tais como os monômeros olefínicos. Como o seu ponto de ebulição é próximo ao da água, o trabalho com esse solvente não oferece o perigo de fácil inflamabilidade, observado no pentano e no hexano, de pontos de ebulição mais baixos. Entre os polímeros pouco polares, o **heptano** é o solvente mais empregado.

Montar a aparelhagem para a purificação do **heptano** conforme descrito abaixo.

Sobre plataforma de altura variável ("macaco") ou sobre alguns pequenos blocos de madeira, instalar uma manta de aquecimento elétrico e colocar um balão de destilação de vidro, de fundo redondo e 1 litro de capacidade. Adaptar pequena coluna de destilação, com recheio de fragmentos de vidro, termômetro de escala adequada e condensador descendente, reto, ligado a um tubo de vidro com saída lateral, para equalizar a pressão no sistema. Conectar à extremidade do tubo um balão de 100 mL, para recolher a primeira fração do destilado, e reservar um balão de 500 mL para recolher o **heptano** destilado; ambos os balões também deverão poder ser apoiados em plataforma, para permitir a sua remoção do sistema. Se a aparelhagem não tiver sido montada em capela, proteger a atmosfera ambiente da poluição pelos vapores de **heptano**, adaptando à saída lateral um tubo de borracha que atinja ou a capela, ou o esgoto da pia, mantendo a água corrente, ou a janela, de forma que os vapores sejam transferidos para fora do laboratório.

Solventes

A purificação do **heptano** é feita da seguinte maneira:

Em funil de decantação seco, colocar 500 mL de **heptano** e 50 mL de ácido sulfúrico concentrado. Com cuidado, agitar vagarosamente, possibilitando que seja restaurada a pressão atmosférica no interior do funil. Repetir a operação mais duas vezes com metade do volume de ácido de cada vez. Separar a camada sobrenadante, contendo o **heptano**, e remover o ácido sulfúrico já utilizado, vertendo-o vagarosamente sobre um volume de água três vezes maior que o da solução ácida, antes de descartá-la pelo esgoto. Em seguida, lavar o **heptano** com porções de 50 mL de água, e depois com 20 mL de solução a 10% de Na_2CO_3, por duas vezes. Secar com cloreto de cálcio anidro por uma noite e decantar o solvente para um balão de destilação seco.

Destilar o **heptano** conforme descrito abaixo:

No balão de destilação, introduzir cerca de 500 mL de **heptano** e alguns fragmentos de pedra-pomes ou cerâmica não vitrificada, para homogeneizar a ebulição. Aquecer progressivamente, recolhendo a "cabeça" de destilação até a temperatura se estabilizar, em torno do ponto de ebulição do **heptano**. Recolher então o solvente destilado, tendo o cuidado de interromper o aquecimento antes da remoção total da fração volátil ("cauda" da destilação). Coletar cerca de 1 mL do **heptano** para análise, em pequeno frasco ou ampola de vidro. Transferir o **heptano** purificado para frasco escuro, seco.

2.9.2 Caracterização

A caracterização do composto é feita por suas constantes físicas. No caso de um líquido, como o **heptano**, é particularmente útil determinar o índice de refração. Além disso, para saber o grau de pureza do solvente, é necessário proceder à cromatografia em fase gasosa e à espectroscopia na região do infravermelho, embora outros métodos possam também ser empregados.

2.9.3 Toxidez

O **heptano** pode ser irritante para o trato respiratório, e seus vapores, em altas concentrações, têm efeito narcótico.

2.10 Metanol

Beilstein, 4-01-00-01227
CAS RN, 67-56-1
Merck Index, 5868

Constantes físicas

CH_3OH

Líquido incolor
Densidade: $0,7914^{20}$
p.e. (°C): 65^{760}
p.f. (°C): -98
Índice de refração: $1,3288^{20}$
Insolubilidade: heptano, por exemplo
Solubilidade: cetonas, água, álcoois, éteres, ésteres, benzeno, clorofórmio, etc.
CH_4O Peso molecular: 32

2.10.1 Purificação

O **metanol** é purificado por destilação.

Montar a aparelhagem para destilação, conforme descrito abaixo.

Sobre plataforma de altura variável ("macaco") ou sobre alguns pequenos blocos de madeira, instalar um banho de água, dotado de controle de temperatura, ou manta de aquecimento elétrico e colocar um balão de destilação de vidro, de fundo redondo e l litro de capacidade. Para a etapa de secagem, adaptar condensador de refluxo reto, tendo o cuidado de montar a aparelhagem em condições de modificar o sistema para a etapa de destilação subseqüente, em que a posição do condensador é descendente. Para essa etapa, remover o condensador reto, instalar uma coluna com recheio de anéis de vidro e, sobre ela, colocar uma conexão para adaptar termômetro e condensador reto descendente. À extremidade do condensador, instalar uma conexão com saída lateral, para permitir a equalização da pressão. Colocar um balão de 100 mL, para recolher a primeira fração do destilado, e reservar um balão de 500 mL para receber o **metanol** purificado. Ambos os balões também devem ter possibilidade de apoio em plataforma. Se a aparelhagem não tiver sido montada em capela, proteger a atmosfera ambiente da poluição pelos vapores de **metanol**, adaptando à saída lateral um tubo de borracha que atinja ou a capela, ou o esgoto da pia, mantendo a água sempre corrente, ou ainda a janela, de forma que os vapores se transfiram para fora do laboratório.

Destilar o **metanol** da seguinte forma:

No balão de destilação, introduzir 500 mL de **metanol**. Adicionar cerca de 5 g de CO e alguns fragmentos de pedra-pomes, ou cerâmica não vitrificada,

Solventes

ou varinha de madeira, para homogeneizar a ebulição. Recolocar o condensador reto em posição ascendente. Aquecer progressivamente, mantendo em refluxo por cerca de 30 minutos. Deixar esfriar, remover o condensador e adaptar coluna e conexão para fixar um termômetro, com saída lateral para o destilado. Recolocar o condensador reto, agora em posição descendente, adaptar o balão receptor da "cabeça" de destilação e reiniciar o aquecimento. Recolher essa primeira fração até a temperatura se estabilizar, em torno do ponto de ebulição do solvente. Substituir o balão receptor por outro de maior capacidade. Recolher o solvente destilado, tendo o cuidado de interromper o aquecimento antes da remoção total da fração volátil ("cauda" da destilação). Coletar cerca de 1 mL de amostra para análise, em pequeno frasco ou ampola de vidro. Transferir o **metanol** purificado para um frasco seco, que deverá ser mantido devidamente vedado e ao abrigo do calor.

2.10.2 Caracterização

A caracterização do composto é feita por suas constantes físicas. No caso de um líquido, como o **metanol**, é particularmente útil determinar o índice de refração. Além disso, para saber o grau de pureza do solvente, é necessário proceder à cromatografia em fase gasosa e à espectroscopia na região do infravermelho, embora outros métodos possam também ser empregados

2.10.3 Toxidez

O **metanol** é altamente tóxico. A intoxicação aguda provoca dor de cabeça, fadiga, náusea, dano visual ou completa cegueira, que pode ser permanente. Causa ainda acidose, convulsão, colapso circulatório, falha respiratória e morte. A intoxicação crônica provoca dano visual.

2.11 Metil-etil-cetona (MEK)

Beilstein, 4-01-00-03243
CAS RN, 78-93-3
Merck Index, 5991

Constantes físicas

Líquido incolor

Densidade: $0,8054^{20}$
p.e. (°C): 80^{760}
p.f. (°C): -86
Índice de refração: $1,3788^{20}$
Insolubilidade: heptano, por exemplo
Solubilidade: água, álcoois, éteres, cetonas, ésteres, benzeno, clorofórmio, etc.
C_4H_8O Peso molecular: 72

2.11.1 Purificação

A **metil-etil-cetona** é purificada aquecendo o solvente com K_2CO_3 seco seguido de destilação.

Montar a aparelhagem para destilação, conforme descrito abaixo.

Sobre plataforma de altura variável ("macaco") ou sobre alguns pequenos blocos de madeira, instalar um banho de água, dotado de controle de temperatura, ou manta de aquecimento elétrico e colocar um balão de destilação de vidro, de fundo redondo e l litro de capacidade. Para a etapa de secagem, adaptar condensador de refluxo reto, tendo o cuidado de montar a aparelhagem em condições de modificar o sistema para a etapa de destilação subseqüente, em que a posição do condensador é descendente. Para essa etapa, remover o condensador reto, instalar uma coluna com recheio de anéis de vidro e, sobre ela, colocar uma conexão para adaptar termômetro e condensador reto descendente. À extremidade do condensador, instalar uma conexão com saída lateral, para permitir a equalização da pressão. Colocar um balão de 100 mL, para recolher a primeira fração do destilado, e reservar um balão de 500 mL para receber a **metil-etil-cetona** purificada. Ambos os balões também devem ter possibilidade de apoio em plataforma. Se a aparelhagem não tiver sido montada em capela, proteger a atmosfera ambiente da poluição pelos vapores de **metil-etil-cetona**, adaptando à saída lateral um tubo de borracha que atinja ou a capela, ou o esgoto da pia, mantido com água corrente, ou ainda a janela, de forma que os vapores se transfiram para fora do laboratório.

Destilar a **metil-etil-cetona** da seguinte forma:

No balão de destilação, introduzir 500 mL de **metil-etil-cetona**. Adicionar cerca de 5 g de K_2CO_3 seco e alguns fragmentos de pedra-pomes, ou cerâmica não vitrificada, ou varinha de madeira, para homogeneizar a ebulição. Colocar o condensador reto em posição ascendente. Aquecer progressivamente, mantendo em refluxo por cerca de 30 minutos. Deixar esfriar, remover o condensador e adaptar coluna e conexão para fixar um termômetro, com saída lateral para o destilado. Recolocar o condensador reto, agora em posição descendente, adaptar o balão receptor da "cabeça" de destilação e reiniciar o aquecimento. Recolher essa primeira fração até a temperatura se estabilizar, em torno do ponto de ebulição do solvente. Substituir o balão receptor por outro de maior capacidade. Recolher o solvente destilado, tendo o cuidado de interromper o aquecimento antes da remoção total da fração volátil ("cauda" da destilação). Coletar cerca de 1 mL de amostra para análise, em pequeno frasco ou ampola de vidro. Transferir a **metil-etil-cetona** purificada para um frasco seco, que deve ser mantido devidamente vedado e ao abrigo do calor.

2.11.2 Caracterização

A caracterização do composto é feita por suas constantes físicas. No caso de um líquido, como a **metil-etil-cetona**, é particularmente útil determinar o índice de refração. Além disso, para saber o grau de pureza do solvente, é necessário proceder à cromatografia em fase gasosa e à espectroscopia na região do infravermelho, embora outros métodos possam também ser empregados.

2.11.3 Toxidez

Vapores de **metil-etil-cetona** podem ser irritantes para os olhos e para as mucosas. Em altas concentrações, têm efeito narcótico.

2.12 Tetra-hidrofurano (THF)

Beilstein, 5-17-01-00027
CAS RN, 109-99-9
Merck Index, 9144

Constantes físicas

Líquido incolor
Densidade: $0,8892^{20}$
p.e. (°C): 65^{760}
p.f. (°C): –108
Índice de refração: $1,4050^{20}$
Solubilidade: água, álcoois, éteres, cetonas, ésteres, benzeno, clorofórmio, etc.
Insolubilidade: heptano, por exemplo
C_4H_8O Peso molecular: 86

2.12.1 Purificação

O **THF**, como éter cíclico, é suscetível de peroxidação fácil, por ação do ar e da luz. O peróxido formado precisa ser removido antes da destilação do solvente, pois o resíduo no balão de destilação pode atingir a concentração crítica de peróxido e ocorrer explosão.

A purificação do **THF** é feita da seguinte maneira.

Em erlenmeyer de 1 litro de capacidade, colocar 500 mL de **THF** e cerca de 5 g de $CaSO_4$ anidro, por algumas horas, a temperatura ambiente. Remover o desidratante por simples decantação; se necessário, filtrar através de papel de filtro preguedo ou fina camada de algodão. Montar a aparelhagem para a purificação do **THF** conforme descrito abaixo.

Sobre plataforma de altura variável ("macaco") ou sobre alguns pequenos blocos de madeira, instalar um banho de água ou manta de aquecimento elétrico e colocar um balão de destilação de vidro, de fundo redondo e 1 litro de capacidade. Adaptar pequena coluna de destilação, sem recheio, termômetro de escala adequada e condensador descendente, reto, ligado a um tubo de vidro com saída lateral, para equalizar a pressão no sistema. Conectar à extremidade do tubo um balão de 100 mL, para recolher a primeira fração do destilado, e reservar um balão de 500 mL para recolher o **THF** destilado; ambos os balões também deverão poder ser apoiados em plataforma, para permitir a sua remoção do sistema. Se a aparelhagem não tiver sido montada em capela, proteger a atmosfera ambiente da poluição pelos vapores de **THF**, adaptando à saída lateral um tubo de borracha que atinja ou a capela, ou o esgoto da pia, mantendo a água corrente, ou a janela, de forma que os vapores se transfiram para fora do laboratório.

Solventes

Destilar o **THF** da seguinte forma:

No balão de destilação, introduzir cerca de 500 mL de **THF,** cerca de 5 g de cristais de sulfato ferroso para eliminar peróxidos e alguns fragmentos de pedra-pomes ou cerâmica não vitrificada, para homogeneizar a ebulição. Aquecer progressivamente, recolhendo a primeira fração ("cabeça" de destilação) até a temperatura se estabilizar, em torno do ponto de ebulição do solvente. Substituir o balão receptor por outro de maior capacidade. Recolher o solvente destilado, tendo o cuidado de interromper o aquecimento para evitar que o resíduo fique muito concentrado, criando perigo de explosão. Coletar cerca de 1 mL de amostra para análise, em pequeno frasco ou ampola de vidro. Transferir o **THF** purificado para frasco escuro, seco. O frasco deverá ser devidamente vedado.

2.12.2 Caracterização

A caracterização do composto é feita por suas constantes físicas. No caso de um líquido, como o **THF**, é particularmente útil determinar o índice de refração. Além disso, para saber o grau de pureza do solvente, é necessário proceder à cromatografia em fase gasosa e à espectroscopia na região do infravermelho, embora outros métodos possam também ser empregados

2.12.3 Toxidez

O **THF** é irritante para a pele, para olhos e para as mucosas. Seus vapores, em altas concentrações, têm efeito narcótico.

2.13 Tolueno

Beilstein, 4-05-00-00766
CAS RN, 108-88-3
Merck Index, 9455

Constantes físicas

Líquido incolor

Densidade: $0,8669^{20}$
p.e. (°C): 111^{760}
p.f. (°C): -95
Índice de refração: $1,4961^{20}$
Insolubilidade: água, por exemplo
Solubilidade: álcoois, éteres, cetonas, ésteres, benzeno, clorofórmio, etc.
C_7H_8 Peso molecular: 92

2.13.1 Purificação

O **tolueno** pode ser empregado em muitos casos em substituição ao benzeno, por ser menos volátil e ter menor toxidez.

Montar a aparelhagem para a purificação do **tolueno** conforme descrito abaixo.

Sobre plataforma de altura variável ("macaco") ou sobre alguns pequenos blocos de madeira, instalar um banho de água ou manta de aquecimento elétrico e colocar um balão de destilação de vidro, de fundo redondo e l litro de capacidade. Adaptar pequena coluna de destilação, sem recheio, termômetro de escala adequada e condensador descendente, reto, ligado a um tubo de vidro com saída lateral, para equalizar a pressão no sistema. Conectar à extremidade do tubo um balão de 100 mL, para recolher a primeira fração do destilado, e reservar um balão de 500 mL para recolher o **tolueno** destilado; ambos os balões também deverão poder ser apoiados em plataforma, para permitir a sua remoção do sistema. Se a aparelhagem não tiver sido montada em capela, proteger a atmosfera ambiente da poluição pelos vapores do **tolueno**, adaptando à saída lateral um tubo de borracha que atinja ou a capela, ou o esgoto da pia, mantendo a água corrente, ou a janela, de forma que os vapores se transfiram para fora do laboratório.

Destilar o **tolueno** da seguinte forma:

Em balão de destilação, introduzir 1 litro de **tolueno** e alguns fragmentos de pedra-pomes ou cerâmica não vitrificada, para homogeneizar a ebulição. Aquecer progressivamente, recolhendo a primeira fração ("cabeça" de destilação) até a temperatura se estabilizar, em torno do ponto de ebulição do

Solventes

solvente. Substituir o balão receptor por outro de maior capacidade. Recolher o solvente destilado, tendo o cuidado de interromper o aquecimento antes da remoção total da fração volátil ("cauda" da destilação). Coletar cerca de 1 mL de amostra para análise, em pequeno frasco ou ampola de vidro. Transferir o **tolueno** purificado para frasco escuro, seco. O frasco deverá ser devidamente vedado.

Preparação de **tolueno** superseco:

Os últimos vestígios de umidade do **tolueno** destilado são removidos por redestilação sobre sódio. O trabalho com sódio é perigoso, pois o metal reage violentamente com a água, até mesmo com a umidade do ar, gerando hidrogênio, que se inflama e incendeia o solvente. Para evitar acidentes perigosos, ter o máximo cuidado ao trabalhar com sódio, seguindo as instruções detalhadas a seguir.

Transferir um bloco de sódio do frasco-estoque (onde os blocos estão imersos em nafta, para proteção contra a umidade) para uma folha de papel de filtro, espetando-o com um canivete ou faca de ponta fina. Secar a nafta que recobre o sódio com o papel de filtro, e "descascar" a camada externa, oxidada, para que se exponha a superfície limpa, cinzenta e brilhante do metal. Cortar lâminas do sódio e subdividi-las em pequenos pedaços, para uso imediato. Os resíduos da "casca" do sódio devem ser extintos com etanol, contido em cuba, ou então conservados no frasco-estoque, sob nafta. O papel de filtro sobre o qual foi cortado o sódio e o canivete ou a faca usados devem ser imersos em álcool, na cuba para isso destinada, o que fará extinguir todos os resíduos de sódio. Após a obtenção do **tolueno** superseco, ter o máximo cuidado na destruição do sódio residual, dentro do balão de destilação. Isso é feito adicionando etanol, cuidadosamente, gota a gota, ao **tolueno**/sódio remanescente no balão, acompanhando o aquecimento por contato manual. Finalmente, quando houver certeza de que está terminada a transformação de sódio em etóxido de sódio (por cessar a evolução de hidrogênio e de calor), adicionar gradualmente água à mistura alcoólica, antes de lançá-la ao esgoto.

2.13.2 Caracterização

A caracterização do composto é feita por suas constantes físicas. No caso de um líquido, como o **tolueno**, é particularmente útil determinar o índice de refração. Além disso, para saber o grau de pureza do solvente, é necessário proceder à cromatografia em fase gasosa e à espectroscopia na região do infravermelho, embora outros métodos também possam ser empregados.

2.13.3 Toxidez

O **tolueno** é menos tóxico que o benzeno. Pode causar anemia macrocíclica. Seus vapores, quando em altas concentrações, têm efeito narcótico.

3 Iniciadores

Tal como comentado anteriormente em relação a monômeros e solventes, também os iniciadores precisam ser submetidos à purificação, com os mesmos cuidados em relação ao tipo de mecanismo envolvido na polimerização. Tratando-se de materiais químicos altamente reativos, sua estocagem por tempo indefinido pode acarretar sua decomposição não controlada, e os produtos formados podem interferir na iniciação e propagação dos monômeros. Para minimizar a deterioração progressiva dos iniciadores do tipo peróxido, hidroperóxido ou azo-composto, deve-se mantê-los ao abrigo da luz e em ambiente refrigerado, tendo cuidado ao abrir o recipiente ao ar, para evitar a condensação de umidade dentro do frasco. Mesmo com essas precauções, ocorre a perda da eficiência do iniciador com o tempo, e o material precisa ser purificado.

A característica mais importante de um iniciador de polimerização é a sua velocidade de decomposição, que está relacionada ao seu **tempo de meia-vida** ($t_{1/2}$). O tempo de meia-vida é o tempo previsto para que metade das moléculas de um dado iniciador se decomponha, a uma determinada temperatura. Com exceção dos hidroperóxidos, o tempo de meia-vida de um iniciador é determinado por calorimetria diferencial de varredura com monitor de atividade térmica (DSC-TAM), empregando-se uma solução diluída do iniciador em clorobenzeno. Os dados cinéticos da decomposição de hidroperóxidos em clorobenzeno são determinados titrimetricamente, medindo o conteúdo de oxigênio ativo em relação ao tempo.

O tempo de meia-vida pode ser calculado pela **Equação de Arrhenius**:

$$k_d = A\, e^{-Ea/RT} \qquad e \qquad t_{1/2} = \ln 2 / k_d$$

onde:
k_d = constante de velocidade para dissociação do iniciador em s^{-1}
A = fator de freqüência em s^{-1}
Ea = energia de ativação para dissociação do iniciador em J/mol
R = 8,3142 J/mol K
T = temperatura em K
$t_{1/2}$ = meia-vida em s^{-1}.

O fator de freqüência (A) e a energia de ativação (Ea) são dados em tabelas.

A concentração do iniciador a qualquer tempo pode ser calculada da equação abaixo:

$$[I] = [I_0]\, e^{-kd \cdot t}$$

onde:
$[I_0]$ = concentração inicial do iniciador
$[I]$ = concentração do iniciador a qualquer tempo
t = tempo em s.

Iniciadores

Ao proceder à purificação dos iniciadores, às vezes o que se consegue é a sua contaminação. Especialmente no caso de produtos pirofóricos como os alquil-alumínios, esses iniciadores são utilizados tal como recebidos do fabricante. Conforme o iniciador, deve-se empregar um ativador (nas poliadições via radicais livres), um co-catalisador (nas poliadições catiônicas), um suporte de catalisador (nas poliadições de coordenação), etc.

Os iniciadores serão abordados em seguida, levando em consideração o mecanismo da reação de que participarão: azo-*bis*-isobutironitrila (AIBN), peróxido de cumila, hidroperóxido de *p*-mentila, peróxido de benzoíla, peróxido de metil-etil-cetona e persulfato de potássio, que são comumente empregados em reações de poliadição via radicais livres; tetracloreto de titânio e trifluoreto de boro (eterato), que participam de polimerizações catiônicas.

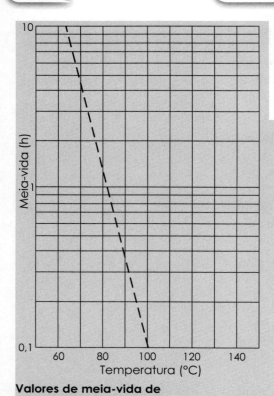

Valores de meia-vida de azo-*bis*-isobutironitrila em tolueno

3.1 Azo-*bis*-isobutironitrila (AIBN)

Beilstein, 4-04-00-03377
CAS RN, 78-67-1
Merck Index, 931

Constantes físicas

Sólido cristalino, branco, inodoro
Densidade: $0,5193^{20}$
Decomposição: acima de 100 °C
Índice de refração: $1,3567^{-70}$
Insolubilidade: água, por exemplo
Solubilidade: álcoois, éteres, cetonas, etc.
$C_8H_{12}N_4$ Peso molecular: 164

O iniciador via radicais livres do tipo azoderivado mais importante é a **azo-*bis*-isobutironitrila (AIBN)**. Deve-se observar que o grupamento isobutironitrila permite que a sua decomposição libere nitrogênio e radicais relativamente estáveis de dimetil-ciano-metila; para atingir 10 horas de meia-vida, é necessária a temperatura de 64 °C.

3.1.1 Purificação

Embora a **AIBN** comercial possa ser utilizada diretamente em poliadições, para alguns trabalhos de pesquisa é preciso proceder à sua purificação. Como se trata de uma substância sólida, pode ser recristalizada em metanol.

A purificação da **AIBN** é feita da seguinte maneira:

Colocar em erlenmeyer 2,5 g de **AIBN** e 100 mL de metanol destilado. Aquecer o sistema a 50 °C em banho de água, para dissolver o **AIBN**. Filtrar em papel de filtro pregueado, recolhendo o filtrado em outro erlenmeyer. Evaporar até aproximadamente a metade do volume, vedar o erlenmeyer, deixar atingir a temperatura ambiente e levar ao refrigerador por 3 ou 4 dias. Formam-se agulhas incolores. Filtrar os cristais em papel de filtro pregueado e eliminar o metanol residual, passando corrente de nitrogênio seco.

3.1.2 Caracterização

A caracterização da **AIBN** é feita por suas constantes físicas. Além disso, para saber o seu grau de pureza, é necessário proceder à espectroscopia na região do infravermelho, embora outros métodos possam também ser empregados.

3.1.3 Toxidez

A **AIBN** é altamente tóxica por causa do efeito cianeto (provoca dispnéia, paralisia, inconsciência, convulsão e interrupção respiratória). Em pequenas concentrações, podem ocorrer dor de cabeça, vertigem, náusea e vômito.

3.2 Hidroperóxido de *p*-mentila

Beilstein, 4-01-00-00725
CAS RN, 26762-92-5

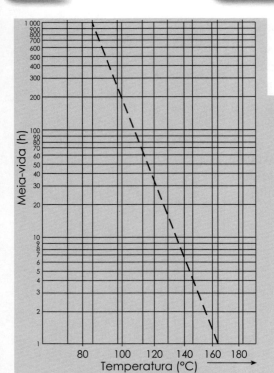

Valores de meia-vida de hidroperóxido de *p*-mentila a 0,2 M em benzeno

Constantes físicas

Líquido incolor
Densidade: $0,910^{20}$
Decomposição: acima de 40 °C
Índice de refração: $1,460^{20}$
Insolubilidade: água, por exemplo
Solubilidade: álcoois, ácido acético, etc.
$C_{10}H_{20}O_2$ Peso molecular: 172

3.2.1 Purificação

Em virtude da progressiva decomposição do **hidroperóxido de *p*-mentila**, mesmo a temperaturas baixas, é preciso proceder à determinação do peróxido presente no iniciador no momento de sua utilização, por meio da reação de oxirredução com tiossulfato de sódio em presença de iodeto de potássio. O peróxido é revelado pela adição de vestígios de goma de amido, que formará com o iodo deslocado um complexo intensamente colorido de azul.

A solução saturada de iodeto de potássio deve ser preparada com água destilada. Essa solução deve ser mantida em frasco escuro e usada imediatamente. A solução-padrão de tiossulfato de sódio 0,1 N deve estar preparada. Colocar 20 mL de ácido acético em um frasco de vidro de rolha esmerilhada e passar nitrogênio por 2 minutos. Tampar e reservar o frasco para a amostra. Pesar com precisão a amostra contendo entre 3 e 4 meq de oxigênio ativo e transferir para o frasco. O peso aproximado da amostra utilizada para análise é calculado por meio da fórmula:

$$3,5 \, M \, (2C \times 1\,000) = 0,3 \, g$$

em que:

M = peso molecular do **hidroperóxido de *p*-mentila** = 172
C = número de grupamentos peróxido na molécula do hidroperóxido = 1.

Adicionar 10 mL de dicloro-metano, tampar e agitar suavemente, para dissolver a amostra. Em seguida, adicionar 5 mL de solução de iodeto de potássio saturada, recentemente preparada, fechar e guardar no escuro por 15 minutos, a temperatura ambiente. Adicionar 50 mL de água destilada e titular com solução de tiossulfato de sódio 0,1 N até obter coloração amarelo-pálida. Adicionar de 1 a 2 mL de goma de amido, o que causará o aparecimento de intensa coloração azul, e continuar a titulação até o total desaparecimento da cor. Anotar o volume gasto na titulação. Utilizando o mesmo procedimento realizado com a amostra, repetir a titulação, o que requer normalmente 1 ou 2 gotas da solução de tiossulfato de sódio.

A percentagem de oxigênio ativo é obtida utilizando a fórmula:

$$\% \text{ O}_2 \text{ ativo} = \frac{\text{VB} - \text{VA} \times \text{N} \times 0{,}008}{\text{W}} \times 100$$

VA = volume gasto na titulação da amostra, em mL
VB = volume gasto na titulação do branco, em mL
N = normalidade da solução de tiossulfato de sódio
W = massa da amostra utilizada, em g.

3.2.2 Caracterização

A caracterização do composto é feita por suas constantes físicas. Além disso, para saber o grau de pureza do iniciador, é necessário proceder à espectroscopia na região do infravermelho; outros métodos podem também ser empregados.

3.2.3 Toxidez

O **hidroperóxido de *p*-mentila** causa forte irritação na pele e nos olhos.

3.3 Peróxido de benzoíla (Bz₂O₂)

Beilstein, 4-09-00-00717
CAS RN, 94-36-0
Merck Index, 1128

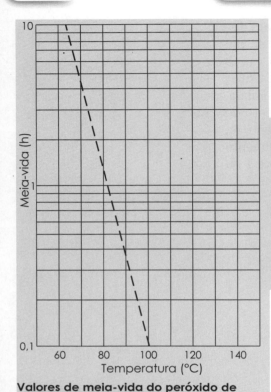

Valores de meia-vida do peróxido de benzoíla em benzeno

Constantes físicas

Sólido incolor
  p.f. (°C): 103 °C dec.
  Índice de refração: 1,543
  Insolubilidade: água, por exemplo
  Solubilidade: álcoois, éteres, cetonas, benzeno, clorofórmio, etc.
$C_{14}H_{10}O_4$ Peso molecular: 242

3.3.1 Purificação

A purificação do **peróxido de benzoíla** é feita da seguinte maneira:

Colocar em pequeno erlenmeyer 62,5 mg de **peróxido de benzoíla**, previamente seco em dessecador a vácuo por 8 horas, e 0,6 mL de clorofórmio. Acrescentar 1,0 mL de éter de petróleo e deixar no refrigerador durante 2 horas. Formam-se agulhas incolores. Filtrar os cristais em papel de filtro pregueado e eliminar o clorofórmio/éter de petróleo residual, fazendo passar corrente de nitrogênio seco.

3.3.2 Caracterização

A caracterização do composto é feita por suas constantes físicas. Para saber o grau de pureza, é necessário proceder à espectroscopia na região do infravermelho. Outros métodos podem ser empregados.

3.3.3 Toxidez

O **peróxido de benzoíla** pode ser usado sobre a pele, como pasta, pois não tem qualquer efeito tóxico.

3.4 Peróxido de cumila

CAS RN, 80-43-3

Constantes físicas

Sólido incolor
Densidade: 1,5360²¹
p.f. (°C): 39
p.e. (°C): 130, decompõe
Índice de refração: 1,5360²¹
Insolubilidade: água, por exemplo
Solubilidade: álcool, éter etílico, benzeno, etc.
$C_{18}H_{22}O_2$ Peso molecular: 270

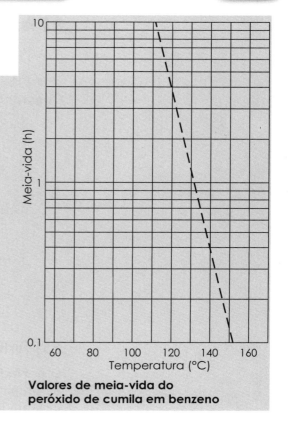

Valores de meia-vida do peróxido de cumila em benzeno

3.4.1 Purificação

O **peróxido de cumila** é o peróxido mais usado para formar ligações cruzadas com polímeros saturados e insaturados, com exceção de borracha butílica. Em razão do seu baixo ponto de fusão, 39 °C, é difícil a sua estocagem e manipulação em condições tropicais. Assim, são comercializadas dispersões a 40% desse peróxido em argila ou carga branca. Sílica, negro-de-fumo e antidegradantes podem reduzir a eficiência do **peróxido de cumila**.

O **peróxido de cumila** reage violentamente com agentes redutores, metais, ácidos concentrados e bases concentradas. Pode inflamar materiais orgânicos por contato. É incompatível com agentes oxidantes fortes.

3.4.2 Caracterização

A caracterização do composto é feita por suas constantes físicas. Para conhecer o grau de pureza do iniciador, é necessário proceder à cromatografia líquida, embora outros métodos possam também ser empregados.

3.4.3 Toxidez

O **peróxido de cumila** é irritante para a pele, para os olhos e para o trato respiratório.

3.5 Peróxido de metil-etil-cetona

CAS RN, 1338-23-4

Constantes físicas

Líquido incolor

Densidade:	$1,17^{20}$
p.f. (°C):	118 dec., com explosão
Solubilidade:	água, por exemplo
Insolubilidade:	heptano, por exemplo
$C_4H_{16}O_4$ Peso molecular:	176

3.5.1 Purificação

O **peróxido de metil-etil-cetona** é um peróxido orgânico instável usado na preparação de resinas acrílicas e como agente de cura para poliésteres insaturados. Por ser usado como ativador, o tempo de meia-vida tem pouco significado. É disponível no comércio em solução com 40% a 60% de ftalato de dimetila. Pode reagir violentamente ou explodir se houver aquecimento. Reage violentamente com combustíveis e material orgânico.

A padronização de uma solução a 60% de **peróxido de metil-etil-cetona** pode ser feita da seguinte maneira:

Pesar 1 g de solução de **peróxido de metil-etil-cetona** a 60% em um frasco volumétrico de 100 mL. Diluir até a marca com álcool isopropílico e vedar o frasco. Preparar uma solução de 25 mL de álcool isopropílico em um frasco de vidro de 250 mL, dotado de rolha esmerilhada. Adicionar a esse frasco 5 mL de ácido acético glacial e então acrescentar 10 mL de solução de iodeto de sódio a 20%. Pipetar exatamente 10,0 mL da solução de **peróxido de metil-etil-cetona** em álcool isopropílico e introduzir no frasco, cobrir e deixar no escuro por 15 minutos. Depois desse tempo de espera e imediatamente antes da titulação, adicionar 10 mL de água destilada. Titular com solução 0,1 N de tiossulfato de sódio, que faz a coloração mudar de amarelo para incolor. Registrar o volume em mL usado. Titular o branco, contendo todos os reagentes exceto o **peróxido de metil-etil-cetona,** de maneira idêntica. Calcular a percentagem em peso de **peróxido de metil-etil-cetona** usando a equação seguinte:

$$C = \frac{(V - V_b)\, 4{,}405}{W}$$

Iniciadores

onde:

C = percentagem de **peróxido de metil-etil-cetona** como monômero cíclico

V = volume de solução 0,1 N de $Na_2S_2O_3$ usada para titular a amostra (mL)

V_b = volume de solução 0,1 N de $Na_2S_2O_3$ usada para titular o branco (mL)

W = peso do **peróxido de metil-etil-cetona** comercial usado (g)

4,405 = constante, envolvendo miliequivalente em peso de **peróxido de metil-etil-cetona** (como dímero cíclico) e vários outros fatores.

A padronização da solução 0,1 N de tiossulfato de sódio é descrita a seguir. Para isso, preparar as seguintes soluções:

- Solução 0,1000 N de dicromato de potássio. Dissolver 4,904 g de $K_2Cr_2O_7$, grau padrão, em água destilada e diluir para 1 litro.

- Indicador de amido. Preparar uma pasta de 1 g de amido solúvel em poucos mL de água destilada. Aquecer 200 mL de água destilada até a ebulição, remover do aquecimento e verter, com agitação, sobre a pasta de amido. Usar logo depois de preparado.

- Solução de tiossulfato de sódio. Dissolver 25 g de $Na_2S_2O_3.5H_2O$ em água destilada, recém-fervida e esfriada, e diluir para 1 litro. Adicionar 5 mL de $CHCl_3$ e deixar a solução em repouso por 2 semanas, para estabilização.

Colocar 80 mL de água destilada em um bécher de 150 mL e agitar com agitador magnético. Adicionar 1 mL de H_2SO_4 concentrado, 10,0 mL de solução 0,1000 N de $K_2Cr_2O_7$ e 1 g de KI. Deixar ao abrigo da luz por 6 minutos. Titular com a solução de tiossulfato de sódio. Após atingir o ponto final, com mudança da coloração de castanho para verde-amarelado, adicionar 1 mL de solução de indicador de amido e continuar titulando até o ponto final, em que a coloração passa de azul para verde-claro. Calcular a normalidade N da solução de tiossulfato de sódio, aplicando a fórmula abaixo:

$$N = \frac{1}{mL \ de \ Na_2S_2O_3 \ usados} .$$

3.5.2 Caracterização

A caracterização do composto é feita por suas constantes físicas. Além disso, para saber o grau de pureza, é necessário proceder à espectroscopia na região do infravermelho; outros métodos podem também ser empregados.

3.5.3 Toxidez

O **peróxido de metil-etil-cetona** é irritante para os olhos, para o nariz, para a garganta e para a pele.

3.6 Persulfato de potássio

CAS RN, 7727-21-1
Merck Index, 7644

Constantes físicas

Sólido incolor

$K_2S_2O_8 \longrightarrow 2\,K^+ + 2\,SO_4^-$·

O tempo de meia vida de 10 horas corresponde a 60 °C.

Densidade:	2,477
p.f. (°C):	dec. 100
Índice de refração:	1,467
Insolubilidade:	álcoois, éteres, cetonas, tetra-hidrofurano, etc.
Solubilidade:	água (1,75/0; 5,3/20), por exemplo
$K_2S_2O_8$ Peso molecular:	270

3.6.1 Purificação

A purificação do **persulfato de potássio** é feita da seguinte maneira:

Colocar em erlenmeyer 5 g de **persulfato de potássio** e 50 mL de água. Aquecer o sistema a 70 °C e filtrar a solução. Deixar em repouso para cristalizar. Filtrar os cristais em papel de filtro pregueado. Secar a vácuo, à temperatura ambiente.

3.6.2 Caracterização

A caracterização do composto é feita por suas constantes físicas. Para saber o grau de pureza, é necessário proceder a método analítico de oxirredução.

3.6.3 Toxidez

O **persulfato de potássio** não tem qualquer efeito tóxico conhecido.

3.7 Tetracloreto de titânio

CAS RN, 7550-45-0
Merck Index, 9404

Constantes físicas

Líquido amarelo claro
Densidade: $1,726^{20}$
p.e. (°C): 136^{760}
p.f. (°C): -25
Índice de refração: $1,3567^{-70}$
Insolubilidade: heptano, benzeno, cetonas, etc.
Solubilidade: água, álcoois, etc.
$TiCl_4$ Peso molecular: 189

$$TiCl_4 + RH \longrightarrow [TiCl_4R]^-H^+$$

3.7.1 Purificação

Montar a aparelhagem para purificação do **tetracloreto de titânio** conforme descrito abaixo:

Sobre plataforma de altura variável ("macaco") ou sobre alguns pequenos blocos de madeira, instalar um banho de água ou manta de aquecimento elétrico e colocar um balão de destilação de vidro, de fundo redondo e 500 mL de capacidade. Adaptar pequena coluna de destilação, sem recheio, termômetro de escala adequada e condensador descendente, reto, ligado a um tubo de vidro com saída lateral, para equalizar a pressão no sistema. Conectar à extremidade do tubo um balão de 100 mL, para recolher a primeira fração do destilado, e reservar um balão de 500 mL para recolher o **tetracloreto de titânio** destilado; ambos os balões também deverão poder ser apoiados em plataforma, para permitir a sua remoção do sistema. Se a aparelhagem não tiver sido montada em capela, proteger a atmosfera ambiente da poluição pelos vapores do composto, adaptando à saída lateral um tubo de borracha que atinja ou a capela, ou o esgoto da pia, mantendo a água corrente, ou a janela, de forma que os vapores sejam transferidos para fora do laboratório.

Destilar o **tetracloreto de titânio** da seguinte forma:

No balão de destilação, introduzir 300 mL de **tetracloreto de titânio** e alguns fragmentos de pedra-pomes ou cerâmica não vitrificada, para homogeneizar a ebulição. Aquecer progressivamente, recolhendo a primeira fração ("cabeça" de destilação) até a temperatura se estabilizar, em torno do ponto de ebulição do iniciador. Substituir o balão receptor por outro de maior capacidade. Recolher o destilado, tendo o cuidado de interromper o aquecimento antes da remoção total da fração volátil ("cauda" da destilação). Coletar cerca de 1 mL de amostra para análise, em pequeno frasco ou ampola de vidro.

Transferir o **tetracloreto de titânio** purificado para um frasco escuro, seco. O frasco deve ser devidamente vedado.

3.7.2 Caracterização

A caracterização do composto é feita por suas constantes físicas. Para saber o grau de pureza, é necessário proceder à espectroscopia na região do infravermelho ou do ultravioleta.

3.7.3 Toxidez

Os vapores do tetracloreto de titânio são irritantes para os olhos e para o trato respiratório.

3.8 Trifluoreto de boro (eterato)

CAS RN, 109-63-7
Merck Index, 1352

Constantes físicas

Líquido incolor

Densidade:	$1,125^{25}$
p.e. (°C):	126^{760}
p.f. (°C):	-60
Índice de refração:	$1,348^{20}$
Insolubilidade:	água, por exemplo
Solubilidade:	álcoois, ácido acético, etc.
$C_4H_{10}BF_3O$ Peso molecular:	141

O **trifluoreto de boro** é um gás, com ponto de ebulição a -101 °C. Para a sua manipulação em laboratório como iniciador de polimerizações catiônicas, é mais conveniente empregá-lo sob a forma de complexo com éter etílico, pois o **eterato de BF$_3$** é um líquido estável facilmente destilável e sua reatividade é bastante elevada.

3.8.1 Purificação

Montar a aparelhagem para a purificação do **trifluoreto de boro (eterato)** conforme descrito abaixo:

Sobre plataforma de altura variável ("macaco") ou sobre alguns pequenos blocos de madeira, instalar um banho de água ou manta de aquecimento elétrico e colocar um balão de destilação de vidro de fundo redondo de 500 mL de capacidade. Adaptar pequena coluna de destilação, sem recheio, termômetro de escala adequada e condensador descendente, reto, ligado a um tubo de vidro com saída lateral, para equalizar a pressão no sistema. Conectar à extremidade do tubo um balão de 100 mL, para recolher a primeira fração do destilado, e reservar um balão de 500 mL para recolher o **trifluoreto de boro (eterato)** destilado; ambos os balões também deverão poder ser apoiados em plataforma, para permitir a sua remoção do sistema. Se a aparelhagem não tiver sido montada em capela, proteger a atmosfera ambiente da poluição pelos vapores de monômero, adaptando à saída lateral um tubo de borracha que atinja ou a capela, ou o esgoto da pia, mantendo a água corrente, ou a janela, de forma a transferir os vapores para fora do laboratório.

Destilar o **trifluoreto de boro (eterato)** da seguinte forma:

Em balão de destilação, introduzir 300 mL de **trifluoreto de boro (eterato)** e alguns fragmentos de pedra-pomes ou cerâmica não vitrificada, para homogeneizar a ebulição. Aquecer progressivamente, recolhendo a primeira fração ("cabeça" de destilação) até a temperatura se estabilizar, em torno do ponto de ebulição do iniciador. Substituir o balão receptor por outro de maior capacidade. Recolher o iniciador destilado, tendo o cuidado de interromper o aquecimento antes da remoção total da fração volátil ("cauda" da destilação). Coletar cerca de 1 mL de amostra para análise, em pequeno frasco ou ampola de vidro. Transferir o **trifluoreto de boro (eterato)** purificado para frasco escuro, seco. O frasco deve ser devidamente vedado.

3.8.2 Caracterização

A caracterização do composto é feita por suas constantes físicas. Para saber o grau de pureza do iniciador, é necessário proceder à espectroscopia na região do infravermelho ou seguir outro método analítico, como ressonância magnética nuclear de ^{11}B e de ^{19}F.

3.8.3 Toxidez

O **eterato de BF$_3$** produz fumaça altamente tóxica de derivados de flúor ao se decompor. Apresenta forte ação cáustica para os olhos, para a pele e para as mucosas. Absorção crônica pode causar manchas no esmalte dos dentes, osteosclerose e calcificação dos ligamentos.

Referências bibliográficas

1. *The Merck Index*. Merck & Co., Inc., 11.ª edição, Nova Jersey, 1989.

2. Perrin D.D., Armarego W.L.F., Perrin D.R. — *Purification of Laboratory Chemicals*. Pergamon Press Ltd., Oxford, 1980.

3. Lide D.R. — *Handbook of Chemistry and Physics*. CRC Press, 78.ª edição, 1997-1998, Nova York.

4. Collin E.A., Bares J., Billmeyer Jr. F.W. — *Experiments in Polymer Science*. John Wiley & Sons, Nova York, 1973.

5. Catálogo da Akzo Nobel. *Initiators for High Polymers*.

SÍNTESE DE POLÍMEROS
I. POLIADIÇÃO

1 Iniciação química
 1.1 Técnica em meio homogêneo, em massa
  1.1.1 Poli(acetato de vinila) (PVAc)
  1.1.2 Poliestireno (PS)
  1.1.3 Poli(metacrilato de metila) (PMMA)
 1.2 Técnica em meio homogêneo, em solução
  1.2.1 Polietileno altamente ramificado (PE)
  1.2.2 Polipropileno atático (aPP)
  1.2.3 Polipropileno sindiotático (sPP)
  1.2.4 Poliestireno (PS)
  1.2.5 Poliestireno (PS)
  1.2.6 Poli(cloreto de vinila) (PVC)
  1.2.7 Poliindeno
  1.2.8 Poli(N-vinil-carbazol) (PVK)
  1.2.9 Copoli(cloreto de vinila/acetato de vinila) (PVCAc)
  1.2.10 Poli(N-benzoil-etilenoimina)
  1.2.11 Poli[metacrilato de metila-*g*-(óxido de etileno-*b*-óxido de propileno)]
  1.2.12 Copoli(estireno/alfa-metil-estireno)
 1.3 Técnica em meio heterogêneo, em emulsão
  1.3.1 Poliestireno (PS)
  1.3.2 Copoli(butadieno/estireno) (SBR)
 1.4 Técnica em meio heterogêneo, em suspensão
  1.4.1 Poli(metacrilato de metila) (PMMA)
  1.4.2 Copoli(estireno/divinil-benzeno)
 1.5 Técnica em meio heterogêneo, em lama
  1.5.1 Poliacrilonitrila (PAN)
  1.5.2 Polietileno linear (HDPE)
  1.5.3 Polipropileno isotático (iPP)
  1.5.4 Poliestireno isotático (iPS)
  1.5.5 Poliestireno sindiotático (sPS)

2 Iniciação radiante
 2.1 Técnica em meio heterogêneo, em lama
  2.1.1 Poli(ácido metacrílico) sindiotático (sPMAA)

3 Iniciação eletroquímica
 3.1 Técnica em meio homogêneo, em solução
  3.1.1 Poliestireno (PS)
  3.1.2 Poli(alfa-metil-estireno)
  3.1.3 Copoli(estireno/acetato de vinila)

140

Síntese de polímeros. I. Poliadição

A característica própria dos polímeros, de se apresentarem com segmentos moleculares repetidos, de constituição e configuração químicas específicas, exige que a sua síntese seja direcionada segundo o tipo de reação apropriada. Partindo de micromoléculas (os monômeros), os processos de síntese podem ser distribuídos em dois grandes grupos: reações de poliadição e reações de policondensação. Há ainda outros tipos de reação, menos comuns. Pode-se também chegar a polímeros por meio de modificação química de estruturas iniciais poliméricas.

Tratando-se de uma obra didática, destinada a abordar de forma objetiva os assuntos já consolidados, foi decidido distribuir os temas segundo um critério inequívoco, isto é, não suscetível de interpretações conflitantes: as fases em que ocorre a reação. Os mecanismos de reação são comentados dentro de cada preparação.

Assim, neste capítulo, as reações de **poliadição** foram classificadas em três grupos: o primeiro, em que a formação de cadeias poliméricas exige iniciação química; o segundo, que precisa de iniciação radiante; e o terceiro, que envolve iniciação eletroquímica. Dentro de cada grupo, as técnicas foram abordadas conforme a reação se processasse inicialmente em meio homogêneo, tanto em massa como em solução, ou em meio heterogêneo. Nesse último caso, foram consideradas as técnicas em emulsão, em suspensão, em lama e entre fases, presentes em meio líquido ou em leito fluidizado. Nem todas as possibilidades de variação de técnica se aplicam a cada grupo.

Na **iniciação química**, são encontradas todas as técnicas, envolvendo uma diversidade de condições. Quando se trata de **iniciação radiante**, as técnicas envolvidas são mais limitadas. No caso da **iniciação eletroquímica**, as técnicas em meio homogêneo são em geral empregadas.

É interessante observar que todos os monômeros insaturados do tipo vinílico, 1- ou 1,1-substituídos, isto é, $CH_2{=}CHX$ ou $CH_2{=}CXY$, são facilmente homo- e copolimerizáveis via radicais livres. Entretanto, os monômeros insaturados 1,2-substituídos, isto é, $CXH{=}CHY$, embora sejam de fácil copolimerização via radicais livres, somente em condições muito especiais permitem a homopolimerização. Os substituintes precisam ser avaliados para a escolha do sistema de iniciação adequado.

As reações de **policondensação** serão abordadas no **Capítulo 4**.

Encontra-se a seguir a descrição minuciosa dos procedimentos indicados para a síntese de polímeros resultantes de poliadição.

1 Iniciação química

A espécie ativa responsável pelo ataque químico inicial às moléculas de monômero insaturado pode ser um **radical livre**, um **ânion** ou um **cátion**. Conforme o tipo de monômero e o tipo de polímero que se deseja obter, podem ser usadas diferentes técnicas, em meio **homogêneo** ou em meio **heterogêneo**.

1.1 Técnica em meio homogêneo, em massa

As reações de polimerização, quando conduzidas em **massa** — isto é, sem solventes ou dispersantes, sendo o solvente o próprio monômero — oferecem vantagens quanto às melhores características ópticas e elétricas do produto. Além do monômero, é adicionado somente o iniciador. Nos casos em que a iniciação é térmica ou provocada por radiações de baixa ou alta energia, tem-se apenas monômero no meio reacional. Como a concentração do polímero vai aumentando continuamente em meio ao monômero, o produto vai se tornando cada vez mais viscoso até solidificar. Dessa maneira, fica dificultada ou mesmo impedida a homogeneização de temperatura e, portanto, a manutenção das condições reacionais na iniciação, propagação e terminação. Assim, a diversidade de condições em que ocorre a polimerização determina uma larga distribuição de pesos moleculares, o que impede a cristalinidade e favorece a **transparência** do produto final.

O processo é lento e não pode ser acelerado porque se formam bolhas, prejudicando a qualidade óptica do produto. As peças industriais fabricadas por polimerização em massa são placas de pouca espessura, em geral inferior a 5 mm. Deve-se lembrar que o volume inicial depende da densidade do monômero, que é bastante inferior à do polímero; por exemplo, o monômero metacrilato de metila tem densidade 0,94, enquanto que o poli(metacrilato de metila) tem densidade 1,18. Essa contração permite à peça soltar-se do molde de vidro, sem necessidade de desmoldante, e assim manter-se perfeito o acabamento da superfície. Essa técnica de polimerização é particularmente interessante quando se trata de produzir peças pequenas e em número reduzido, pois os moldes são mais simples e podem ser feitos artesanalmente. Além disso, as peças transparentes não revelam defeitos de tensão ou resfriamento irregulares, que ocorrem nas peças injetadas.

Do ponto de vista ambiental, a polimerização em massa apresenta a característica vantajosa de não deixar refugos.

1.1.1 Poli(acetato de vinila) (PVAc)

$$n\,H_2C{=}CH \quad \xrightarrow{Bz_2O_2/70\text{-}75\,°C} \quad \left(\!\!-H_2C{-}CH{-}\!\!\right)_n$$

Acetato de vinila

Poli(acetato de vinila)

Constantes físicas

Termoplástico, incolor e transparente

Solventes: hidrocarbonetos aromáticos, hidrocarbonetos clorados, álcoois, cetonas, ésteres, tetra-hidro-furano, dioxana, tetracloreto de carbono

Não solventes: água, hidrocarbonetos alifáticos, ciclo-hexano, sulfeto de carbono

Peso molecular: 5 000 a 500 000

Densidade: 1,18

Índice de refração: 1,46 a 1,47

Temperatura de transição vítrea (T_g): 28 °C

Constantes viscosimétricas: $K = 21,4 \times 10^{-3}$ mL/g, $a = 0,68$ (acetona, 25 °C, osmometria)
$K = 20,3 \times 10^{-3}$ mL/g, $a = 0,72$ (clorofórmio, 25 °C, osmometria)

Preparação

Trata-se de uma polimerização de adição em massa, via radicais livres.

Em ampola de vidro de 10 mL de capacidade, colocar solução preparada a frio pela dissolução de 0,05 g de peróxido de benzoíla em 5 mL (5,9 g) de **acetato de vinila**, destilado previamente sobre hidroquinona.

Selar a ampola, colocá-la em "gaiola" de proteção (**Figura 3.1**), com a extremidade afilada devidamente protegida por placa de borracha, e proceder à polimerização, imergindo o sistema em banho termostático a 70-75 °C por 12 a 16 horas.

Resfriar o conjunto "gaiola"/ampola em refrigerador, antes de proceder à quebra da ampola. Envolvê-la em filme de polietileno e quebrar o vidro, com o auxílio de bloco de madeira. A peça resultante, incolor e transparente, é o polímero proveniente da reação, e não é necessário qualquer tratamento subseqüente.

Confirmação da estrutura química do poli(acetato de vinila)

Para confirmar a estrutura do polímero, é essencial purificar uma pequena amostra do produto, removendo os resíduos de monômero e de iniciador. Para isso, reduzir a pequenos fragmentos cerca de 0,5 g da amostra, com o auxílio de tesoura, ou um ralador metálico, ou um minimoinho adequado. Deixar, por pelo menos 30 minutos, os pequenos fragmentos do material em contato a frio com um solvente do monômero, mas não do polímero; o éter etílico pode ser o solvente indicado. Descartar o líquido sobrenadante e repetir a operação mais uma vez. Secar o polímero purificado e proceder à análise.

Picos de absorção na região do infravermelho:

a 3 025 cm^{-1} (C—H), 2 865 cm^{-1} (C—H), 1 740 cm^{-1} (C—C—O—), 1 380 cm^{-1} (CH$_3$), 1 250 cm^{-1} (CO—O) e 606 cm^{-1} (CH$_3$CO$_2$).

Sinais de ^{1}H NMR:

em 5,08 ppm (CH), 8,18 ppm (CH$_2$), 7,98 ppm, 8,00 ppm e 8,02 ppm (—OOCCH$_3$).

Sinais de ^{13}C NMR:

em 170,6 ppm (C=O), 66,0-68,5 ppm (CH), 40,5 ppm (CH$_2$) e 20,8 ppm (CH$_3$).

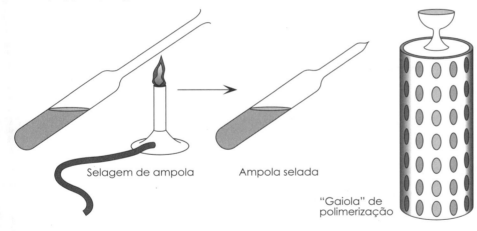

Figura 3.1
Fechamento de ampola de vidro e "gaiola" de polimerização.

Referências bibliográficas

1. Sorenson W.R. & Campbell T.W. — *Preparative Methods of Polymer Chemistry*. Interscience Publishers, Nova York, 1961.

2. Brandrup J., Immergut E.H. & Grulke E.A. — *Polymer Handbook*. John Wiley & Sons, Nova York, 1999.

3. Pouchert C.J. — *The Aldrich Library FT-IR Spectra*, 1.ª edição, v. 2. The Aldrich Chemical Company, Nova York, 1985.

4. Pham Q.T., Pétiaud R., Waton H. & Darricades M.F.L. — *Proton and Carbon NMR Spectra of Polymers*. CRC Press, Londres, 1991.

5. Mano E.B. — *Práticas de Polimerização*. Instituto de Química, Universidade Federal do Rio de Janeiro, 1967.

1.1.2 Poliestireno (PS)

$$n\,H_2C{=}CH \xrightarrow{Bz_2O_2/70\text{-}75\,°C} \text{---}(H_2C\text{---}CH)\text{---}_n$$

Estireno → Poliestireno

Constantes físicas

Termoplástico, incolor e transparente

Solventes: hidrocarbonetos aromáticos, hidrocarbonetos clorados, metil-etil-cetona, ciclo-hexanona, ésteres, tetra-hidrofurano, dioxana

Não-solventes: água, hidrocarbonetos alifáticos, álcoois, fenóis, acetona, éteres, ácido acético

Peso molecular: 300 000

Densidade: 1,05-1,06

Índice de refração: 1,59

Temperatura de transição vítrea (T_g): 100 °C

Temperatura de fusão cristalina (T_m): 235 °C

Constantes viscosimétricas: $K = 9{,}52 \times 10^{-3}$ mL/g, a = 0,74 (benzeno, 25 °C, osmometria)
$K = 7{,}16 \times 10^{-3}$ mL/g, a = 0,76 (clorofórmio, 25 °C, espalhamento de luz)

Preparação

Trata-se de uma polimerização de adição em massa, via radicais livres.

Em ampola de vidro de 10 mL de capacidade, colocar solução preparada a frio pela dissolução de 0,05 g de peróxido de benzoíla em 5 mL (5,3 g) de **estireno**. O **estireno** deve ter sido previamente destilado sobre enxofre, usando coluna de espiral de cobre. Colocar a ampola em "gaiola" de proteção (ver **Figura 3.1**), com a extremidade afilada devidamente protegida por placa de borracha, e proceder à polimerização, imergindo o sistema em banho termostático a 70-75 °C por 10 horas.

Resfriar o conjunto "gaiola"/ampola em refrigerador, antes de proceder à quebra da ampola. Envolvê-la em filme de polietileno e quebrar o vidro, com o auxílio de bloco de madeira. A peça resultante, incolor e transparente, é o próprio polímero, e não é necessário qualquer tratamento subseqüente.

Confirmação da estrutura química do poliestireno

Para confirmar a estrutura do polímero, é essencial purificar uma pequena amostra do produto, removendo os resíduos de monômero e de iniciador. Para isso, reduzir a pequenos fragmentos cerca de 0,5 g da amostra, com o auxílio de um ralador metálico ou um minimoinho adequado. Por pelo menos 30 minutos, deixar os pequenos fragmentos do material em contato a frio com um solvente do monômero, mas não do polímero. Geralmente é utilizado metanol para essa finalidade. Descartar o líquido sobrenadante e repetir a operação mais uma vez. Secar o polímero purificado e proceder à análise.

Picos de absorção na região do infravermelho:

a 3 080-3 100 cm^{-1} (C—H, aromático), 2 920-3 060 cm^{-1} (C—H, alifático), 1 570-1 610 cm^{-1} e 1 430-1 500 cm^{-1} (C=C, aromático), 750-780 cm^{-1} e 690-715 cm^{-1} (C—H, aromático monossubstituído).

Sinais de ^{1}H NMR:

em 1,5 ppm (CH_2) e 7,0 ppm (CH aromático).

Sinais de ^{13}C NMR:

em 145,70-146,50 ppm (C_1 aromático), 128,30 ppm (C_2 e C_3 aromáticos), 125,9 ppm (C_4 aromático), 40-48 ppm (CH_2) e 40,8 ppm (CH).

Referências bibliográficas:

1. Sorenson W.R. & Campbell T.W. — *Preparative Methods of Polymer Chemistry*. Interscience Publishers, Nova York, 1961.

2. Brandrup J., Immergut E.H. & Grulke E.A. — *Polymer Handbook*. John Wiley & Sons, Nova York, 1999.

3. Pouchert C.J. — *The Aldrich Library FT-IR Spectra*. 1.ª edição, v. 2. The Aldrich Chemical Company, Nova York, 1985.

4. Pham Q.T., Pétiaud R., Waton H. & Darricades M.F.L. — *Proton and Carbon NMR Spectra of Polymers*. CRC Press, Londres, 1991.

5. Mano E.B. — *Práticas de Polimerização*. Instituto de Química, Universidade Federal do Rio de Janeiro, 1967.

1.1.3 Poli(metacrilato de metila) (PMMA)

$$n\ H_2C=\underset{\underset{O}{\overset{|}{\underset{|}{C}}}{\overset{CH_3}{\overset{|}{C}}}-OCH_3 \xrightarrow{Bz_2O_2/80\text{-}90\ ^\circ C} -\!\!\left(H_2C-\underset{\underset{O}{\overset{|}{\underset{|}{C}}}{\overset{CH_3}{\overset{|}{C}}}-OCH_3\right)_{\!n}\!\!-$$

Metacrilato de metila   Poli(metacrilato de metila)

Constantes físicas

Termoplástico, incolor e transparente

Solventes: hidrocarbonetos aromáticos, hidrocarbonetos clorados, cetonas, ésteres, tetra-hidrofurano, dioxana, ácido acético

Não solventes: água, hidrocarbonetos alifáticos e alicíclicos, álcoois, glicóis, éter etílico, formamida

Peso molecular: 500 000-1 000 000

Densidade: 1,18

Índice de refração: 1,49

Temperatura de transição vítrea (T_g): 105 °C

Constantes viscosimétricas: $K = 7,24 \times 10^{-3}$ mL/g, $a = 0,76$ (benzeno, 25 °C, osmometria)

$K = 4,80 \times 10^{-3}$ mL/g, $a = 0,80$ (clorofórmio, 25 °C, espalhamento de luz)

Preparação

Trata-se de uma polimerização de adição em massa, via radicais livres.

Em frasco de vidro seco, colocar 40 mL de metacrilato de metila, previamente destilado sobre hidroquinona, e acrescentar 0,04 g de peróxido de benzoíla. Vedar frouxamente o frasco com tampa de polietileno. Imergir o frasco em banho de água a 80-90 °C, agitando suavemente de tempos em tempos, de modo a homogeneizar, sem contudo permitir a inserção de bolhas de ar na massa reacional. Prosseguir aquecendo o frasco até que o líquido se torne perceptivelmente viscoso. Deixar resfriar à temperatura ambiente, em repouso.

Preparar o molde de vidro para receber a mistura viscosa de monômero e polímero, procedendo da seguinte maneira: unir com uma gaxeta duas placas de vidro (**Figura 3.2**), ou dois vidros de relógio, limpos e secos, apertando as placas com pinças de Hofmann. A gaxeta é feita utilizando um tubo, de pequeno diâmetro, de borracha ou polietileno ou outro material flexível, conforme a espessura desejada para a peça de **poli(metacrilato de metila)** a ser preparada. Para impedir que o tubo provoque contaminação da mistura em polimerização, ele é enrolado com uma fita de celofane; a gaxeta deve ser longa bastante para fechar inteiramente o molde de vidro, permitindo, entretanto, uma abertura para a introdução da massa viscosa polimérica. Se os vidros de relógio forem colocados um contra o outro, será possível obter uma lente.

A fim de evitar a formação de bolhas de ar, transferir, com cuidado, a mistura parcialmente polimerizada para o molde, até completar a altura de líquido desejada. Adaptar as extremidades da gaxeta, de modo a vedar inteiramente a célula. Deixar que a polimerização se complete devagar, em estufa a 40 °C por alguns dias, observando a progressiva rigidez da placa de **poli(metacrilato de metila)** com o auxílio de um estilete. Por último, deixar resfriar à temperatura ambiente.

Confirmação da estrutura química do poli(metacrilato de metila)

Para confirmar a estrutura do polímero, é essencial purificar uma pequena amostra do produto, removendo os resíduos de monômero e de iniciador. Para isso, reduzir a pequenos fragmentos cerca de 0,5 g da amostra, com o auxílio de um ralador metálico ou um minimoinho adequado. Por pelo menos 30 minutos, deixar os pequenos fragmentos do material em contato a frio com um solvente do monômero, mas não do polímero. Geralmente é utilizado metanol para essa finalidade. Descartar o líquido sobrenadante e repetir a operação mais uma vez. Secar o polímero purificado e proceder à análise.

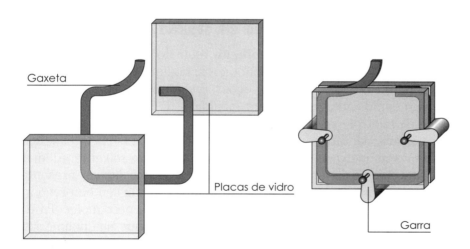

Figura 3.2
Molde de vidro para polimerização em massa de metacrilato de metila.

Picos de absorção na região do infravermelho:

a 3 000 cm^{-1} (C—H, alifático), 2 950 cm^{-1} (CH$_2$, alifático),

1 720 cm^{-1}(C=O) e 1 150 cm^{-1} (C—COO—).

Sinais de ^{1}H NMR:

em 0,9 ppm (—CH$_3$), 1,8 ppm (—CH$_2$) e 3,6 ppm (—OCH$_3$).

Sinais de ^{13}C NMR:

em 175,1-177,0 ppm (C=O), 51,8-53,9 ppm (CH$_2$), 51,8 ppm (OCH$_3$),

44,5-45,2 ppm (C quaternário) e 17,2-21,8 ppm (CH$_3$).

Referências bibliográficas

1. Sorenson W.R. & Campbell T.W. — *Preparative Methods of Polymer Chemistry*. Interscience Publishers, Nova York, 1961.

2. Brandrup J., Immergut E.H. & Grulke E.A. — *Polymer Handbook*. John Wiley & Sons, Nova York, 1999.

3. Pouchert C.J. — *The Aldrich Library FT-IR Spectra*. 1.ª edição, v. 2. The Aldrich Chemical Company, Nova York, 1985.

4. Pham Q.T., Pétiaud R., Waton H. & Darricades M.F.L. — *Proton and Carbon NMR Spectra of Polymers*. CRC Press, Londres, 1991.

5. Mano E.B. — *Práticas de Polimerização*. Instituto de Química, Universidade Federal do Rio de Janeiro, 1967.

1.2 Técnica em meio homogêneo, em solução

Nas reações de polimerização em **solução**, além do monômero e do iniciador, usa-se também um solvente dos monômeros, podendo ele ser ou não solvente dos polímeros formados. Essas reações, quando comparadas às em massa, apresentam como vantagens a maior facilidade de homogeneização e a possibilidade de controle da viscosidade do meio. Por outro lado, as reações em solução são mais lentas, uma vez que as colisões efetivas entre os reagentes são em menor número, pela presença das moléculas de solvente. Além disso, há o sério problema da remoção do solvente e do não solvente, presentes no produto final, o que pode causar um efeito limitador de seu emprego industrial, pela formação de bolhas e rachaduras na peça. O peso molecular é mais baixo e apresenta variação em faixa bem menor do que nas polimerizações em massa. A escolha do solvente é importante em razão da possibilidade de reações de transferência de cadeia, que afetam o peso molecular do polímero. Quanto a questões ambientais, a polimerização em solução acarreta a necessidade de recuperação de solventes, que são empregados geralmente em volume bastante substancial. A recuperação é feita por destilação.

Iniciação química

1.2.1 Polietileno altamente ramificado

Preparação do catalisador de Brookhart

$$NiBr_2 + CH_3CN \longrightarrow CH_2CN.NiBr_2$$

Bis-(2,6-diisopropil-fenil)-2,3-butano-diimina
DAD

Dibromo-N,N'-bis-(2,6-diisopropil-fenil)-2,3-butano-diimino-níquel
Catalisador de Brookhart

Polimerização

$n\ CH_2{=}CH_2$ → Catalisador de Brookhart → $-(CH_2-CH_2)_n-$

Metil-aluminoxano (**MAO**)   Polietileno altamente ramificado

Constantes físicas

Termoplástico, incolor, transparente

Solventes: triclorobenzeno, benzeno, tolueno, decalina e hidrocarbonetos clorados e aromáticos

Não solventes: água, álcoois, cetonas e ésteres

Peso molecular: 100 000-1 000 000

Densidade: 0,87-0,88

Índice de refração: 1,51-1,53

Temperatura de transição vítrea (T_g): $-115\ °C$ (transição γ)

Constantes viscosimétricas*: $K = 67,7 \times 10^{-3}$ mL/g, a = 0,67 (decalina, 135 °C, espalhamento de luz)

* Baseadas em LDPE.

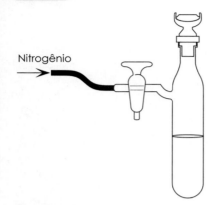

Figura 3.3
Schlenk.

** Ponto de ebulição da acetonitrila: 82 °C; líquido miscível com a maioria dos solventes.

*** Benzofenona é um sólido que forma com o sódio um complexo muito reativo de coloração azul, que se torna amarelo em contato com a umidade, tornando-se um composto solúvel, estável. O desaparecimento da coloração azul indica que o complexo reativo está extinto.

O **polietileno ramificado** (polietileno de baixa densidade, LDPE) é comercialmente preparado pelo processo de alta pressão e alta temperatura. Com o advento dos **catalisadores de Ziegler-Natta**, que produzem polietileno com cadeia linear, foi possível a síntese de copolímeros de etileno e alfa-olefinas, que apresentam ramificações regulares introduzidas pelo comonômero.

O polietileno com alto grau de ramificação pode ser obtido pela polimerização de etileno com catalisadores do tipo Ziegler-Natta, formados por complexos diimínicos de níquel (**catalisadores de Brookhart**). Esses complexos de níquel são ativados por metil-aluminoxano (**MAO**). Esses polietilenos são amorfos, com características elastoméricas e solubilidade relativamente fácil em hidrocarbonetos aromáticos; não apresentam ponto de fusão.

Preparação

- Catalisador de Brookhart

Em um schlenk (**Figura 3.3**) de 100 mL de capacidade, introduzir 0,88 g (4 mmol) de $NiBr_2$ e 30 mL de acetonitrila**, previamente destilada sobre hidreto de cálcio. O manuseio do brometo de níquel exige cuidado especial porque é deliqüescente. Adaptar ao schlenk um condensador de bolas, introduzir uma barra magnética; aquecer sob refluxo por 30 minutos, sob agitação magnética, para completar a reação do brometo de níquel com a acetonitrila, formando um aduto de coloração verde-azulada. Após esse período, remover o solvente por aplicação de vácuo, até a obtenção de uma pasta do aduto, que apresenta coloração esverdeada. Dispersar novamente essa pasta em 30 mL de cloreto de metileno e adicionar 1,8 g (4,4 mmol) do reagente ligante, *bis*-(2,6-diisopropil-fenil)-2,3-butano diimina (**DAD**). Refluxar a dispersão por 2 horas. Forma-se um sólido marrom, que é o complexo diimínico de níquel, cuja nomenclatura sistemática é dibromo-N,N'-*bis*-(2,6-diisopropil-fenil)-2,3-butano-diimino-níquel (**catalisador de Brookhart**). Eliminar o solvente por evaporação sob vácuo. Para lavar o sólido, introduzir 10 mL de hexano seco, agitar por 10 minutos e deixar em repouso para depositar. Remover o líquido sobrenadante com a seringa. Repetir a etapa de lavagem por 4 vezes. Secar o catalisador sólido sob vácuo e guardar em atmosfera de nitrogênio seco, a temperatura ambiente.

Para proceder à polimerização, preparar uma solução contendo 1 g do complexo metálico em 20 mL de tolueno seco, utilizando um schlenk seco contendo no seu interior uma barra magnética para agitação.

- Polietileno altamente ramificado

Imediatamente antes de iniciar a polimerização, preparar o solvente da reação (tolueno seco) — previamente destilado sobre sódio e benzofenona*** e guardado em schlenk sob atmosfera de nitrogênio — e a solução de catalisador.

Em capela, colocar um balão seco de 2 bocas e capacidade de 250 mL, ainda quente, após secagem em estufa a 110 °C por pelo menos 1 hora. Introduzir uma barra magnética e adaptar torneira para admissão de gases. Purgar o sistema, ainda vazio, com nitrogênio seco até atingir a temperatura ambiente. Colocar uma rolha esmerilhada ou septo de borracha de silicone na boca do balão, sem entretanto vedar o sistema, permitindo que o gás inerte saia e mantenha a rolha suspensa pelo fluxo do gás (**Figura 3.4**).

Com o auxílio de uma seringa e sob a atmosfera de nitrogênio seco, remover momentaneamente a rolha e introduzir no balão 100 mL de tolueno seco. Adicionar então, também com seringa, 5,8 mL de uma solução a 10% de **MAO** em tolueno. **Cuidado**: os compostos alquil-alumínicos são pirofóricos quando concentrados e, mesmo diluídos, podem causar sérias queimaduras na pele.

Colocar o balão em banho termostático a 50 °C, interromper o fluxo de nitrogênio e introduzir o monômero gasoso, etileno, por meio da torneira. Inicialmente, purgar o sistema durante 1 minuto com o etileno, abrindo a saída do balão. Em seguida, introduzir no balão por intermédio de seringa uma

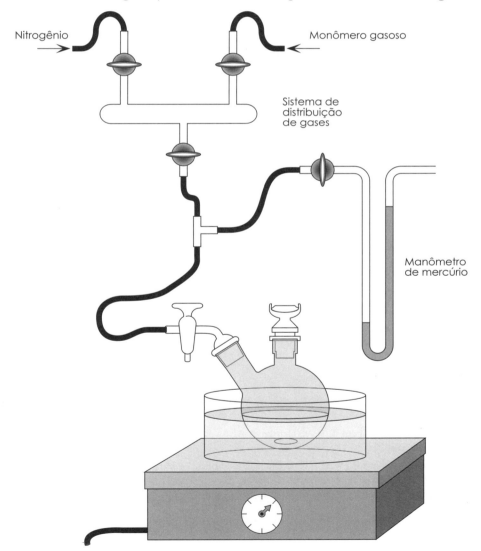

Figura 3.4
Sistema para a polimerização de etileno com catalisador de Brookhart.

quantidade da solução de catalisador que contenha 0,005 mmol do complexo de níquel. Complexos diimínicos de níquel são sensíveis à umidade e devem ser manipulados sob atmosfera inerte. Fechar o balão, tendo o cuidado de prender as rolhas esmerilhadas com mola ou elástico. Sob agitação intensa, controlar a pressão manométrica até que alcance 100 mmHg. Usar válvula reguladora e tubo em U de mercúrio para leitura e controle da pressão do etileno (**Figura 3.4**).

Manter a agitação, a temperatura e a pressão constantes por 30 minutos, quando então a alimentação do monômero deve ser interrompida. Para a desativação do catalisador, introduzir com cuidado no balão, por meio de pipeta, cerca de 5 mL de solução alcoólica de HCl (10%).

Resfriar o balão, verter o conteúdo em 500 mL de metanol contido em bécher, com agitação magnética para precipitar o polímero. Filtrar em buchner o **polietileno altamente ramificado** obtido, lavar com metanol e secar em estufa com circulação de ar, a 50 °C, por 2 horas.

Confirmação da estrutura química do polietileno altamente ramificado

O polímero precisa estar isento de contaminação com monômero ou solvente residuais; isso é alcançado graças a nova dissolução e reprecipitação por pelo menos uma vez. A caracterização do **polietileno altamente ramificado** pode ser obtida pelos dados espectroscópicos apresentados a seguir.

Picos de absorção na região do infravermelho:

a 3 025 cm^{-1} (C—H), 2 865 cm^{-1} (C—H),
1 450 cm^{-1} (C—H) e 720 cm^{-1} (CH$_2$).

Sinal de ^{1}H NMR:

em 1,25 ppm (CH$_2$) e 0,85 ppm de CH$_3$ terminais.

Sinais de ^{13}C NMR:

em 30,00 ppm (CH$_2$ da cadeia) e em 19 ppm, 80-20 ppm, 20 ppm,
27 ppm, 10-27 ppm, 70 ppm, 30 ppm, 30-30 ppm, 45 ppm,
33 ppm, 5-34 ppm, 64 ppm e 36 ppm, 62-37 ppm,
80 ppm devido às ramificações.

Referências bibliográficas

1. Johnson L.K., Killian C.M. & Brookhart M. — *Journal of American Chemical Society.* **117**. 6414-6415, 1995.
2. Brandrup J., Immergut E.H. & Grulke E.A. — *Polymer Handbook.* John Wiley & Sons, Nova York, 1999.
3. Pham Q.T., Pétiaud R., Waton H. & Darricades M.F.L. — *Proton and Carbon NMR Spectra of Polymers.* CRC Press, Londres, 1991.
4. Galland G.B., Souza R.F., Mauler R.S. & Nunes F.F. — *Macromolecules* **32**, 1620, 1999.

1.2.2 Polipropileno atático (aPP)

Constantes físicas

Termoplástico, incolor e transparente

Solventes: triclorobenzeno, benzeno, tolueno, decalina, hidrocarbonetos clorados e aromáticos.

Não solventes: água, álcoois, cetonas e ésteres

Peso molecular: 100 000-1 000 000

Densidade: 0,86

Índice de refração: 1,47

Temperatura de transição vítrea (T_g): $-18\ ^\circ$C

Constantes viscosimétricas:

$K = 27,0 \times 10^{-3}$ mL/g, a = 0,71
(benzeno, 25 °C, osmometria)
$K = 21,8 \times 10^{-3}$ mL/g, a = 0,725
(tolueno, 30 °C, osmometria)
$K = 1,58 \times 10^{-3}$ mL/g, a = 0,77
(decalina, 135 °C, osmometria)

O **polipropileno atático** pode ser obtido por polimerização através de coordenação com catalisadores metalocênicos não específicos, como dicloreto de *bis*-(indenil)zircônio (Ind_2ZrCl_2) ou dicloreto de *bis*-(fluorenil)zircônio (Flu_2ZrCl_2). A polimerização é realizada em meio de hidrocarbonetos aromáticos e o metaloceno é ativado por metil-aluminoxano (MAO), disso resultando um sistema catalítico homogêneo. O polímero formado é solúvel no meio reacional e é recuperado por precipitação em etanol ou metanol, ao término da reação.

Preparação

Imediatamente antes de iniciar a polimerização, preparar o solvente da reação (tolueno seco), previamente destilado sobre sódio/benzofenona* e guardado em schlenk sob atmosfera de nitrogênio, e por último a solução de catalisador.

Em capela, colocar um balão seco de 2 bocas de capacidade de 250 mL, ainda quente, após secagem em estufa a 110 °C por pelo menos 1 hora. Introduzir uma barra magnética e adaptar torneira para admissão de gases. Purgar o sistema, ainda vazio, com nitrogênio seco até atingir a temperatura ambiente. Colocar uma rolha esmerilhada ou septo de borracha de silicone na boca do balão, sem entretanto vedar o sistema, de forma a permitir que o gás inerte saia do balão e mantenha a rolha suspensa pelo fluxo do gás.

Com o auxílio de uma seringa e sob a atmosfera de nitrogênio seco, remover momentaneamente a rolha e introduzir no balão 100 mL de tolueno seco. Adicionar então, também com seringa, 5,8 mL de uma solução a 10% de MAO em tolueno. **Cuidado**: compostos alquil-alumínicos são pirofóricos quando concentrados e, mesmo diluídos, podem causar sérias queimaduras na pele.

Colocar o balão em banho termostático a 50 °C, interromper o fluxo de nitrogênio e introduzir o monômero gasoso, etileno, pela torneira. Inicialmente, purgar o sistema durante 1 minuto com o etileno, abrindo a saída do balão. Em seguida, introduzir no balão, por intermédio de seringa, uma quantidade da solução de catalisador que contenha 0,005 mmol de Ind_2ZrCl_2. Os metalocenos são sensíveis à umidade e devem ser manipulados sob atmosfera inerte. Fechar o balão, tendo o cuidado de prender as rolhas esmerilhadas com mola ou elástico. Sob agitação intensa, controlar a pressão manométrica até que alcance 100 mmHg. Usar válvula reguladora e tubo em U de mercúrio para leitura e controle da pressão de etileno (ver **Figura 3.4**).

Manter a agitação, a temperatura e a pressão constantes por 30 minutos, quando então a alimentação de monômero deve ser interrompida. Para a desativação do catalisador, introduzir com cuidado no balão, por meio de pipeta, cerca de 5 mL de solução alcoólica de HCl (10%).

Resfriar o balão, verter o conteúdo em 500 mL de metanol contido em bécher, com agitação magnética para precipitar o polímero. Filtrar em buchner o **polipropileno** obtido, lavar com metanol e secar em estufa com circulação de ar, a 50 °C por 2 horas.

---

* Benzofenona é um sólido que, com o sódio, forma um complexo muito reativo de coloração azul, que se torna amarelo em contato com a umidade, dele resultando um composto solúvel, estável. O desaparecimento da coloração azul indica que o complexo reativo está extinto.

Confirmação da estrutura química do polipropileno atático

O polímero precisa estar isento de contaminação com monômero ou solvente residuais; isso é alcançado por nova dissolução e reprecipitação por pelo menos uma vez. A caracterização do **polipropileno atático** pode ser obtida pelos dados espectroscópicos apresentados a seguir.

Picos de absorção na região do infravermelho:

a 3 025 cm^{-1}(C—H), 2 865 cm^{-1} (C—H),
1 450 cm^{-1} (C—H) e 720 cm^{-1} (CH$_2$).

Sinais de ^{1}H NMR:

em 1,71 ppm (CH), 1,10-1,46 ppm (CH$_2$) e 0,75-1,1 ppm (CH$_3$ e CH$_2$).

Sinais de ^{13}C NMR (1,2,4-triclorobenzeno):

em 46,8-47,7 ppm (CH$_2$), 28,8-29,2 ppm (CH)
e 20,2-21,9 ppm (CH$_3$). Distribuição de pêntades: 21,91 ppm (mmmm),
21,67 ppm (mmmr), 21,49 ppm (rmmr), 21,14 ppm (mmrr),
20,97 ppm (rmmm + rrmr), 20,74 ppm (rmrm),
20,44 ppm (rrrr) e 20,27 ppm (mrrr).

Referências bibliográficas

1. Dias M.L., Lopes D.E.B. & Grafov A.V. — *Journal of Molecular Catalysis*. **185**, 57-64, 2002).

2. Brandrup J., Immergut E.H. & Grulke E.A. — *Polymer Handbook*. John Wiley & Sons, Nova York, 1999.

3. Pham Q.T., Pétiaud R., Waton H. & Darricades M.F.L. — *Proton and Carbon NMR Spectra of Polymers*. CRC Press, Londres, 1991.

1.2.3 Polipropileno sindiotático (sPP)

Dicloreto de difenil-silil-*bis*-(fluorenil-ciclopentadienil)zircônio
(Ph₂Si(Flu,Cp)ZrCl₂)

Constantes físicas

Termoplástico, incolor e translúcido

Solventes: hidrocarbonetos aromáticos clorados, a quente
(por exemplo, diclorobenzeno e triclorobenzeno)
Não solventes: água, álcoois, cetonas e ésteres

Peso molecular: 100 000-800 000
Densidade: 0,90
Temperatura de
transição vítrea (T_g): –18 °C
Temperatura de
fusão cristalina (T_m): 135 °C
Constantes
viscosimétricas: K = 31,2 × 10⁻³ mL/g, a = 0,71
(heptano, 30 °C, osmometria)

O **polipropileno sindiotático** é conhecido desde a década de 1960, quando foi preparado pela polimerização do monômero propileno por mecanismo de coordenação, com catalisadores de Ziegler-Natta à base de vanádio, a baixas temperaturas. Os sistemas catalíticos à base de vanádio são, entretanto, pouco ativos. Com o advento dos catalisadores metalocênicos, foi possível preparar esse polímero com alto rendimento, utilizando-se *ansa*-metalocenos (metalocenos cujos ligantes do tipo π do metal estão unidos por uma alça) de simetria C_s, caracterizados pela presença de dois ligantes do tipo π diferente: fluorenila e ciclopentadienila. A seguir é descrita a preparação de **sPP** com o zirconoceno, dicloreto de difenil-silil-*bis*-(fluorenil-ciclopentadienil)-zircônio (Ph₂Si(Flu,Cp)ZrCl₂) ativado por metil-aluminoxano (MAO).

Preparação

Imediatamente antes de iniciar a polimerização, preparar o solvente da reação (tolueno seco), previamente destilado sobre sódio/benzofenona* e guardar em schlenk, sob atmosfera de nitrogênio. É necessário também pesar uma quantidade do catalisador suficiente para a polimerização (0,006 mmol, aproximadamente), introduzindo-o em um schlenk, sob atmosfera de nitrogênio ou argônio secos, mantendo-o na forma sólida, protegido de umidade e ar até momentos antes da reação, porque esse catalisador é muito instável em solução. Introduzir no schlenk o catalisador e uma barra magnética seca.

Em capela, colocar um balão seco de 2 bocas e capacidade de 250 mL, ainda quente, após secagem em estufa a 110 °C por pelo menos 1 hora. Introduzir uma barra magnética e adaptar torneira para admissão de gases. Purgar o sistema, ainda vazio, com nitrogênio seco até atingir a temperatura ambiente. Colocar uma rolha esmerilhada ou septo de borracha de silicone na boca do balão, sem entretanto vedar o sistema, para que o gás inerte saia do balão e mantenha a rolha suspensa por pequeno fluxo do gás.

Com o auxílio de uma seringa e sob a atmosfera de nitrogênio seco, remover momentaneamente a rolha e introduzir no balão 100 mL de tolueno seco. Também com seringa, pegar 6 mL de uma solução a 10% de MAO em tolueno, adicionando 3 mL no balão de polimerização e 3 mL no frasco schlenk contendo a massa de catalisador sólido, previamente pesada. **Cuidado**: compostos alquil-alumínicos são pirofóricos quando concentrados e, mesmo diluídos, podem causar sérias queimaduras na pele. Promover a solubilização do catalisador por agitação magnética, mantendo a atmosfera inerte.

Colocar o balão em banho termostático a 50 °C; iniciar a agitação magnética, que deve ser a mais intensa possível; interromper o fluxo de nitrogênio e introduzir o monômero gasoso, propileno, por meio da torneira. Inicialmente, purgar o sistema durante 1 minuto com o propileno, abrindo a saída do balão. Em seguida, introduzir no balão por intermédio de seringa uma quantidade da solução de catalisador que contenha 0,005 mmol de dicloreto de difenil-silil-*bis*-(fluorenil-ciclopentadienil)-zircônio ($Ph_2Si(Flu,Cp)ZrCl_2$). Os metalocenos são sensíveis a umidade e devem ser manipulados sob atmosfera inerte. Fechar o balão, tendo o cuidado de prender as rolhas esmerilhadas com mola ou elástico. Sob agitação intensa, controlar a pressão manométrica até que alcance 100 mm Hg. Usar válvula reguladora e manômetro de tubo em U de mercúrio, para controle e leitura da pressão de etileno (**Figura 3.4**).

Manter a agitação, a temperatura e a pressão constantes por 30 minutos, quando então a alimentação de monômero deve ser interrompida. Para a desativação do catalisador, introduzir com cuidado no balão, por meio de pipeta, cerca de 5 mL de solução alcoólica de ácido clorídrico (10% v/v).

Resfriar o balão, verter o conteúdo em 500 mL de metanol, contido em bécher, com agitação magnética para precipitar o polímero. Filtrar em buchner o **polipropileno sindiotático** obtido, lavar com metanol e secar a 50 °C em estufa com circulação de ar por 3 horas.

* Benzofenona é um sólido que, com o sódio, forma um complexo muito reativo de coloração azul, que se torna amarelo em contato com a umidade, dele resultando um composto solúvel, estável. O desaparecimento da coloração azul indica que o complexo reativo está extinto.

Confirmação da estrutura química do polipropileno sindiotático

O polímero precisa estar isento de contaminação com monômero ou solvente residuais; isso é alcançado graças a nova dissolução e reprecipitação por pelo menos uma vez. A caracterização do **polipropileno sindiotático** pode ser obtida pelos dados espectroscópicos apresentados a seguir.

Picos de absorção na região do infravermelho:

a 3 025 cm^{-1} (C—H), 2 865 cm^{-1} (C—H) e 1 450 cm^{-1} (C—H).

Sinais de ^{13}C NMR:

em 46-48 ppm (CH_2), 28-29 ppm (CH)

e 20-22 ppm (CH_3 em seqüências pêntades), sendo o sinal em 20,4 ppm, mais intenso, característico de CH_3 em configuração sindiotática (pênta-de rrrr).

Referências bibliográficas

1. Souza M.N., Mohammed M., Xin S., Collins S., Dias M.L. & Pinto J.C. — *Macromolecules.* **34**, 12, 3830-3841, 2001.

2. Chaves E.G. & Marques M.F.V. — *European Polymer Journal.* **37**, 1175-1180, 2002.

3. Brandrup J., Immergut E.H. & Grulke E.A. — *Polymer Handbook.* John Wiley & Sons, Nova York, 1999.

4. Pham Q.T., Pétiaud R., Waton H. & Darricades M.F.L. — *Proton and Carbon NMR Spectra of Polymers.* CRC Press, Londres, 1991.

1.2.4 Poliestireno (PS)

$$n\,H_2C{=}CH \xrightarrow{\text{Bz}_2O_2/70\text{-}75\ °C} {-}(\!{-}H_2C{-}CH{-}\!)_n$$

Estireno   Poliestireno

Constantes físicas

Termoplástico, incolor e transparente

Solventes: hidrocarbonetos aromáticos, hidrocarbonetos clorados, metil-etil-cetona, ciclo-hexanona, ésteres, tetra-hidrofurano, dioxana

Não solventes: água, hidrocarbonetos alifáticos, álcoois, fenol, acetona, éteres, ácido acético

Peso molecular: 300 000

Densidade: 1,05-1,06

Índice de refração: 1,59

Temperatura de transição vítrea (T_g): 100 °C

Temperatura de fusão cristalina (T_m): 235 °C

Constantes viscosimétricas: $K = 9,52 \times 10^{-3}$ mL/g, $a = 0,74$ (benzeno, 25 °C, osmometria)

$K = 7,16 \times 10^{-3}$ mL/g, $a = 0,76$ (clorofórmio, 25 °C, espalhamento de luz)

Cuidados especiais

A poliadição deve ser realizada sob pressão, em frascos de vidro adequados, resistentes, vedados com gaxeta de elastômero NBR e rolha metálica de rosca; como medida protetora contra eventual explosão coloca-se cada frasco dentro de uma "gaiola" metálica (**Figura 3.1**). Após a polimerização, o conjunto frasco/"gaiola" é resfriado com água e mantido em refrigerador por pelo menos 1 hora. Dessa maneira, garante-se a contração da fase gasosa na parte superior do frasco e, portanto, elimina-se o perigo de projeções durante a remoção da tampa de rosca.

Preparação

Trata-se de uma polimerização de adição em solução, via radicais livres.

Em frasco de polimerização de 120 mL de capacidade, colocar 10 mL de ciclo-hexano, 10 g de estireno, recentemente destilado sobre enxofre e coluna de espiral de cobre, e 0,1 g de peróxido de benzoíla.

Remover o ar do sistema passando corrente de nitrogênio, por 1 minuto, pela região superior, vazia, do frasco. Imediatamente, arrolhar a garrafa e colocá-la na "gaiola" de proteção.

Deixar imersa a "gaiola" em banho termostático a 75 °C por 12 a 16 horas. Remover a "gaiola" do banho e deixar em refrigerador, até abaixar suficientemente a temperatura. Só então remover a garrafa da sua proteção, com cuidado. Retirar a rolha, limpar a boca do frasco para não contaminar o polímero obtido, e verter a mistura reacional sobre igual volume de metanol, com agitação manual constante.

Filtrar o polímero pulverulento obtido, usando buchner e trompa de água. Secar o **poliestireno** em estufa com circulação de ar, a 50 °C, até que se atinja peso constante.

Confirmação da estrutura química do poliestireno

Para confirmar a estrutura do **poliestireno**, é essencial purificar uma pequena amostra do produto, removendo os resíduos de monômero e de iniciador. Por pelo menos 30 minutos deixar cerca de 0,5 g do material em contato, a frio, com um solvente do monômero, mas não do polímero. Geralmente, é utilizado metanol para essa finalidade. Descartar o líquido sobrenadante e repetir a operação mais uma vez. Secar o polímero purificado e proceder à análise.

Picos de absorção na região do infravermelho:
a 3 080-3 100 cm^{-1} (C—H, aromático), 2 920-3 060 cm^{-1}
(C—H, alifático), 1 570-1 610 cm^{-1} e 1 430-1 500 cm^{-1}
(C=C, aromático), 750-780 cm^{-1} e 690-715 cm^{-1}
(C-H, aromático monossubstituído).

Sinais de ^1H NMR:
em 1,5 ppm (CH_2) e 7,0 ppm (CH aromático).

Sinais de ^{13}C NMR:
em 145,70-146,50 ppm (C_1 aromático), 128,30 ppm
(C_2 e C_3 aromáticos), 125,9 ppm (C_4 aromático),
40-48 ppm (CH_2) e 40,8 ppm (CH).

Referências bibliográficas

1. Sorenson W.R. & Campbell T.W. — *Preparative Methods of Polymer Chemistry*. Interscience Publishers, Nova York, 1961.
2. Brandrup J., Immergut E.H. & Grulke E.A. — *Polymer Handbook*. John Wiley & Sons, Nova York, 1999.
3. Pouchert C.J. — *The Aldrich Library FT-IR Spectra*. 1.ª edição, v. 2. The Aldrich Chemical Company, Nova York, 1985.
4. Pham Q.T., Pétiaud R., Waton H. & Darricades M.F.L. — *Proton and Carbon NMR Spectra of Polymers*. CRC Press, Londres, 1991.
5. Mano E.B. — *Práticas de Polimerização*. Instituto de Química, Universidade Federal do Rio de Janeiro, 1967.

1.2.5 Poliestireno (PS)

Constantes físicas

Termoplástico, incolor e transparente

Solventes: hidrocarbonetos aromáticos, hidrocarbonetos clorados, metil-etil-cetona, ciclo-hexanona, ésteres, tetra-hidrofurano, dioxana

Não solventes: água, hidrocarbonetos alifáticos, álcoois, fenol, acetona, éteres, ácido acético

Peso molecular: 300 000

Densidade: 1,05-1,06

Índice de refração: 1,59

Temperatura de transição vítrea (T_g): 100 °C

Constantes viscosimétricas: $K = 9,52 \times 10^{-3}$ mL/g, a = 0,74 (benzeno, 25 °C, osmometria)
$K = 7,16 \times 10^{-3}$ mL/g, a = 0,76 (clorofórmio, 25 °C, espalhamento de luz)

A polimerização do estireno pode ocorrer de diversas formas: via radicais livres, por coordenação, por mecanismos catiônico ou aniônico. A técnica mais simples desenvolve-se via radicais livres, e a mais sofisticada é a polimerização aniônica, que permite obter polímeros monodispersos, isto é, com polidispersão próxima de 1. A polimerização aniônica, também chamada de polimerização viva quando se impede a etapa de terminação, exige reagentes especialmente puros, para evitar o término da reação e conseqüente alargamento da polidispersão. A polimerização de estireno em solução de tetra-hidrofurano, empregando iniciador aniônico de sódio/naftaleno, resulta em **poliestireno** atático monodisperso e é descrita a seguir.

Preparação

- Purificação do estireno

Em funil de separação de 500 mL de capacidade, introduzir 200 mL de estireno contendo inibidor fenólico e 100 mL de solução aquosa a 5% de hidróxido de sódio. Agitar para possibilitar a extração do inibidor fenólico. Descartar a fase aquosa, inferior, e acrescentar igual volume de água, para remover os resíduos da solução alcalina. Separar o estireno, transferindo-o para erlenmeyer de 500 mL de capacidade pela boca do funil de separação, para evitar contaminação com a água na saída inferior do funil. Adicionar ao estireno no erlenmeyer cerca 10 g do agente desidratante, cloreto de cálcio seco, e deixar em repouso por uma noite. Separar o estireno do resíduo de cloreto de cálcio por decantação, filtrando em seguida através de papel de filtro pregueado, recolhendo o monômero diretamente em um balão para posterior destilação.

Para obter o estireno superseco, adicionar cerca de 2 g de hidreto de cálcio ao monômero em balão de fundo redondo de 500 mL de capacidade, montar a aparelhagem para a destilação sob pressão reduzida (**Figura 3.5**) e deixar em contato, a temperatura ambiente e por pelo menos 3 horas, sob agitação magnética, antes de proceder à destilação. Destilar o monômero sob pressão de 50 mmHg, utilizando uma bomba de vácuo. Terminada a destilação, permitir a equalização da pressão, admitindo a entrada de nitrogênio seco ao sistema. Manter o monômero no balão, sob atmosfera de nitrogênio, até o momen-

Figura 3.5
Aparelhagem de destilação sob pressão reduzida para purificação de estireno.

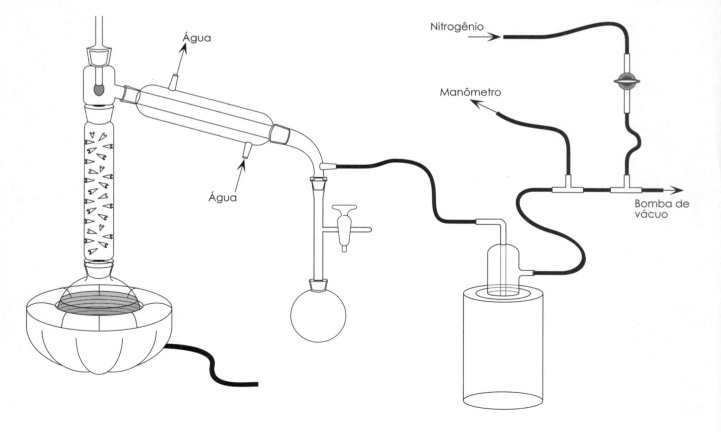

Iniciação química

to da polimerização. Ter o cuidado de realizar a polimerização imediatamente após a destilação do estireno.

- Purificação do tetra-hidrofurano

Em balão de fundo redondo de 500 mL de capacidade, envolvido por manta de aquecimento, introduzir cerca de 300 mL de tetra-hidrofurano. Cortar fitas de sódio e introduzi-las no balão. **Cuidado**: o sódio reage violentamente com umidade e deve ser cortado sob nafta e manipulado com pinça. Acoplar ao balão um condensador de bolas e realizar o refluxo por 3 horas, sob atmosfera de nitrogênio seco. Remover o condensador de bolas e acoplar ao balão aparelhagem para a destilação. Proceder a destilação do tetra-hidrofurano a pressão atmosférica, tomando o cuidado de não permitir a completa secagem do solvente no balão de destilação, porque a concentração de peróxidos, a partir de um certo nível, pode provocar explosão. Recolher o solvente em outro balão de 500 mL, seco.

A fim de obter o tetra-hidrofurano mais puro, proceder a uma segunda destilação. Para isso, adicionar, ao solvente contido no balão proveniente da primeira destilação, fitas ou fragmentos de sódio e 0,5 g de benzofenona*. Substituir o balão contendo a "cauda" da primeira destilação pelo novo balão contendo solvente/sódio/benzofenona. Aquecer até a observação de coloração azul intensa, que indica que o solvente está completamente livre de umidade. Destilar então o tetra-hidrofurano, recolhendo-o em balão sob atmosfera isenta de umidade. Ter o cuidado de realizar a polimerização imediatamente após a destilação do solvente.

- Preparação da solução de iniciador sódio/naftaleno

Em balão de duas bocas e capacidade de 50 mL, dotado de barra magnética e montado sobre placa de agitação magnética, introduzir 10 mL de tetra-hidrofurano seco, 2,5 mg de naftaleno ressublimado e 0,90 mg de sódio cortado em pequenos fragmentos. Adaptar condensador de refluxo protegido com tubo contendo agente desidratante e, vedando a segunda abertura, colocar septo de borracha de silicone (**Figura 3.6**). Manter a mistura reacional sob agitação em atmosfera inerte por 2 horas, a temperatura ambiente. A solução, que era incolor, torna-se verde-azulada. Após esse período, o iniciador está pronto para ser usado na polimerização.

- **Poliestireno (PS)**

Em um balão de uma boca e capacidade de 50 mL, ainda quente, recém-retirado de estufa onde permaneceu secando, por pelo menos 1 hora a 100 °C, montado sobre placa de agitação magnética, fechar a única entrada com septo de borracha de silicone. Passar nitrogênio seco no balão durante 15 minutos, permitindo a sua saída por agulha hipodérmica, conforme mostrado

* Benzofenona é um sólido que, com o sódio, forma um complexo muito reativo de coloração azul, que se torna amarelo em contato com a umidade, dele resultando um composto solúvel, estável. O desaparecimento da coloração azul indica que o complexo reativo está extinto.

na **Figura 3.7a**. Utilizando seringa, introduzir 20 mL de tetra-hidrofurano e 5 mL de estireno secos, ambos recém-destilados.

Preparar em cuba de vidro, isolada termicamente por caixa de isopor, um banho de acetona/gelo-seco (–78 °C). Instalar no banho o balão contendo o solvente e o monômero e, após 10 minutos sob agitação, injetar 1,0 mL da solução do iniciador sódio/naftaleno, com auxílio de uma pequena seringa (**Figura 3.7b**). A mistura torna-se vermelho-alaranjada, graças à formação de espécie altamente reativa de poliestiril-sódio, que permanece colorida ao longo da propagação da cadeia. Após 5 minutos, adicionar 2 mL de metanol para interromper a reação, com a extinção do centro ativo e o desaparecimento da coloração. Permitir que a mistura reacional atinja a temperatura ambiente. Precipitar o polímero, vertendo a mistura reacional sobre 250 mL de metanol. Filtrar por meio de buchner, lavando o polímero com metanol; secar em estufa com circulação de ar a 50 °C por 2 horas.

A polimerização aniônica permite o cálculo do grau de polimerização (X_n) pela equação:

$$X_n = 2[M]/[C]$$

onde:
[M] = concentração inicial de estireno;
[C] = concentração inicial do complexo sódio-naftaleno (moles/litro).

Confirmação da estrutura química do poliestireno

Para confirmar a estrutura do polímero, é essencial purificar uma pequena amostra do produto, removendo os resíduos de monômero, iniciador e emulsificante. Deixar cerca de 0,5 g do material em contato, a frio, por pelo menos 30 minutos com benzeno e precipitar em metanol, com agitação. Descartar o líquido sobrenadante e repetir a operação mais uma vez. Filtrar o **poliestireno** purificado em papel de filtro, secar em estufa e proceder à análise.

Picos de absorção na região do infravermelho:

a 3 080-3 100 cm^{-1} (C—H, aromático),
2 920-3 060 cm^{-1} (C—H, alifático),
1 570-1 610 cm^{-1} e 1 430-1 500 cm^{-1}
(C═C, aromático), 750-780 cm^{-1}
e 690-715 cm^{-1} (C—H, aromático monossubstituído).

Sinais de ^1H NMR:

em 1,5 ppm (CH_2) e 7,0 ppm (CH aromático).

Sinais de ^{13}C NMR:

em 145,70-146,50 ppm (C_1 aromático), 128,30 ppm (C_2 e C_3 aromáticos), 125,9 ppm (C_4 aromático), 40-48 ppm (CH_2) e 40,8 ppm (CH).

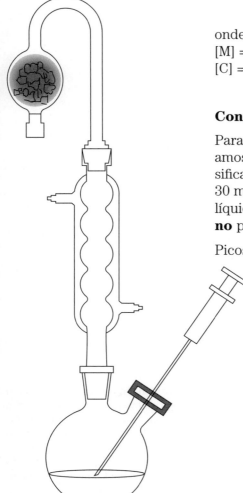

Figura 3.6
Preparação da solução de iniciador.

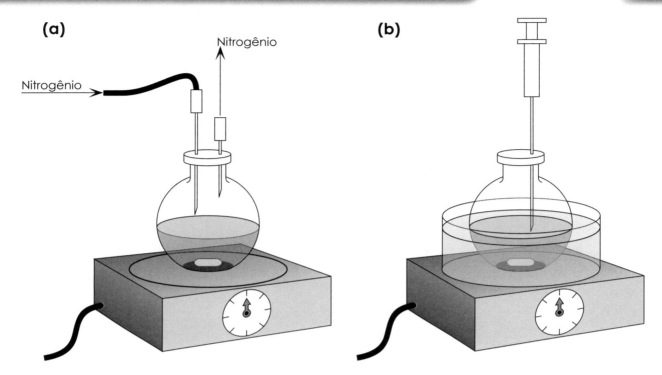

Figura 3.7
Aparelhagem para a preparação de poliestireno via aniônica.

Referências bibliográficas

1. Sorenson W.R. & Campbell T.W. — *Preparative Methods of Polymer Chemistry*. Interscience Publishers, Nova York, 1961.

2. Collins E.A., Bare J. & Billmeyer F.W. Jr. — *Experiments in Polymer Science*. John Wiley & Sons, Nova York, 1973, p. 357.

3. Brandrup J., Immergut E.H. & Grulke E.A. — *Polymer Handbook*. John Wiley & Sons, Nova York, 1999.

4. Pouchert C.J. — *The Aldrich Library FT-IR Spectra*. 1.ª edição, v. 2. The Aldrich Chemical Company, Nova York, 1985.

5. Pham Q.T., Pétiaud R., Waton H. & Darricades M.F.L. — *Proton and Carbon NMR Spectra of Polymers*. CRC Press, Londres, 1991.

1.2.6 Poli(cloreto de vinila) (PVC)

$$n\ H_2C=CH \xrightarrow{\text{AIBN/50 °C}} \left(H_2C-CH \right)_n$$

Cloreto de vinila   Poli(cloreto de vinila)

Constantes físicas

Termoplástico, incolor, transparente

Solventes: metil-etil-cetona, ciclo-hexanona, tetra-hidrofurano

Não solventes: água, hidrocarbonetos clorados, álcoois, glicóis, éteres, sulfeto de carbono

Peso molecular: 50 000-100 000

Densidade: 1,39

Índice de refração: 1,54-1,55

Temperatura de transição vítrea (T_g): 81 °C

Constantes viscosimétricas: $K = 12,3 \times 10^{-3}$ mL/g, a = 0,83 (ciclo-hexanona, 25 °C, osmometria)

$K = 15,0 \times 10^{-3}$ mL/g, a = 0,77 (tetra-hidrofurano, 25 °C, espalhamento de luz)

Cuidados especiais

A poliadição deve ser realizada sob pressão, em frascos de vidro adequados, resistentes, vedados com gaxeta de elastômero NBR e rolha metálica de rosca; como medida protetora contra eventual explosão, coloca-se cada frasco dentro de uma "gaiola" metálica (**Figura 3.1**). Após a polimerização, o conjunto frasco/"gaiola" é resfriado com água e mantido em refrigerador por pelo menos 1 hora. Dessa maneira, garante-se a contração da fase gasosa na parte superior do frasco e, portanto, elimina-se o perigo de projeções durante a remoção da tampa de rosca.

Preparação

Trata-se de uma polimerização de adição em solução, via radicais livres.

Em capela, dotada de uma balança com sensibilidade de 0,01 g, colocar um frasco de polimerização de 120 mL de capacidade e introduzir 10 mL de ciclo-hexano e 0,1 g de azo-*bis*-isobutironitrila. Tarar o frasco com os reagentes.

Adicionar então 12 g de cloreto de vinila, proveniente de um cilindro em que se encontra sob a forma de gás liquefeito. Para obter o cloreto de vinila líquido, é preciso conectar à saída do cilindro um tubo de plástico cuja extremidade se introduz no frasco, que deve estar imerso em banho de etanol saturado de gelo-seco. Ainda na capela, transferir o frasco, devidamente tarado,

Iniciação química

para o prato da balança e deixar vaporizar o cloreto de vinila até o peso atingir o correspondente a 10 g desse monômero na mistura reacional contida no frasco. Imediatamente fechar a garrafa, arrolhando cuidadosamente, e inseri-la em "gaiola" de proteção adequada.

Deixar a "gaiola" imersa em banho termostático a 50 °C por 12 a 16 horas. Tirar a "gaiola" do banho e deixar em refrigerador por tempo suficiente para reduzir a temperatura a perto de 0 °C. Só então remover o frasco da "gaiola". Remover a rolha, limpar a boca do frasco para evitar a contaminação do polímero, retirar o produto sólido com o auxílio de metanol e transferi-lo para um funil de buchner.

Filtrar o **poli(cloreto de vinila)** pulverulento obtido, lavar com metanol e secar ao ar ou em estufa com circulação de ar, a 50 °C, até a obtenção de peso constante.

Confirmação da estrutura química do poli(cloreto de vinila)

Para confirmar a estrutura do polímero, é essencial purificar uma pequena amostra do produto, removendo os resíduos de monômero e de iniciador. Por pelo menos 30 minutos deixar cerca de 0,5 g do material em contato, a frio, com um solvente do monômero, mas não do polímero. Geralmente é utilizado metanol para essa finalidade. Descartar o líquido sobrenadante e repetir a operação mais uma vez. Secar o **poli(cloreto de vinila)** purificado e proceder à análise.

Picos de absorção na região do infravermelho:

a 1 426 cm^{-1} (CH$_2$), 690 cm^{-1}, 638 cm^{-1} e 612 cm^{-1} (C—Cl).

Sinais de ^{13}C NMR no estado sólido:

em 46,7 ppm (CH$_2$) e 57,5 ppm (CHCl).

Sinais de ^{13}C NMR em solução de diclorobenzeno:

em 55,6-57,5 ppm (CH$_2$)
e 461 ppm, 4-48,1 ppm (CHCl).

Referências bibliográficas

1. Sorenson W.R. & Campbell T.W. — *Preparative Methods of Polymer Chemistry*. Interscience Publishers, Nova York, 1961.

2. Brandrup J., Immergut E.H. & Grulke E.A. — *Polymer Handbook*. John Wiley & Sons, Nova York, 1999.

3. Pouchert C.J. — *The Aldrich Library FT-IR Spectra*. 1.ª edição, v. 2. The Aldrich Chemical Company, Inc., Nova York, 1985.

4. Tavares M.I.B. & Monteiro E.E.C. — *Polymer Testing*, **14**, 273-278 (1995).

5. Pham Q.T., Pétiaud R., Waton H. & Darricades M.F.L. — *Proton and Carbon NMR Spectra of Polymers*. CRC Press, Londres, 1991.

6. Mano E.B. — *Práticas de Polimerização*. Instituto de Química, Universidade Federal do Rio de Janeiro, 1967.

1.2.7 Poliindeno

Constantes físicas

Termoplástico, incolor, transparente

Solventes: hidrocarbonetos aromáticos, hidrocarbonetos clorados, metil-etil-cetona
Não solventes: água, hidrocarbonetos alifáticos, álcoois
Peso molecular: 250 000

A polimerização do indeno ocorre por um mecanismo catiônico, e são importantes as escolhas do catalisador, do solvente e da temperatura da reação. Pesos moleculares mais elevados são obtidos quando o solvente possui constante diéletrica elevada, o que favorece a separação do íon carbônio de seu contra-íon, facilitando a aproximação da molécula de monômero. A temperatura baixa também favorece a preparação de polímero de peso molecular mais elevado.

Preparação

Em balão de fundo redondo de 500 mL, contendo cerca de 200 mL de cloreto de metileno, vedado com rolha de borracha macia, instalado em banho termostático e montado sobre agitador magnético, injetar, por intermédio de seringa hipodérmica, 3,2 mL de solução 1,25 M de tetracloreto de titânio anidro em cloreto de metileno, o que corresponde a uma concentração de catalisador de 0,02 mol/litro. Atingida a temperatura reacional de –76 °C, injetar gota a gota 23,2 mL (0,2 mol) de indeno e observar a formação imediata de coloração vermelho-vinho. Após 15 minutos, injetar 20 mL de metanol a fim de terminar a polimerização, com a conseqüente descoloração imediata da solução. A massa reacional é vertida sobre etanol, com agitação vigorosa, filtrada em buchner e seca em estufa com circulação de ar, a 50 °C. Purificar o produto bruto duas vezes sucessivas, por dissolução em benzeno e precipitação em metanol e acetona. Filtrar em buchner o **poliindeno** purificado, secar em estufa de circulação de ar e conservar em frasco escuro.

Iniciação química

Confirmação da estrutura química do poliindeno

Para confirmar a estrutura do polímero, é essencial purificar uma pequena amostra do produto, removendo os resíduos de monômero e de iniciador. Por pelo menos 30 minutos deixar cerca de 0,5 g do **poliindeno** em contato, a frio, com um solvente do monômero, mas não do polímero. Geralmente é utilizado o metanol para essa finalidade. Descartar o líquido sobrenadante e repetir a operação mais uma vez. Secar o polímero purificado e proceder à análise.

Picos de absorção na região do infravermelho:

a 740 cm^{-1}(C—H, de anel aromático 1,2-dissubstituído), 1 600 a 1 585 cm^{-1} e 1 500 a 1 400 cm^{-1} (C=C do anel aromático).

Sinais de ^{1}H NMR:

em 2,8 ppm (CH_2), 4,2 ppm (CH alifático) e 7,0 ppm (CH aromático).

Referências bibliográficas

1. Vilar W. D. — *Cloração de poliindeno,* Tese de Mestrado, Instituto de Química, Universidade Federal do Rio de Janeiro, 1971. Orientador: E.B. Mano.

2. Mano E.B., Vilar W.D., Coutto Filho O.D. & Gomes A.S. — *Revista Brasileira de Tecnologia,* **2**, 27-30 (1971).

3. Mano E.B., Coutto Filho O.D., Vilar W.D. & Gomes A.S. — *Journal of Polymer Science, Part A*-1, **9**, 821-23 (1971).

1.2.8 Poli(N-vinil-carbazol) (PVK)

$$n\ CH_2=CH \xrightarrow{BF_3.Et_2O/25\ °C} (CH_2-CH)_n$$

Vinil-carbazol   Poli(vinil-carbazol)

Constantes físicas

Termoplástico, incolor e transparente

Solventes: cloreto de metileno, clorofórmio, benzeno, tolueno e tetra-hidrofurano

Não solventes: metanol

Peso molecular: 10 000

Índice de refração: 1,68

Temperatura de transição vítrea (T_g): 238 °C

Constantes viscosimétricas: $K = 30,5 \times 10^{-3}$ mL/g, a = 0,58 (benzeno, 25 °C, espalhamento de luz)

$K = 13,6 \times 10^{-3}$ mL/g, a = 0,67 (clorofórmio, 25 °C, espalhamento de luz)

A polimerização do N-vinil-carbazol pode ser realizada via radicais livres ou por mecanismo catiônico. Uma série de compostos metálicos, alguns tipicamente iniciadores catiônicos como $TiCl_4$, $AlCl_3$, $Sn(CH_3COO)_2Cl_2$ e $BF_3.Et_2O$, polimerizam facilmente o monômero com alto rendimento. A reação ocorre em solução em uma série de solventes comuns às polimerizações catiônicas, como hidrocarbonetos aromáticos e clorados. A estereorregularidade do PVK, obtido com eterato de trifluoreto de boro ($BF_3.Et_2O$), é muito dependente da polaridade do solvente da reação e da temperatura. Por exemplo, o polímero obtido em nitro-benzeno é predominantemente sindiotático, enquanto aquele utilizando tolueno ou diclorometano é predominantemente isotático. A temperatura baixa favorece a preparação de polímero de peso molecular mais elevado. Pequena quantidade de umidade no solvente favorece a formação da espécie ativa catiônica, porém excesso de umidade pode reduzir o rendimento da reação.

Preparação

Em um balão de uma boca de 125 mL de capacidade, previamente flambado, contendo barra de Teflon® para agitação magnética, colocar 10 mL de cloreto de metileno e 0,1 mL de eterato de BF_3.

Iniciação química

Em erlenmeyer, preparar solução de 1 g de N-vinil-carbazol em 20 mL de cloreto de metileno. Sob intensa agitação, adicionar a solução de monômero sobre a solução do iniciador a temperatura ambiente. Uma coloração azul intenso do meio reacional será formada. Após 5 minutos, interromper a polimerização e verter a solução sobre cerca de 200 mL de metanol. Filtrar o **poli(N-vinil-carbazol)** precipitado, lavar com 50 mL de metanol e secar em estufa com circulação de ar a 50 °C.

Confirmação da estrutura química do poli(N-vinil-carbazol)

Para confirmar a estrutura do polímero, dissolver com um solvente adequado (benzeno) cerca de 0,5 g do **poli(N-vinil-carbazol)**, precipitando-o em seguida em metanol. Repetir a operação mais uma vez. Secar o polímero purificado e proceder à análise.

Picos de absorção na região do infravermelho:

a 3 000 cm^{-1} (CH_2), 1 600 cm^{-1} (C—H, aromático), 1 450 cm^{-1}, 1 330 cm^{-1}, 1 220 cm^{-1}, 1 150 cm^{-1}, 720-742 cm^{-1}.

Sinais de ^{1}H NMR:

em 1,2 ppm e 1,65 ppm (CH_2), 3,3 ppm e 2,8 ppm (CH), 6,3-7,7 ppm e 5,0 ppm (C—H, aromático).

Referências bibliográficas

1. Okamoto K.I., Yamada M., Itaya A., Kimura T. & Kusabayashi S. — *Macromolecules*, **9**, 645-649 (1976).

2. Moore J.A. — *Macromolecular Synthesis*. John Wiley, Nova York, 1978, p. 571.

3. Brandrup J., Immergut E.H. & Grulke E.A. — *Polymer Handbook*. John Wiley & Sons, Nova York, 1999.

1.2.9 Copoli(cloreto de vinila/acetato de vinila)* (PVCAc)

n H_2C=CH + m H_2C=CH — AIBN/50 °C → —$(H_2C$—CH$)_n$ —$(H_2C$—CH$)_m$—

Cloreto de vinila   Acetato de vinila   Copoli(cloreto de vinila/acetato de vinila)

Constantes físicas

Termoplástico, incolor e transparente

Solventes: metil-etil-cetona, ciclo-hexanona, tetra-hidrofurano

Não solventes: água, hidrocarbonetos clorados, álcoois, glicóis, éteres, sulfeto de carbono

Peso molecular: 60 000

Densidade: 1,20-1,36

Temperatura de transição vítrea (T_g): variável

Razões de reatividade (mecanismo de radicais livres, 68 °C): cloreto de vinila, $r_1 = 2,1$

acetato de vinila, $r_2 = 0,3$

Cuidados especiais

A poliadição deve ser realizada sob pressão, em frascos de vidro adequados, resistentes, vedados com gaxeta de elastômero NBR e rolha metálica de rosca. Para se proteger contra eventual explosão, coloca-se cada frasco dentro de uma "gaiola" metálica (**Figura 3.1**). Após a polimerização, o conjunto frasco/"gaiola" é resfriado com água e mantido em refrigerador por pelo menos 1 hora. Dessa maneira, garante-se a contração da fase gasosa na parte superior do frasco e, portanto, elimina-se o perigo de projeções durante a remoção da tampa de rosca.

Preparação

Trata-se de uma polimerização de adição via radicais livres.

Em capela, dotada de uma balança de 0,01 g, colocar um frasco de polimerização de 120 mL de capacidade, no qual são introduzidos 10 mL de ciclo-hexano, 0,1 g de azo-*bis*-isobutironitrila e 5 g de acetato de vinila. Tarar o frasco com os reagentes.

Acrescentar então 7 g de cloreto de vinila, proveniente de um cilindro em que se encontra como gás liquefeito. Para obter o cloreto de vinila líquido, é preciso conectar à saída do cilindro um tubo de plástico cuja extremidade se

---

* Embora seja menos empregada, poli(cloreto de vinila-co-acetato de vinila) é a denominação mais exata.

introduz no frasco, o qual deve estar imerso em banho de etanol saturado de gelo-seco. Ainda na capela, transferir o frasco, devidamente tarado, para o prato da balança e deixar vaporizar o cloreto de vinila até atingir o peso correspondente a 5 g desse monômero na mistura reacional contida no frasco. Imediatamente, fechar a garrafa, arrolhando cuidadosamente, e colocá-la em "gaiola" de proteção adequada.

Deixar a "gaiola" imersa em banho termostático a 50 °C por 12 a 16 horas. Remover a "gaiola" do banho e deixar em refrigerador por tempo suficiente para reduzir a temperatura até próximo de 0 °C. Só então remover o frasco da "gaiola". Retirar a rolha, limpar a boca do frasco para evitar a contaminação do copolímero. Após a polimerização, separar a mistura reacional da massa semi-sólida do copolímero, decantando para um bécher a fase líquida sobrenadante, da qual será depois precipitado o copolímero presente.

À massa polimérica retida no frasco, adicionar 10 mL de metanol para remoção dos monômeros e solvente residuais, agitar com bastão e decantar a fase sobrenadante. Repetir a operação de lavagem com metanol. Retirar o polímero viscoso do frasco, transferi-lo para vidro de relógio e secá-lo em estufa com circulação de ar, a 50 °C.

Caso não seja possível a remoção do **copoli(cloreto de vinila/acetato de vinila)** do frasco de reação com o auxílio de bastão de vidro, dissolvê-lo em metil-etil-cetona, mediante aquecimento em banho de água; resfriar e, com agitação constante, reprecipitar o copolímero pela adição, gota a gota, da solução sobre 10 mL de metanol. Centrifugar, se necessário, para a separação do copolímero.

A fase líquida contida no bécher ainda contém polímeros, embora de peso molecular mais baixo ou de composição mais rica em acetato de vinila. Para recuperá-los, promover a precipitação da fase líquida, gota a gota, sobre igual volume de metanol, com agitação constante.

Confirmação da estrutura química do copoli(cloreto de vinila/acetato de vinila)

Para confirmar a estrutura do polímero, é essencial purificar uma pequena amostra do produto, removendo os resíduos de monômero e de iniciador. Por pelo menos 30 minutos deixar cerca de 0,5 g do material em contato, a frio, com um solvente do monômero, mas não do polímero. Geralmente é utilizado metanol para essa finalidade. Descartar o líquido sobrenadante e repetir a operação mais uma vez. Secar o **copoli(cloreto de vinila/acetato de vinila)** purificado e proceder à análise.

Picos de absorção na região do infravermelho:

a 2 900 cm^{-1} (CH), 1 700 cm^{-1}, 1 720 cm^{-1} (OC=O), 1 200 cm^{-1} (C—O) e 1 360 cm^{-1} (CH$_2$).

Sinais de ^{13}C NMR:

em 170,45-170,75 ppm (C=O), 69,90 ppm (CH em acetato), 56,40-58,85 ppm (CH em cloreto de vinila), 46,41-48,25 ppm (CH$_2$ em cloreto de vinila, consecutivamente encadeados), 44,75-43,69 ppm (CH$_2$ em cloreto de vinila, alternadamente encadeados), 39,0-41,0 ppm (CH$_2$ em acetato de vinila, consecutivamente encadeados) e 20,97-21,17 ppm (CH$_3$ em acetato).

Referências bibliográficas

1. Sorenson W.R. & Campbell T.W. — *Preparative Methods of Polymer Chemistry*. Interscience Publishers, Nova York, 1961.

2. Brandrup J., Immergut E.H. & Grulke E.A. — *Polymer Handbook*. John Wiley & Sons, Nova York, 1999.

3. Pouchert C.J. — *The Aldrich Library FT-IR Spectra*. 1.ª edição, v. 2. The Aldrich Chemical Company, Inc., Nova York, 1985.

4. Pham Q.T., Pétiaud R., Waton H. & Darricades M.F.L. — *Proton and Carbon NMR Spectra of Polymers*. CRC Press, Londres, 1991.

5. Mano E.B. — *Práticas de Polimerização*. Instituto de Química, Universidade Federal do Rio de Janeiro, 1967.

1.2.10 Poli(N-benzoil-etilenoimina)

Síntese de 2-fenil-2-oxazolina

Polimerização de 2-fenil-2-oxazolina

2-Fenil-2-oxazolina

Poli(N-benzoil-etilenoimina)

Constantes físicas

Termoplástico, incolor e transparente
Solventes: clorofórmio, benzeno, tetra-hidrofurano
Não solventes: éter etílico
Peso molecular: 20 600
Temperatura de
transição vítrea (T_g): 105 °C

A obtenção de **poli(N-benzoil-etilenoimina)** é conseguida partindo de um monômero cíclico, 2-fenil-2-oxazolina, por abertura de anel com sulfato de dimetila, formando-se uma cadeia macromolecular poliamídica. Tratando-se de monômero pouco comum, a sua preparação é descrita a seguir.

Preparação

- 2-Fenil-2-oxazolina*

Em balão de três bocas e capacidade de 500 mL, montado em banho de silicone, colocar 145 mL (1,5 mol) de etanol-amina**, 102 mL (1,0 mol) de benzonitrila e 16,9 g (0,025 mol) de acetato de cádmio. Adaptar um condensador de refluxo e aquecer a mistura por 24 horas. Purificar o monômero removendo por destilação a 0,5 mm Hg os reagentes residuais. Recolher a etanol-amina e a benzonitrila. Ao produto 2-fenil-2-oxazolina do balão, adicionar cerca de 5 g de hidróxido de potássio em lentilhas, para absorver a água,

* 2-Fenil-2-oxazolina é um líquido de odor irritante, de alto ponto de ebulição (75 °C a 0,3 mm Hg) e ponto de fusão de 12 °C.

** Etanol-amina é um líquido de ponto de ebulição 170 °C, 58 °C a 5 mm Hg, e ponto de fusão de 10 °C.

e manter a agitação magnética por 5 horas a 50 °C. Filtrar em buchner para separar e descartar as lentilhas. Ao filtrado, adicionar 3 gotas de cloreto de benzoíla para eliminar os últimos vestígios de umidade da 2-fenil-2-oxazolina. A purificação final é feita por destilação sob pressão reduzida.

- **Poli(N-benzoil-etilenoimina)**

Em tubo de vidro de 3 cm de diâmetro, colocar 10 mL de 2-fenil-2-oxazolina e 3 gotas de sulfato de dimetila como iniciador. Cuidado ao manipular o sulfato de dimetila, pois seus vapores podem causar alergia permanente em algumas pessoas. Purgar o sistema com nitrogênio seco, selar o tubo de vidro e colocá-lo em "gaiola" de proteção. Imergir em banho de silicone a 130 °C por 48 horas, para completar a polimerização. Terminada a reação, resfriar o tubo a temperatura ambiente e solubilizar a **poli(N-benzoil-etilenoimina)** em 30 mL de clorofórmio. Verter com agitação magnética o conteúdo do tubo em um bécher sobre éter etílico, em volume 3 vezes maior que o dessa solução. Repetir a operação por duas vezes. Filtrar em buchner e secar o polímero a 50 °C em estufa de circulação de ar, por 2 horas.

Confirmação da estrutura química da poli(N-benzoil-etilenoimina)

Para confirmar a estrutura do polímero, é essencial purificar uma pequena amostra do produto, removendo os resíduos de monômero e de iniciador. Dissolver cerca de 0,5 g do material em clorofórmio, a frio. Precipitar sobre éter etílico, em volume 3 vezes maior que o da amostra, filtrar em buchner e secar a **poli(N-benzoil-etilenoimina)** purificada para proceder à análise.

Picos de absorção na região do infravermelho:

em 1 635 cm^{-1} (O=C—N), 1 256 cm^{-1} (CN), 2 939 cm^{-1} (CH$_2$), 1 465 cm^{-1} (CH$_2$), 1 601 cm^{-1}, 1 577 cm^{-1}, 1 495 cm^{-1}, 1 445 cm^{-1}, 1 130 cm^{-1}, 750 cm^{-1} e 706 cm^{-1} (CH aromático).

Sinais de ^{1}H NMR:

em 7,2 ppm (CH aromático), 6,5 ppm e 6,9 ppm (CH aromático), 1,55 ppm (CH$_2$), 0,20 ppm (alfa—CH$_3$).

Referências bibliográficas

1. Guimarães P.I.C. — *Síntese e caracterização de polímeros obtidos a partir de 2-fenil-2-oxazolina*. Tese de Doutorado, Instituto de Macromoléculas Professora Eloisa Mano da Universidade Federal do Rio de Janeiro, 1995. Orientador: A.P. Monteiro.

2. Tanaka R., Uekova I., Takaki Y., Kataoka K. & Saito S. — *Macromolecules*, **16**, 849-853 (1983).

Iniciação química

1.2.11 Poli[metacrilato de metila-g-(óxido de etileno-b-óxido de propileno)]

Preparação do macromonômero

Cloreto de metacriloíla + Oligômero → (0° C, Piridina) → Macromonômero

R = —CH₂CH₂CH₂CH₃

Copolimerização

Metacrilato de metila + Macromonômero → (AIBN, 90 °C) → Poli[metacrilato de metila-g-(óxido de etileno-b-óxido de propileno)

R = —CH₂CH₂CH₂CH₃

Constantes físicas

Termoplástico, incolor e transparente

Solventes: benzeno, tolueno

Não solventes: metanol, hexano, heptano

Peso molecular: 78 400

Temperatura de transição vítrea (T_g): variável

Preparação

Copolímeros graftizados com estrutura e composição bem definidas são obtidos por reação envolvendo um monômero e um macromonômero. O macromonômero é constituído de um oligômero com grupo reativo terminal. A distribuição das cadeias graftizadas ao longo da cadeia principal é controlada pelas razões de reatividade dos comonômeros. Os reagentes menos comuns foram também sintetizados.

- Preparação de cloreto de metacriloíla

Em balão de fundo redondo de 500 mL de capacidade, colocar 85 mL (1 mol) de ácido metacrílico, 173 mL (1,4 mol) de cloreto de benzoíla e 0,16 g de hidroquinona, esta como inibidor de polimerização. Adaptar a cabeça de destilação ao balão, com saída lateral terminada em funil, que deve ser colocada na superfície de uma solução aquosa de NaOH a 5%, a fim de absorver os gases ácidos, subproduto da reação. Aquecer a mistura em banho de óleo a 110 °C. Desprezar a cabeça do destilado e recolher a fração que destila a 96 °C em balão imerso em água gelada.

- Secagem do oligômero poli(óxido de etileno-*b*-óxido de propileno)

Para a preparação do macromonômero é necessário trabalhar com reagentes isentos de umidade. No caso do oligômero poli(óxido de etileno-*b*-óxido de propileno), a secagem por aquecimento não é completa. Pode se proceder à secagem por simples destilação, arrastando a umidade residual com vapores de benzeno e descartando a cabeça do destilado. Desse modo, o polímero seco e o solvente contidos no balão podem ser utilizados para a preparação do macromonômero.

Colocar em balão de três bocas e 125 mL de capacidade 0,0168 mol de poli(óxido de etileno-*b*-óxido de propileno) monofuncional (M_n = 900) e 40 mL de benzeno seco, com barra de agitação magnética. Adaptar um sistema de destilação, aquecer a 90 °C com agitação magnética e recolher 15 mL da cabeça do destilado, para descarte. Assim, ficam retidos no balão o oligômero e o benzeno, sem umidade.

- Preparação do macromonômero metacrilato de poli(óxido de etileno-*b*-óxido de propileno)

No mesmo balão que contém o poli(óxido de etileno-*b*-óxido de propileno) monofuncional seco e 25 mL de benzeno, adaptar um funil de adição e um condensador de refluxo. Adicionar ao conteúdo do balão 1,6 mL (0,02 mol) de piridina destilada e manter a agitação magnética. Imergir o sistema em banho de água gelada, para proceder à esterificação do cloreto de metacriloíla com o polióxido, que é uma reação exotérmica. Gotejar sobre a solução do polióxido contido no balão uma solução de 1,6 mL (0,0168 mol) de cloreto de metacriloíla destilado. Deixar a mistura reacional sob agitação durante 1 hora a 0 °C e, posteriormente, durante cerca de 16 horas a temperatura ambiente, para que se complete a esterificação. Forma-se como subproduto sólido, higroscópico, o cloridrato de piridina. Após 2 horas de repouso, em funil sinterizado,

Iniciação química

com corrente de nitrogênio seco e sob pressão reduzida, filtrar o precipitado a fim de removê-lo completamente do polímero. Transferir o filtrado contendo o metacrilato de poli(óxido de etileno-*b*-óxido de propileno) para balão de 50 mL adaptado a um evaporador rotatório, sob pressão reduzida, e eliminar o benzeno e a piridina. O macromonômero obtido será empregado como reagente na polimerização com metacrilato de metila, descrita a seguir.

- Preparação do **poli[metacrilato de metila-*g*-(óxido de etileno-*b*-óxido de propileno)]**

    Trata-se de uma polimerização de adição via radicais livres, com formação do copolímero graftizado, em que os ramos pendentes são cadeias do macromonômero acima preparado.

    Em balão de 250 mL de capacidade dotado de condensador de refluxo e agitação magnética, instalado em banho termostático a 90 °C, colocar 6,68 g do macromonômero metacrilato de poli(óxido de etileno-*b*-óxido de propileno); adicionar 50 g de metacrilato de metila, 0,249 g de azo-*bis*-isobutironitrila e 130 mL de benzeno. Borbulhar a solução com corrente de nitrogênio seco. Após 48 horas de reação, resfriar o balão e verter o conteúdo sobre um volume dez vezes maior de n-hexano, com agitação magnética. Filtrar o precipitado do copolímero graftizado **poli[metacrilato de metila-*g*-(óxido de etileno-*b*-óxido de propileno)]** e secar em estufa com circulação de ar a 50 °C, por 2 horas.

Confirmação da estrutura química do poli[metacrilato de metila-*g*-(óxido de etileno-*b*-óxido de propileno)]

Para confirmar a estrutura do polímero, é essencial purificar uma pequena amostra do produto, removendo os resíduos de monômero e de iniciador. Por pelo menos 30 minutos, deixar cerca de 0,5 g do material em contato, a frio, com benzeno e precipitar em metanol, com agitação. Descartar o líquido sobrenadante e repetir a operação mais uma vez. Filtrar em papel de filtro e secar o **poli[metacrilato de metila-*g*-(óxido de etileno-*b*-óxido de propileno)]** purificado antes de proceder à análise.

Picos de absorção na região do infravermelho:

em 2 900 cm^{-1} (C—H alifático), 1 100 cm^{-1} (—C—O—C—)
e 1 150 cm^{-1} (—C—COO—).

Sinais de ^{1}H NMR:

em 1,1 ppm (CH$_3$) e (CH$_2$), 1,8 ppm (CH$_2$), 3,5 ppm

(—OCH$_3$), (—OCH$_2$—) e (—CHO—).

Referências bibliográficas

1. Lucas E.F. — *Síntese e caracterização de poli[metacrilato de metila-g-(óxido de etileno-b-óxido de propileno)] e estudo de sua adsorção na interface água-tolueno*. Tese de Mestrado, Instituto de Macromoléculas da Universidade Federal do Rio de Janeiro, 1990. Orientador: C.M.F. Oliveira.

2. Oliveira C.M.F. & Lucas E.F. — *Polymer Bulletin*, **24**, 363-370 (1990).

3. Amorim M.C.V. — *Síntese e caracterização de poli(metacrilato de metila-g-óxido de etileno-g-óxido de propileno)*. Tese de Mestrado, Instituto de Macromoléculas da Universidade Federal do Rio e Janeiro, 1990. Orientador: C.M.F. Oliveira.

4. Amorim M.C.V. & Oliveira C.M.F. — *European Polymer Journal*, **28**, 449-452 (1992).

5. Oliveira C.M.F. — *Síntese e caracterização de poli(metacrilato de metila-g-óxido de propileno)*. Tese de Doutorado, Instituto de Macromoléculas da Universidade Federal do Rio de Janeiro, 1987. Orientador: A.S. Gomes.

6. Oliveira C.M.F. & Gomes A.S. — *Polymer Bulletin*, **22**, 401-406 (1989).

1.2.12 Copoli(estireno-alfa-metil-estireno)*

Preparação do iniciador

Polimerização

Constantes físicas

Termoplástico, incolor e transparente

Solventes: hidrocarbonetos aromáticos e clorados, ésteres, metil-etil-cetona, tetra-hidrofurano e dioxana

Não solventes: metanol e água

Peso molecular: 130 000

Temperatura de transição vítrea (T_g): variável

Razões de reatividade (mecanismo catiônico a –40 °C): estireno, $r_1 = 0,1$; alfa(metil-estireno), $r_2 = 10,4$

Preparação

Trata-se de uma copolimerização de adição por mecanismo catiônico, tendo como iniciador o ácido m-cloro-benzoil-sulfúrico, preparado *in situ* a partir do sistema ácido m-cloro-perbenzóico/dióxido de enxofre líquido**, a –78°C.

A aparelhagem a ser empregada na reação com o dióxido de enxofre líquido está apresentada na **Figura 3.8**. O dióxido de enxofre, proveniente de um cilindro de aço, pode ser manipulado sob a forma liquefeita, porque seu ponto de ebulição é –10 °C, retendo os vapores em um condensador do tipo Dewar, conectado ao sistema, coletando o líquido em um funil de adição graduado **A**,

---

* A denominação mais exata, porém menos empregada, é poli(estireno-co-alfa-metil-estireno).

** Dióxido de enxofre: SO_2, gás incolor e não inflamável, fortemente sufocante, cujo ponto de fusão é –72 °C e o de ebulição, –10 °C; solúvel em água (8,5% a 25 °C), metanol (32%), etanol (25%), éter e clorofórmio.

até o volume de 15 mL. Em seguida, transferir para o balão de polimerização de três bocas **B**, que deve estar imerso em banho de gelo-seco/etanol à temperatura de -78 °C. Introduzir no balão uma solução de iniciador contendo 0,073 mol/L de ácido m-cloro-perbenzóico em diclorometano, por meio de seringa que perfure o septo de borracha **C**. Manter a mistura reacional sob agitação constante durante 5 minutos a -20 °C, para assegurar a formação do ácido m-cloro-benzoil-sulfúrico. Adicionar os monômeros por meio do funil **D**, cuja extremidade tem a forma de um tubo de pequeno diâmetro **E**, para permitir o gotejamento dos reagentes. Para a formação da cadeia polimérica em blocos, adicionar em etapas, com forte agitação, 0,45 mol/L de estireno e depois 0,40 mol/L de alfa-metil-estireno. A adição do segundo monômero ao funil de adição **D** deve ser feita de forma a não interromper o fluxo de líquido para o balão e sem misturar os monômeros. Terminar a reação após 5 minutos pela adição de 2 mL de metanol gelado. Evaporar o excesso de dióxido de enxofre em capela e solubilizar o copolímero em 30 mL de diclorometano. Precipitar o **copoli(estireno-alfa-metil-estireno)** em 300 mL de metanol, com agitação constante. Filtrar o copolímero em buchner e secar em estufa com circulação de ar a 50 °C por 2 horas.

Confirmação da estrutura química do copoli(estireno-alfa-metil-estireno)

Para confirmar a estrutura do polímero, é essencial purificar uma pequena amostra do produto, removendo os resíduos de monômero e de iniciador. Por pelo menos 30 minutos, deixar cerca de 0,5 g do material em contato, a frio, com um solvente do monômero, mas não do polímero. Geralmente é utilizado metanol para essa finalidade. Descartar o líquido sobrenadante e repetir a operação mais uma vez. Secar o **copoli(estireno-alfa-metil-estireno)** purificado e proceder à análise.

Picos de absorção na região do infravermelho:

a 2 920-3 060 cm^{-1}(C—H, alifático), 1 570-1 600 cm^{-1}
e 1 430-1 500 cm^{-1} (C$=$C aromático),
830 cm^{-1} (CH aromático $para$-substituído),
750-780 cm^{-1} e 690-715 cm^{-1} (C—H, aromático monossubstituído).

Sinais de ^{1}H NMR:

em 6,5 ppm e 6,9 ppm (CH aro   mático),
1,55 ppm (CH$_2$), 0,20 ppm (alfa-CH$_3$).

Sinais de ^{13}C NMR:

em 149,6-151,6 ppm (C$_1$ aromático da unidade alfa-metil-estireno),
145,70-146,50 ppm (C$_1$ aromático da unidade estireno),
125,0-129,0 ppm (C$_2$, C$_3$ e C$_4$ das duas unidades aromáticas),
60,2-63,5 ppm (CH$_2$ da unidade alfa-metil-estireno),
43,9-44,1 ppm (C quaternário da unidade alfa-metil-estireno)
e 40-48 ppm (CH$_2$ da unidade estireno) e 24,5 ppm (CH$_3$).

{Iniciação química}

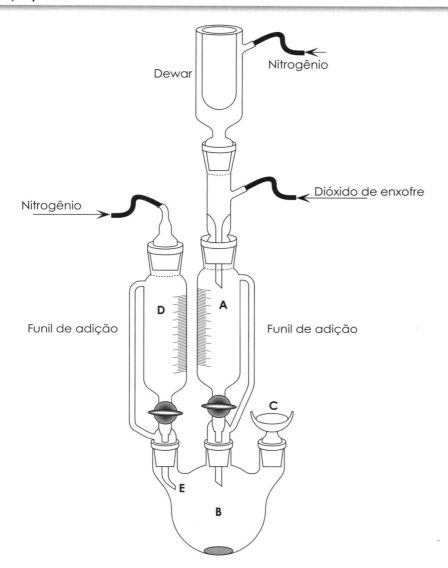

Figura 3.8
Aparelhagem para polimerização com dióxido de enxofre.

Referências bibliográficas

1. Soares B.G. — *Estudos sobre a tendência à formação de copolímeros em bloco em meio de dióxido de enxofre líquido*. Tese de Doutorado, Instituto de Macromoléculas da Universidade Federal do Rio de Janeiro, 1987. Orientador: A.S. Gomes.

2. Pham Q.T., Pétiaud R., Waton H. & Darricades M.F.L. — *Proton and Carbon NMR Spectra of Polymers*. CRC Press, Londres, 1991.

1.3 Técnica em meio heterogêneo, em emulsão

A técnica de polimerização em **emulsão** é usada para poliadições. Envolve a polimerização de monômero na forma de dispersão coloidal, o que facilita o controle do processo. O produto de uma polimerização em emulsão é o látex, que pode ser usado diretamente, sem separação do polímero. Os componentes principais de uma polimerização em emulsão são: monômero, meio dispersante, emulsificante e iniciador. O meio dispersante é o líquido, geralmente água, no qual vários componentes são dispersos graças ao emulsificante. O emulsificante, também denominado surfactante, geralmente um sabão, tem em suas moléculas segmentos hidrofílico e hidrofóbico.

Os monômeros se acham emulsionados em um não solvente contendo o iniciador, ao qual se adiciona um emulsificante. O tamanho da partícula emulsionada varia entre 1 nm e 1 μm. Os iniciadores usados em uma polimerização em emulsão devem ser solúveis em água, como o persulfato de potássio ou amônio e o peróxido de hidrogênio. Peróxidos parcialmente solúveis em água podem ser usados, como o hidroperóxido de t-butila. Sistemas de oxirredução, como o persulfato com íon ferroso, têm a vantagem de apresentar velocidade de iniciação abaixo de 50 °C. Outros sistemas de oxirredução incluem o hidroperóxido de cumila ou o péroxido de hidrogênio com íon ferroso, sulfito ou bissulfito. Os radicais livres se formam na fase aquosa e migram para a fase dispersa, na qual a reação tem lugar. Além do iniciador e do emulsificante, outros ingredientes podem ser adicionados, conforme o caso: tamponadores de pH, colóides protetores, reguladores de tensão superficial, reguladores de polimerização, ativadores, etc.

Na polimerização em emulsão, a velocidade de reação é mais alta que no caso de polimerizações em massa ou em solução; os produtos formados têm peso molecular alto.

A polimerização em emulsão apresenta as vantagens de fácil controle de temperatura e, conseqüentemente, maior homogeneidade de peso molecular; requer pouca agitação, pois não há aumento significativo de viscosidade. Conduz a elevados pesos moleculares, com rápida e elevada conversão. Os iniciadores usados são hidrossolúveis. Como desvantagem, destaca-se a dificuldade de remoção completa do emulsificante, o que restringe as aplicações do material. É particularmente útil na polimerização de elastômeros, pois os resíduos do emulsificante, já transformados em ácido esteárico, não prejudicam o produto final, uma vez que já estão regularmente presentes nas formulações de composições vulcanizáveis.

A polimerização em emulsão é o único processo que permite aumentar o peso molecular do polímero sem diminuir a velocidade de polimerização.

1.3.1 Poliestireno (PS)

$$n\ H_2C\!=\!CH \xrightarrow{\ K_2S_2O_8/50\,°C\ } (\!-\!H_2C\!-\!CH\!-\!)_n$$

Estireno   Poliestireno

Constantes físicas:

Termoplástico, incolor e transparente

Solventes: hidrocarbonetos aromáticos, hidrocarbonetos clorados, metil-etil-cetona, ciclo-hexanona, ésteres, tetra-hidrofurano, dioxana

Não solventes: água, hidrocarbonetos alifáticos, álcoois, fenol, acetona, éteres, ácido acético

Peso molecular: 300 000

Densidade: 1,05-1,06

Índice de refração: 1,59

Temperatura de transição vítrea (T_g): 100 °C

Constantes viscosimétricas: $K = 9,52 \times 10^{-3}$ mL/g, a = 0,74 (benzeno, 25 °C, osmometria)

$K = 7,16 \times 10^{-3}$ mL/g, a = 0,76 (clorofórmio, 25 °C, espalhamento de luz)

Preparação

Trata-se de uma polimerização de adição em emulsão, via radicais livres, com formação de **poliestireno** atático.

Em frasco de polimerização de 120 mL de capacidade, colocar 35 g de solução aquosa a 2,8% de estearato de sódio, fundida em banho-maria. Essa solução emulsificante é preparada com água destilada fervida, desaerada com nitrogênio e manuseada de modo a não formar espuma.

Resfriar a solução a temperatura ambiente e acrescentar ao frasco: 20 g de estireno, recentemente destilado sobre enxofre e com espiral de cobre como enchimento de coluna de destilação; 22 mL de solução aquosa a 3% de persulfato de potássio, preparada igualmente com água destilada fervida e deaerada, a frio. Adicionar ainda 1 gota (0,025 g) de dodecil-mercáptan, para evitar aumento excessivo do peso molecular.

Remover o ar do sistema passando corrente de nitrogênio, por 1 minuto, pela região superior, vazia, do frasco. Imediatamente, arrolhar a garrafa e colocá-la na "gaiola" de proteção (**Figura 3.1**).

Em banho termostático a 50 °C, acompanhado de agitação correspondente a cerca de 40 rotações por minuto, colocar a "gaiola" contendo a mistura a polimerizar, de modo a permitir a máxima homogeneização da massa. Ao fim de 12 a 16 horas, remover a "gaiola" do banho e deixar em geladeira, até voltar à temperatura ambiente. Só então remover a garrafa de sua proteção, com cuidado. Retirar a rolha, limpar a boca do frasco para não contaminar o polímero obtido e verter a mistura reacional sobre 250 mL de metanol, agitando continuamente para remover o emulsificante residual.

Filtrar o polímero usando buchner e trompa de água. Secar o **poliestireno** em estufa com circulação de ar a 50 °C, por 2 horas.

Confirmação da estrutura química do poliestireno

Para confirmar a estrutura do polímero, é essencial purificar uma pequena amostra do produto, removendo os resíduos de monômero, iniciador e emulsificante. Por pelo menos 30 minutos, deixar cerca de 0,5 g do material em contato, a frio, com benzeno e precipitar em metanol, com agitação. Descartar o líquido sobrenadante e repetir a operação mais uma vez. Filtrar o **poliestireno** purificado em papel de filtro, secar em estufa e proceder à análise.

Picos de absorção na região do infravermelho:

a 3 080-3 100 cm^{-1} (C—H, aromático), 2 920-3 060 cm^{-1} (C—H, alifático),
1 570-1 610 com^{-1} e 1 430-1 500 cm^{-1} (C=C, aromático),
750-780 cm^{-1} e 690-715 cm^{-1} (C—H, aromático monossubstituído).

Sinais de ^{1}H NMR:

em 1,5 ppm (CH_2), 7,0 ppm (CH aromático).

Sinais de ^{13}C NMR:

em 145,70-146,50 ppm (C_1 aromático), 128,30 ppm (C_2 e C_3 aromático),
125,9 ppm (C_4 aromático), 40-48 ppm (CH_2) e 40,8 ppm (CH).

Referências bibliográficas

1. Sorenson W.R. & Campbell T.W. — *Preparative Methods of Polymer Chemistry*. Interscience Publishers, Nova York, 1961.

2. Elliot J.R. — *Macromolecular Synthesis*. vol. II. John Wiley, Nova York, 1966, pg. 57.

3. Brandrup J., Immergut E.H. & Grulke E.A. — *Polymer Handbook*. John Wiley & Sons, Nova York, 1999.

4. Pouchert C.J. — *The Aldrich Library FT-IR Spectra*. 1.ª edição, v. 2. The Aldrich Chemical Company, Nova York, 1985.

5. Pham Q.T., Pétiaud R., Waton H. & Darricades M.F.L. — *Proton and Carbon NMR Spectra of Polymers*. CRC Press, Londres, 1991.

6. Mano E.B. — *Práticas de Polimerização*. Instituto de Química, Universidade Federal do Rio de Janeiro, 1967.

1.3.2 Copoli(butadieno/estireno) (SBR)*

Constantes físicas**

Termoplástico, borrachoso, em grumos
Solventes
(antes da vulcanização): hidrocarbonetos, hidrocarbonetos clorados
Não solventes
(antes da vulcanização): água, acetona, álcoois
Peso molecular: 100 000
Densidade: 0,93
Temperatura de
transição vítrea (T_g): variável
Constantes
viscosimétricas: K= 52,5 $\times$ 10^{-3} mL/g, a = 0,66
(benzeno, 25 °C, osmometria, válido para
borracha de SBR comercial)
Razões de reatividade
(sistemas de radicais
livres, 50 °C): butadieno, r_1 = 1,4; estireno, r_2 = 0,6

Preparação

Trata-se de uma copolimerização de adição em emulsão, via radicais livres, com formação de elastômero SBR.

Em frasco de polimerização de 120 mL de capacidade, colocar 35 g de solução aquosa a 2,8% de estearato de sódio, fundida em banho-maria. Essa solução é preparada com água destilada fervida, desaerada com nitrogênio e manuseada de modo a não formar espuma. Resfriar a temperatura ambiente e acrescentar ao frasco 5,8 g de estireno, recentemente destilado sobre enxofre e com espiral de cobre como enchimento de coluna de destilação, e 2 mL de solução aquosa a 3% de persulfato de potássio, preparada com água destilada fervida e desaerada, a frio. Adicionar ainda 1 gota (0,025 g) de dodecil-mercáptan, para evitar peso molecular excessivamente alto.

* A denominação mais exata, porém menos empregada, é poli(butadieno-co-estireno).

**SBR não vulcanizado.

Em capela, retirar o frasco do banho-maria e adicionar 16 g (27 mL) de butadieno, vaporizado, lavado por borbulhamento em solução aquosa a 5% de hidróxido de sódio e condensado em banho de etanol saturado de gelo-seco. Com o frasco ainda sobre o prato da balança, na capela, deixar vaporizar o butadieno até atingir o correspondente a 14,2 g desse monômero na mistura reacional contida no frasco. Fechar imediatamente a garrafa, arrolhando cuidadosamente, e inseri-la em "gaiola"de proteção adequada (**Figura 3.1**).

Em banho termostático a 50 °C, dotado de agitação correspondente a cerca de 40 rotações por minuto, colocar a "gaiola" contendo a mistura a polimerizar, de modo a permitir a máxima homogeneização da massa. Ao fim de 12 a 16 horas, remover a "gaiola" do banho e deixar em geladeira, até a temperatura atingir as proximidades de 0 °C. Só então remover a garrafa de sua proteção e, com cuidado, retirar a rolha; limpar a boca do frasco para não contaminar o polímero obtido e, agitando vigorosamente com bastão de vidro, verter a mistura reacional sobre 250 mL de solução metanólica a 0,25% de fenil-beta-naftil-amina, a fim de coagular o polímero e ao mesmo tempo protegê-lo de oxidação.

Separar o **copoli(butadieno/estireno)** da mistura líquida, lavar por imersão na solução metanólica do antioxidante, separar da fase alcoólica comprimindo com bastão de vidro e secar em estufa com circulação de ar a 50 °C, por 2 horas.

Confirmação da estrutura química do copoli(butadieno/estireno)

Para confirmar a estrutura do polímero, é essencial purificar uma pequena amostra do produto, removendo os resíduos de monômero e de iniciador. Por pelo menos 30 minutos, deixar cerca de 0,5 g de do material em contato, a frio, com um solvente do monômero, mas não do polímero. Geralmente é utilizado metanol para essa finalidade. Descartar o líquido sobrenadante e repetir a operação mais uma vez. Separar o polímero por decantação, secar o **copoli(butadieno/estireno)** purificado em estufa de circulação de ar, como anteriormente, e proceder à análise. A numeração dos átomos de carbono referidos na espectroscopia de NMR está indicada a seguir.

estireno   1,4-butadieno   1,2-butadieno

Iniciação química

Picos de absorção na região do infravermelho:

a 3 080-3 100 cm^{-1} (C—H, aromático), 2 910 cm^{-1} (C—H, alifático), 1 620 cm^{-1} (C=C, aromático), 1 410 cm^{-1} (CH_2), 960 cm^{-1} (C=CH).

Sinais de ^1H NMR:

em 6,7-7,3 ppm (H aromáticos), 4,6-5,0 ppm [CH_2 (4) unidades 1,2], 5,0-5,75 ppm [CH (3) unidades 1,2 + CH (2) e CH (3) unidades 1,4], 1,0-1,5 ppm [CH_2 (1) unidades 1,2], 1,0-2,9 ppm [CH unidade estireno + CH_2 (1) CH_2 (4) unidade 1,4 + CH_2 (1) e CH (2) unidade 1,2].

Referências bibliográficas

1. Sorenson W.R. & Campbell T.W. — *Preparative Methods of Polymer Chemistry*. Interscience Publishers, Nova York, 1961.

2. Elliot J.R. — *Macromolecular Synthesis*. vol. II, John Wiley. Nova York, 1966, p. 57.

3. Brandrup J., Immergut E.H. & Grulke E.A. — *Polymer Handbook*. John Wiley & Sons, Nova York, 1999.

4. Pouchert C.J. — *The Aldrich Library FT-IR Spectra*. 1.ª edição, v. 2. The Aldrich Chemical Company, Nova York, 1985.

5. Pham Q.T., Pétiaud R., Waton H. & Darricades M.F.L. — *Proton and Carbon NMR Spectra of Polymers*. CRC Press, Londres, 1991.

6. Mano E.B. — *Práticas de Polimerização*. Instituto de Química, Universidade Federal do Rio de Janeiro, 1967.

1.4 Técnica em meio heterogêneo, em suspensão

Nessa técnica em suspensão, o que realmente ocorre é uma polimerização em massa dentro de cada gotícula suspensa, sem o inconveniente do aumento elevado da temperatura, que é controlada pela transferência do calor para a água. O tamanho das partículas dispersas é igual ou superior a 1 μm, geralmente entre 1 e 10 μm ou mais, o que exige agitação mecânica vigorosa e contínua. O monômero (fase descontínua) é insolúvel em água (fase contínua) e o iniciador deve ser solúvel no monômero. Ao agitar o sistema, são formadas gotas de monômero contendo o iniciador. As gotas são convertidas em polímero depois de aquecidas. Na polimerização em suspensão são usados estabilizadores para evitar a coalescência das gotas. Dois tipos de estabilizadores são usados, os polímeros solúveis em água e os pós inorgânicos insolúveis. Como polímeros solúveis em água podem ser citados o poli(álcool vinílico), o poli(estireno-sulfonato de sódio) e a hidroxi-propril-celulose. Como pós inorgânicos insolúveis podem ser usados o talco, a hidroxi-apatita, o sulfato de bário, o caulim, o carbonato de magnésio e o hidróxido de alumínio.

A polimerização em suspensão tem as vantagens da polimerização em emulsão sem suas desvantagens; a precipitação do polímero ao termo do processo é simplesmente obtida pela interrupção da agitação, depositando-se as contas, ou pérolas, do polímero. Deve-se observar com o maior cuidado a regularidade da agitação, sob pena de todo o material do reator se solidificar como um bloco, com perda total do polímero.

1.4.1 Poli(metacrilato de metila) (PMMA)

$$n \; H_2C = C \begin{array}{c} CH_3 \\ | \\ C-OCH_3 \\ \parallel \\ O \end{array} \xrightarrow{Bz_2O_2/80\,°C} \begin{array}{c} CH_3 \\ | \\ -(H_2C-C)_n- \\ | \\ C-OCH_3 \\ \parallel \\ O \end{array}$$

Metacrilato de metila   Poli(metacrilato de metila)

Constantes físicas

Termoplástico, incolor e transparente

Solventes: hidrocarbonetos aromáticos, hidrocarbonetos clorados, cetonas, ésteres, tetra-hidrofurano, dioxana, ácido acético

Não solventes: água, hidrocarbonetos alifáticos e alicíclicos, álcoois, glicóis, éter etílico, formamida

Peso molecular: 500 000-1 000 000

Densidade: 1,18

Índice de refração: 1,49

Temperatura de transição vítrea (T_g): 105 °C

Temperatura de fusão cristalina (T_m): 160 °C

Constantes viscosimétricas: $K = 7,24 \times 10^{-3}$ mL/g, a = 0,76 (benzeno, 25 °C, osmometria) $K = 4,80 \times 10^{-3}$ mL/g, a = 0,80 (clorofórmio, 25 °C, espalhamento de luz)

Preparação

Trata-se de uma polimerização de adição em suspensão, via radicais livres, com formação de **poli(metacrilato de metila)** sólido, como contas.

Em banho termostático a 75 °C, instalar um balão de fundo redondo, de 3 bocas e 1 litro de capacidade. Adaptar agitador elétrico, de pá semicircular e condensador de refluxo.

Preparar a solução do agente de espessamento dissolvendo a quente, com agitação, 5 g de poli(ácido metacrílico) (PMAA) em 400 mL de água destilada e desaerada. Em seguida, adicionar 50 mL de solução aquosa a 5,4% de NaOH, 25 mL de solução aquosa a 11,2% de fosfato dissódico e 25 mL de solução aquosa a 0,8% de fosfato monossódico, para estabilizar o pH do meio. Transferir essa mistura ao balão de reação e iniciar a agitação.

Iniciação química

Preparar, a frio, uma solução contendo 160 g de metacrilato de metila, previamente destilado sobre hidroquinona, e 1,6 g de peróxido de benzoíla. Transferir ao balão em que está a mistura a fase aquosa espessada, mantendo a agitação.

Regular a agitação, que deve ser constante e uniforme durante todo o tempo da polimerização, além de não ser muito lenta, pois permitiria a aglutinação das contas de polímero durante a polimerização. Mas não pode ser excessivamente rápida, pois isso acarretaria a formação de contas de muito pequenas dimensões, ao lado de espuma, a qual determinaria heterogeneidade indesejável nos diâmetros das partículas. Cerca de 200 rotações por minuto pode ser a escolha.

Remover o oxigênio da atmosfera no interior do balão utilizando nitrogênio passado por tubo pela abertura livre do frasco de reação, por 2 a 3 minutos.

Aquecer a mistura reacional nas condições acima por 2 horas e 30 minutos. Não permitir que a temperatura do balão exceda 80 °C.

Remover do banho termostático o balão, adicionar a ele igual volume de água e aguardar a deposição das contas. Conforme o seu tamanho, isso é facilmente conseguido ao cabo de alguns minutos, do contrário poderá ser necessária a centrifugação. Em qualquer caso, repetidas vezes lavar o **poli(metacrilato de metila)** obtido com água e por último com metanol, filtrando através de papel de filtro, em buchner, com trompa de água.

Secar em estufa a 50 °C, com circulação de ar, por 2 horas.

Confirmação da estrutura química do poli(metacrilato de metila)

Para confirmar a estrutura do polímero, é essencial purificar uma pequena amostra do produto, removendo os resíduos de monômero, iniciador e agentes de suspensão. Por pelo menos 30 minutos, deixar cerca de 0,5 g do material em contato, a frio, com benzeno e precipitar em metanol. Filtrar o **poli(metacrilato de metila)** através de papel de filtro e secar em estufa a 50 °C, com circulação de ar, por 2 horas, antes de proceder à análise.

Picos de absorção na região do infravermelho:

a 3 000 cm^{-1} (C—H, alifático), 2 950 cm^{-1} (CH$_2$, alifático), 1 720 cm^{-1} (C$=$O), 1 150 cm^{-1} (C—COO—).

Sinais de ^{1}H NMR:

em 0,9 ppm (—CH$_3$), 1,8 ppm (—CH$_2$), 3,6 ppm (—OCH$_3$).

Sinais de ^{13}C NMR:

em 175,1-177,0 ppm (C$=$O), 51,8-53,9 ppm (CH$_2$), 51,8 ppm (OCH$_3$), 44,5-45,2 ppm (C quaternário) e 17,2-21,8 ppm (CH$_3$).

Referências bibliográficas

1. Overberger C.G. — *Macromolecular Synthesis*. vol. I. John Wiley, Nova York, 1963, p. 22.

2. Sorenson W.R. & Campbell T.W. — *Preparative Methods of Polymer Chemistry*. Interscience Publishers, Nova York, 1961.

3. Brandrup J., Immergut E.H. & Grulke E.A. — *Polymer Handbook*. John Wiley & Sons, Nova York, 1999.

4. Pouchert C.J. — *The Aldrich Library FT-IR Spectra*. 1.ª edição, v. 2. The Aldrich Chemical Company, Nova York, 1985.

5. Pham Q.T., Pétiaud R., Waton H. & Darricades M.F.L. — *Proton and Carbon NMR Spectra of Polymers*. CRC Press, Londres, 1991.

6. Mano E.B. — *Práticas de Polimerização*. Instituto de Química, Universidade Federal do Rio de Janeiro, 1967.

Iniciação química

193

1.4.2 Copoli(estireno/divinil-benzeno)*

Estireno Divinil-benzeno

Copoli(estireno/divinil-benzeno)

Constantes físicas

Termorrígido

Densidade aparente: variável

Razões de reatividade: estireno, $r_1 = 0,26$

divinil-benzeno, $r_2 = 1,18$

Partículas poliméricas com forma esférica à base do copolímero de estireno-divinil-benzeno, apresentando porosidade controlada, são obtidas pela polimerização em suspensão de estireno e divinil-benzeno em presença de diluentes. Os diluentes são substâncias químicas que não participam da reação de polimerização, mas atuam no processo de formação de poros na massa polimérica.

Os diluentes podem ser do tipo solvatante, como o tolueno, quando dissolvem bem o polímero formado, o que resulta em **microporosidade**; os não solvatantes, como o heptano, participam do processo de precipitação do polímero formado e separação de fases na partícula, determinando a **macroporosidade**. A prática a seguir descreve a preparação de copolímeros de estireno-divinil-benzeno, de formato esférico e que podem apresentar microporos ou macroporos, pela mudança da razão tolueno/heptano no sistema, que constitui o diluente.

Preparação

Para realizar a polimerização é necessário preparar separadamente a fase aquosa e a fase orgânica.

• Fase aquosa

Em um bécher de 250 mL de capacidade, dissolver 1,45 g de poli(álcool vinílico) em 200 mL de água morna. Em outro bécher de mesma capacidade, dissolver 1,45 g de NaCl em 50 mL de água fria. Transferir as duas soluções para uma proveta de 500 mL e, com água, completar o volume para 290 mL.

* A denominação mais exata, porém menos empregada, é poli(estireno-co-divinil-benzeno).

- Fase orgânica

Em um bécher de 250 mL de capacidade, dissolver com agitação 0,64 g de azo-*bis*-isobutironitrila em 31 mL de estireno destilado. Após a dissolução, acrescentar 13 mL de divinil-benzeno e homogeneizar. Em seguida, adicionar os volumes de tolueno e heptano correspondentes a uma das razões volumétricas indicadas a seguir, à escolha.

Razão volumétrica tolueno/heptano	Volume de tolueno (mL)	Volume de heptano (mL)
100/0	52	0
80/20	42	11
50/50	26	26
20/80	11	42
0/100	0	52

- **Copoli(estireno/divinil-benzeno)**

Em um balão de 3 bocas de 1 litro de capacidade, equipado com agitador mecânico, borbulhador de nitrogênio e condensador de refluxo, colocar primeiramente a fase aquosa. Em seguida, adicionar a fase orgânica sob agitação constante (300 rpm) e a temperatura ambiente. Após 10 minutos, com banho de óleo aquecer a mistura reacional a 70 °C por 24 horas. Terminado o tempo de reação, filtrar as pérolas do copolímero em buchner. Lavar as pérolas com água morna, a 50 °C por 30 minutos e filtrar novamente. Repetir a lavagem até que o filtrado fique completamente transparente. Por último, lavar as pérolas com metanol e secar em estufa com circulação de ar a 50 °C, por 2 horas.

Confirmação da estrutura química do copoli(estireno/divinil-benzeno)

Para confirmar a estrutura do polímero, é essencial purificar uma pequena amostra do produto, removendo os resíduos de monômero, iniciador e agentes de suspensão. Por pelo menos 30 minutos, deixar cerca de 0,5 g do material em contato, a frio, com um solvente do monômero, mas não do polímero. Geralmente é utilizado metanol para essa finalidade. Descartar o líquido sobrenadante e repetir a operação mais uma vez. Secar o **copoli(estireno/divinil-benzeno)** purificado e proceder à análise.

Iniciação química

Picos de absorção na região do infravermelho:

a 3 080-3 100 cm^{-1} (C—H, aromático), 2 920-3 060 cm^{-1} (C—H, alifático),
1 1 570-1 610 cm^{-1} e 1 430-1 500 cm^{-1} (C=C, aromático),
750-780 cm^{-1} e 690-715 cm^{-1} (C—H, aromático monossubstituído).

Sinais de ^{1}H NMR:

em 1,5 ppm (CH$_2$), 7,0 ppm (CH aromático).

Referências bibliográficas

1. Rabelo D. — *Formação da estrutura porosa em copolímeros à base de estireno e divinil-benzeno*. Tese de Doutorado, Instituto de Macromoléculas da Universidade Federal do Rio de Janeiro, 1993. Orientador: F.M.B. Coutinho.

2. Brandrup J., Immergut E.H. & Grulke E.A. — *Polymer Handbook*. John Wiley & Sons, Nova York, 1999.

3. Pouchert C.J. — *The Aldrich Library FT-IR Spectra*. 1.ª edição, v. 2. The Aldrich Chemical Company, Nova York, 1985.

1.5 Técnica em meio heterogêneo, em lama

Quando a polimerização ocorre em meio homogêneo, em solução, porém o polímero formado não é solúvel no meio reacional e vai precipitando progessivamente, a polimerização é conhecida como polimerização **em solução com precipitação**, ou **polimerização em lama**. Dessa maneira, ao término da reação, após a interrupção da agitação, basta filtrar e lavar o material depositado, antes de proceder à secagem.

1.5.1 Poliacrilonitrila (PAN)

$$n \; H_2C{=}CH{-}(C{\equiv}N) \xrightarrow{K_2S_2O_8/50\,°C} {-}(H_2C{-}CH)_n{-}(C{\equiv}N)$$

Acrilonitrila → Poliacrilonitrila

Constantes físicas

Termoplástico, incolor e transparente

Solventes: dimetil-formamida, dimetil-acetamida, dimetil-sulfóxido.

Não solventes: água, metanol, éter etílico, heptano

Peso molecular: 50 000-100 000

Temperatura de transição vítrea (T_g): 105 °C

Temperatura de fusão cristalina (T_m): 317 °C

Constantes viscosimétricas: $K = 39,6 \times 10^{-3}$ mL/g, $a = 0,75$ (dimetil-formamida, 25 °C, osmometria)

$K = 44,3 \times 10^{-3}$ mL/g, $a = 0,70$ (dimetil-formamida, 25 °C, espalhamento de luz)

Preparação

Trata-se de uma poliadição via radical livre, em solução, com precipitação, também chamada polimerização em lama.

Em balão de fundo redondo, de 3 bocas e 1 litro de capacidade, instalado em banho termostático a 50 °C, adaptar agitador elétrico e condensador de refluxo (**Figura 3.9**). Introduzir no balão 400 mL de água destilada desaerada pelo borbulhamento de nitrogênio por 10 minutos, 40 g de acrilonitrila destilada previamente sobre algumas gotas de ácido fosfórico a 85%, 20 mL de solução aquosa contendo 0,001 g de sulfato ferroso amoniacal e 4 mL de solução 0,1N de ácido sulfúrico. Iniciar a agitação. Verificar o pH e ajustá-lo, se necessário, na faixa 2,8-4,0, sendo o ponto ótimo 3,2. Manter corrente lenta e contínua de nitrogênio através do sistema. (**Cuidado:** se ainda houver oxigênio no ambiente da reação, não ocorrerá a polimerização.) Adicionar então a solução de iniciador, recém-preparada, a frio, que consiste de 0,1 g de persulfato de potássio em 25 mL de água destilada e desaerada, e completar o sistema de oxirredução com 50 mL de solução aquosa a 1% de metabissulfito de sódio.

Continuar a agitação por 1 hora, mantendo a atmosfera de nitrogênio. Uma espessa lama branca de **poliacrilonitrila** é obtida. Interromper a polimerização adicionando à mistura reacional uma solução aquosa a 1% de carbonato de sódio, até atingir pH entre 7 e 10. Interromper a agitação por alguns minutos, de modo a facilitar a separação das duas fases. Filtrar através de papel de filtro, em buchner. Secar a **poliacrilonitrila** obtida em estufa a 50 °C, com circulação de ar, por 2 horas.

Confirmação da estrutura química da poliacrilonitrila

Para confirmar a estrutura do polímero, é essencial purificar uma pequena amostra do produto, removendo os resíduos de monômero e de iniciador. Por pelo menos 30 minutos, deixar cerca de 0,5 g do material em contato, a frio, com um solvente do monômero, mas não do polímero. Geralmente é utilizado metanol para essa finalidade. Descartar o líquido sobrenadante e repetir a operação mais uma vez. Secar a **poliacrilonitrila** purificada e proceder à análise.

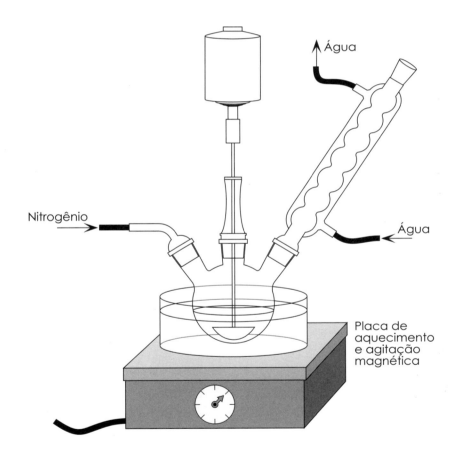

Figura 3.9
Aparelhagem para a preparação de poliacrilonitrila em lama.

Picos de absorção na região do infravermelho:

a 2 940 cm^{-1} (CH$_2$), 2 244 cm^{-1} (CN), 1 454 cm^{-1} (CH$_2$), 1 364 cm^{-1}(CH), 1 253 cm^{-1}(CH), 1 073 cm^{-1}(CN e CH$_2$).

Sinais de ^{1}H NMR:

em 2,2-2,30 ppm (CH$_2$), 3,0-3,5 ppm (CH).

Sinais de ^{13}C NMR [solução de dimetil-sulfóxido (d$_6$)]:

em 119,9-120,4 ppm (CN), 28,2 ppm (CH$_2$) e 27,3-28,2 ppm (CH).

Referências bibliográficas

1. Elliot J.R. — *Macromolecular Synthesis*. vol. ll. John Wiley, Nova York, 1966, p. 78.

2. Brandrup J., Immergut E.H. & Grulke E.A. — *Polymer Handbook*. John Wiley & Sons, Nova York, 1999.

3. Pouchert C.J. — *The Aldrich Library FT-IR Spectra*. 1.ª edição, v. 2. The Aldrich Chemical Company, Nova York, 1985.

4. Pham Q.T., Pétiaud R., Waton H. & Darricades M.F.L. — *Proton and Carbon NMR Spectra of Polymers*. CRC Press, Londres, 1991.

5. Mano E.B. — *Práticas de Polimerização*. Instituto de Química, Universidade Federal do Rio de Janeiro, 1967.

1.5.2 Polietileno linear (HDPE)

$$n\ CH_2{=}CH_2 \xrightarrow{\text{Metil-aluminoxano (MAO)}} -(CH_2-CH_2)_n-$$

Etileno

Polietileno (HDPE)

Dicloreto de *bis*-(ciclopentadienil)-zircônio (Cp$_2$ZrCl$_2$)

Constantes físicas

Termoplástico, incolor e translúcido

Solventes: triclorobenzeno e decalina

Não solventes: água, álcoois, cetonas, ésteres e hidrocarbonetos alifáticos

Peso molecular: 100 000-2 000 000

Densidade: 0,96

Índice de refração: 1,545

Temperatura de transição vítrea (T_g): –115°C (transição γ)

Temperatura de fusão cristalina (T_m): 135 °C

Constantes viscosimétricas: $K = 38,73 \times 10^{-3}$ mL/g, a = 0,738 (decalina, 70 °C, osmometria)
$K = 135 \times 10^{-3}$ mL/g, a = 0,63 (p-xileno, 75 °C, osmometria).

O **polietileno linear**, com estrutura molecular estritamente linear, pode ser obtido pela polimerização em lama de etileno com catalisadores do tipo Ziegler-Natta.

Esses catalisadores são na verdade sistemas catalíticos formados por dois componentes: um composto de metal de transição dos grupos 4 a 10 e outro composto dos grupos 13, principalmente alumínio.

Hidrocarbonetos são normalmente empregados como solvente do monômero gasoso, que se dissolve no meio reacional. O polímero que se forma pela ação do sistema catalítico cristaliza no meio reacional à medida que vai se formando, precipita na forma de pó fino e pode ser separado do solvente por filtração no final da polimerização.

Os metalocenos (catalisadores de Kaminsky) constituem exemplo particular de catalisadores do tipo Ziegler-Natta que são ativados por metil-aluminoxano (cocatalisador). A prática descrita a seguir descreve a preparação de polietileno de estrutura linear com sistema catalítico metalocênico formado pelo zirconoceno dicloreto de *bis*-(ciclopentadienil)-zircônio (Cp_2ZrCl_2) e metil-aluminoxano (MAO).

Preparação

Imediatamente antes de iniciar a polimerização, preparar o solvente da reação (tolueno seco), previamente destilado sobre sódio/benzofenona* e guardado em schlenk sob atmosfera de nitrogênio, e por fim proceder à solução de catalisador.

Em capela, colocar um balão seco de 2 bocas, com capacidade de 250 mL, ainda quente, após permanecer secando, por pelo menos 1 hora, em estufa a 110 °C. Introduzir uma barra magnética e adaptar torneira para admissão de gases. Purgar o sistema, ainda vazio, com nitrogênio seco até atingir a temperatura ambiente. Colocar uma rolha esmerilhada ou um septo de borracha de silicone na boca do balão, sem entretanto vedar o sistema, para que o gás inerte saia do balão e a rolha permaneça suspensa pelo fluxo do gás.

Com o auxílio de uma seringa e sob a atmosfera de nitrogênio seco, remover momentaneamente a rolha e introduzir no balão 100 mL de tolueno seco. Adicionar então, também com seringa, 5,8 mL de uma solução a 10% de MAO em tolueno. (**Cuidado**: compostos alquil-alumínicos são pirofóricos quando concentrados e, mesmo diluídos, podem causar sérias queimaduras na pele.)

Colocar o balão em banho termostático a 50 °C, interromper o fluxo de nitrogênio e introduzir o monômero gasoso, etileno, por meio da torneira. Inicialmente, purgar o sistema durante 1 minuto com o etileno, abrindo a saída do balão. Em seguida, introduzir no balão por intermédio de seringa uma quantidade da solução de catalisador que contenha 0,005 mmol de Cp_2ZrCl_2. Os metalocenos são sensíveis à umidade e devem ser manipulados sob atmosfera inerte. Fechar o balão, tendo o cuidado de prender as rolhas esmerilhadas com mola ou elástico. Sob agitação intensa, controlar a pressão manométrica até que alcance 100 mm Hg. Usar válvula reguladora e tubo em U de mercúrio para leitura e controle da pressão de etileno (ver **Figura 3.4**).

Manter a agitação, a temperatura e a pressão constantes por 30 minutos, quando então a alimentação de monômero deve ser interrompida. Para a desativação do catalisador, introduzir com cuidado no balão, por meio de pipeta, cerca de 5 mL de solução alcoólica de HCl (10%).

Resfriar o balão, verter o conteúdo em 500 mL de metanol contido em bécher, com agitação magnética para precipitar o polímero. Filtrar em buchner o **polietileno** obtido, lavar com metanol e secar em estufa a vácuo, a 70 °C.

---

* Benzofenona é um sólido que forma com o sódio um complexo muito reativo de coloração azul, que se torna amarelo em contato com a umidade, tornando-se um composto solúvel, estável. O desaparecimento da coloração azul indica que o complexo reativo está extinto.

Confirmação da estrutura química do polietileno linear

Para confirmar a estrutura do polímero, é essencial purificar uma pequena amostra do produto, removendo os resíduos de monômero e de iniciador. Por pelo menos 30 minutos, deixar cerca de 0,5 g do material em contato, a frio, com um solvente do monômero, mas não do polímero. Geralmente é utilizado metanol para essa finalidade. Descartar o líquido sobrenadante e repetir a operação mais uma vez. Secar o **polietileno linear** purificado e proceder à análise.

Picos de absorção na região do infravermelho:

a 3 025 cm^{-1}(C—H), 2 865 cm^{-1} (C—H),
1 450 cm^{-1} (C—H) e 720 cm^{-1} (CH_2).

Sinal de ^1H NMR:

em 1,25 ppm (CH_2).

Sinal único de ^{13}C NMR:

em 30,00 ppm (CH_2).

Referências bibliográficas

1. Marques M.F.V. & Conte A. — *Journal of Applied Polymer Science.* **86**, 2054-2061, 2002.

2. Brandrup J., Immergut E.H. & Grulke E.A. — *Polymer Handbook.* John Wiley & Sons, Nova York, 1999.

3. Pham Q.T., Pétiaud R., Waton H. & Darricades M.F.L. — *Proton and Carbon NMR Spectra of Polymers.* CRC Press, Londres, 1991.

1.5.3 Polipropileno isotático (iPP)

$$n\ CH_2{=}CH{-}CH_3 \xrightarrow[\text{Catalisador de Ziegler-Natta}]{TiCl_3/AlEt_2Cl}$$

Propileno → Polipropileno isotático (iPP)

Constantes físicas

Termoplástico, incolor e transparente

Solventes: diclorobenzeno e triclorobenzeno a quente

Não solventes: água, álcoois, cetonas e ésteres

Peso molecular: 100 000-800 000

Densidade: 0,90

Índice de refração: 1,503

Temperatura de transição vítrea (T_g): –18 °C

Temperatura de fusão cristalina (T_m): 165 °C

Constantes viscosimétricas: $K = 11,0 \times 10^{-3}$ mL/g, a = 0,80 (decalina, 135 °C, espalhamento de luz)
$K = 96 \times 10^{-3}$ mL/g, a = 0,63 (p-xileno, 85 °C, osmometria)
$K = 2,5 \times 10^{-3}$ mL/g, a = 1,00 (tetralina, 135 °C, osmometria)

Preparação

Imediatamente antes de iniciar a polimerização, preparar o solvente da reação (tolueno seco), previamente destilado sobre sódio/benzofenona* e guardado em schlenk sob atmosfera de nitrogênio, e por fim proceder à dispersão de tricloreto de titânio ($TiCl_3$).

Em capela, colocar um balão seco de 2 bocas e capacidade de 250 mL, ainda quente, após permanecer secando, por pelo menos 1 hora, em estufa a 110 °C. Introduzir uma barra magnética e adaptar torneira para admissão de gases. Purgar o sistema, ainda vazio, com nitrogênio seco até atingir a temperatura ambiente. Colocar uma rolha esmerilhada ou um septo de borracha de silicone na boca do balão, sem entretanto vedar o sistema, para que o gás inerte saia do balão e a rolha mantenha-se suspensa pelo fluxo do gás.

Com o auxílio de uma seringa e sob a atmosfera de nitrogênio seco, remover momentaneamente a rolha e introduzir no balão 100 mL de tolueno seco. Adicionar então, também com seringa, 2,0 mmol de uma solução de cloreto de dietil-alumínio ($AlEt_2Cl$). (**Cuidado**: compostos alquil-alumínicos são pi-

* Benzofenona é um sólido que forma com o sódio um complexo muito reativo de coloração azul, que se torna amarelo em contato com a umidade, tornando-se um composto solúvel, estável. O desaparecimento da coloração azul indica que o complexo reativo está extinto.

rofóricos quando concentrados e, mesmo diluídos, podem causar sérias queimaduras na pele.)

Colocar o balão em banho termostático a 70 °C, interromper o fluxo de nitrogênio e introduzir o monômero gasoso, etileno, por meio da torneira. Inicialmente, durante 1 minuto purgar o sistema com o etileno, abrindo a saída do balão. Em seguida, introduzir no balão, por intermédio de seringa, uma quantidade da dispersão de catalisador que contenha 1,0 mmol de $TiCl_3$. Os metalocenos são sensíveis à umidade e devem ser manipulados sob atmosfera inerte. Fechar o balão, tendo o cuidado de prender as rolhas esmerilhadas com mola ou elástico. Sob agitação intensa, controlar a pressão manométrica até que alcance 100 mm Hg. Usar válvula reguladora e tubo em U de mercúrio para leitura e controle da pressão de etileno (ver **Figura 3.4**).

Manter a agitação, a temperatura e a pressão constantes por 30 minutos, quando então a alimentação de monômero deve ser interrompida. Para a desativação do catalisador, introduzir com cuidado no balão, por meio de pipeta, cerca de 5 mL de solução alcoólica de ácido clorídrico (10%).

Resfriar o balão, verter o conteúdo em 500 mL de metanol contido em bécher, com agitação magnética, para precipitar o polímero. Filtrar em buchner o **polipropileno isotático** obtido, lavar com metanol e secar em estufa a vácuo, a 70 °C.

Confirmação da estrutura química do polipropileno isotático

Para confirmar a estrutura do polímero, é essencial purificar uma pequena amostra do produto, removendo os resíduos de monômero e de iniciador. Por pelo menos 30 minutos, deixar cerca de 0,5 g do material em contato, a frio, com um solvente do monômero, mas não do polímero. Geralmente é utilizado metanol para essa finalidade. Descartar o líquido sobrenadante e repetir a operação mais uma vez. Secar o **polipropileno isotático** purificado e proceder à análise.

Picos de absorção na região do infravermelho:

a 3 025 cm^{-1} (C—H), 2 865 cm^{-1} (C—H) e 1 450 cm^{-1} (C—H).

Sinais de ^1H NMR:

em 1,55-1,7 ppm (CH multipleto), 1,24-1,38 ppm (CH_2 multipleto) e 0,82-0,96 ppm (CH_3 dubleto).

Sinais de ^{13}C NMR:

em 48 ppm (CH_2), 29 ppm (CH) e 22 ppm (CH_3 pêntade mmmm).

Integração de sinais entre 19,5 ppm e 22,5 ppm, em que aparecem sinais de seqüências pêntades de CH_3, permitem a determinação do teor de pêntades mmmm características do polímero isotático.

Referências bibliográficas

1. Kissin Y.V. — *Isospecific Polymerization of Olefins*. Springer-Verlag, Berlim, 1985, p. 232.

2. Brandrup J., E. Immergut H. & Grulke E. A. — *Polymer Handbook*. John Wiley & Sons, Nova York, 1999.

3. Pham Q.T., Pétiaud R., Waton H. & Darricades M.F.L. — *Proton and Carbon NMR Spectra of Polymers*. CRC Press, Londres, 1991.

1.5.4 Poliestireno isotático (iPS)

$$n\,CH_2{=}CH\text{(Estireno)} \xrightarrow[\text{Catalisador de Ziegler-Natta}]{\text{TiCl}_3/\text{AlEt}_2\text{Cl}} \text{Poliestireno isotático (iPS)}$$

Constantes físicas

Termoplástico, incolor e translúcido

Solventes: triclorobenzeno, decalina e hidrocarbonetos clorados, a quente

Não solventes: água, álcoois, cetonas e ésteres

Peso molecular: 70 000-200 000

Temperatura de transição vítrea (T_g): 105 °C

Temperatura de fusão cristalina (T_m): 235 °C

Constantes viscosimétricas: $K = 11{,}0 \times 10^{-3}$ mL/g, a = 0,725 (tolueno, 30 °C, osmometria)

$K = 25{,}9 \times 10^{-3}$ mL/g, a = 0,734 (clorofórmio, 30 °C, osmometria)

$K = 17{,}9 \times 10^{-3}$ mL/g, a = 0,677 (*o*-diclorobenzeno, 25 °C, osmometria)

Preparação

Imediatamente antes de iniciar a polimerização, preparar cerca de 100 mL de hexano seco, destilado sobre sódio, e conservar em um schlenk, sob atmosfera de nitrogênio. Preparar também uma dispersão de tricloreto de titânio suficiente para a polimerização. Para isso, pesar cerca de 4 mmol do cloreto de titânio ($TiCl_3$), em um segundo schlenk, e adicionar 20 mL de hexano seco, sob atmosfera de nitrogênio ou argônio secos. Introduzir no schlenk contendo o catalisador uma barra magnética seca e guardar a suspensão do catalisador, protegida da umidade e do ar, até momentos antes da reação.

Em um terceiro schlenk de 100 mL de capacidade, ainda quente, recém-retirado de estufa onde permaneceu secando por pelo menos 3 horas a 150 °C, introduzir uma barra agitadora magnética e resfriar por meio de purga com nitrogênio seco até atingir a temperatura ambiente. Com o auxílio de uma seringa e sob atmosfera de nitrogênio seco, introduzir no schlenk 20 mL de hexano, previamente destilado sobre sódio/benzofenona* e mantido sob nitrogênio seco. Introduzir 3 mmol de cloreto de dietil-alumínio ($AlEt_2Cl$), na forma de uma solução previamente preparada pela diluição do composto de alumínio em hexano. **Cuidado**: compostos alquil-alumínicos são **pirofóricos**, isto é, inflamam-se espontaneamente quando concentrados e, mesmo diluídos, podem causar sérias queimaduras na pele.

Colocar o schlenk em banho termostático a 50 °C e introduzir, por intermédio de seringa, cerca de 15 mL da suspensão de tricloreto de titânio, correspondente a 3 mmol do catalisador, homogeneizada por intensa agitação magnética. Em seguida, introduzir no schlenk, também com seringa, 5 mL de estireno previamente destilado sobre hidreto de cálcio. Fechar o schlenk, prendendo a tampa esmerilhada com mola ou elástico, e controlar a temperatura do banho termostático. Manter constante a agitação e a temperatura por uma hora, quando então a reação é interrompida pela desativação do catalisador. Para isto, por meio de pipeta, adicionar ao schlenk, gota a gota, cerca de 5 mL de solução alcoólica de ácido clorídrico a 10%. **Cuidado**: a reação do álcool com o composto alquil-alumínico é violenta, podendo provocar a projeção da solução para fora do tubo. Resfriar o schlenk e filtrar em papel de filtro o **poliestireno isotático** obtido; lavar com metanol e secar em estufa com circulação de ar a 50 °C, por 2 horas.

Confirmação da estrutura química do poliestireno isotático

A preparação do **poliestireno isotático** com tricloreto de titânio produz uma mistura de polímeros isotático, em maior percentual, e atático. O polímero atático pode ser removido por extração do produto obtido com metil-etilcetona em extrator tipo soxhlet, restando insolúvel o polímero de estrutura mais regular e alto peso molecular, isto é, o **poliestireno isotático**.

Picos de absorção na região do infravermelho:

a 3 080-3 100 cm^{-1} (C—H, aromático), 2 920-3 060 cm^{-1} (C—H, alifático), 1 570-1 610 cm^{-1} e 1 430-1 500 cm^{-1} (C=C, aromático), 750-780 cm^{-1} e 690-715 cm^{-1} (C—H, aromático monossubstituído).

Sinais de ^1H NMR:

em 1,2-1,65 ppm (CH_2), 1,86-2,2 ppm (CH) e 7,0 ppm (CH aromático).

Sinais de ^{13}C NMR:

em 146,80 ppm (C_1 aromático, pêntade mmmm), 128,4 ppm (C_3 aromático), 127,90 ppm (C_2 aromático), 126,0 ppm (C_4 aromático), 43,8 ppm (CH_2) e 41,5 ppm (CH).

---

* Benzofenona é um sólido que forma com o sódio um complexo muito reativo de coloração azul, que se torna amarelo em contato com a umidade, tornando-se um composto solúvel, estável. O desaparecimento da coloração azul indica que o complexo reativo está extinto.

Referências bibliográficas

1. Dias M.L., Giarusso A. & Porri L. — *Macromolecules*, **26**, 6664-6666, 1993.

2. Dias M.L. — Polystyrene, stereospecific polymerization. *in The Polymeric Material Encyclopedia: Synthesis, Properties and Applications*, J. C. Salamone. CRC Press, Boca Raton, 1996, p. 432-442.

3. Brandrup J., Immergut E.H. & Grulke E.A. — *Polymer Handbook*. John Wiley & Sons, Nova York, 1999.

4. Pouchert C.J. — *The Aldrich Library FT-IR Spectra*. 1.ª edição, v. 2. The Aldrich Chemical Company, Nova York, 1985.

5. Pham Q.T., Pétiaud R., Waton H. & Darricades M.F.L. — *Proton and Carbon NMR Spectra of Polymers*. CRC Press, Londres, 1991.

1.5.5 Poliestireno sindiotático (sPS)

Constantes físicas

Termoplástico, incolor e translúcido

Solventes: triclorobenzeno, decalina e hidrocarbonetos clorados, a quente

Não solventes: água, álcoois, cetonas e ésteres

Peso molecular: 70 000-300 000

Densidade: 1,27

Temperatura de transição vítrea (T_g): 105 °C

Temperatura de fusão cristalina (T_m): 270 °C

O **poliestireno sindiotático** (sPS) é obtido por polimerização por coordenação, empregando sistemas catalíticos, formados por compostos de zircônio e titânio ativados por metil-aluminoxano (MAO), que são solúveis em hidrocarbonetos aromáticos. Compostos de zircônio são menos ativos que os compostos de titânio e produzem **poliestirenos sindiotáticos** com menor estereorregularidade, isto é, com maior número de erros na inserção do monômero na cadeia polimérica, o que é revelado pela solubilidade mais fácil e por ^{13}C NMR. Em razão da elevada regularidade configuracional, os sPSs preparados com compostos de titânio precipitam no meio reacional, no decorrer da polimerização. Vários compostos de titânio podem ser utilizados como catalisadores, como, por exemplo, tricloreto de ciclopentadienil-titânio ($CpTiCl_3$), tetrabutoxi-titânio [$Ti(OBu)_4$], dicloreto de *bis*-(ciclopentadienil)-titânio (Cp_2TiCl_2), sendo o mais ativo o tricloreto de ciclopentadienil-titânio.

* Benzofenona é um sólido que forma com o sódio um complexo muito reativo de coloração azul, que se torna amarelo em contato com a umidade, tornando-se um composto solúvel, estável. O desaparecimento da coloração azul indica que o complexo reativo está extinto.

Preparação

Imediatamente antes de iniciar a polimerização, preparar cerca de 100 mL de tolueno seco, destilado sobre sódio/benzofenona*, e conservar em um schlenk, sob atmosfera de nitrogênio. Preparar também uma solução de tricloreto de ciclopentadienil-titânio suficiente para a polimerização. Para isso, em um segundo schlenk, pesar cerca de 0,1 mmol do tricloreto de ciclopentadienil-titânio ($CpTiCl_3$) e adicionar 20 mL de tolueno seco, sob atmosfera de nitrogênio ou argônio secos. Introduzir no schlenk contendo o catalisador uma barra magnética seca, agitar para a solubilização do composto metálico e guardar a suspensão do catalisador, protegida da umidade e do ar, até momentos antes da reação.

Em um terceiro schlenk, de 100 mL de capacidade, ainda quente, recém-retirado da estufa onde permaneceu secando por pelo menos 3 horas a 150 °C, introduzir barra agitadora magnética e resfriar por meio de purga com nitrogênio seco, até atingir a temperatura ambiente. Com o auxílio de uma seringa e sob atmosfera de nitrogênio seco, introduzir no schlenk 20 mL de tolueno, previamente destilado sobre sódio/benzofenona e mantido sob nitrogênio seco. Com seringa, introduzir no schlenk o volume de uma solução em tolueno de metil-aluminoxano (MAO) que contenha 5 mmol do composto de alumínio. **Cuidado**: compostos alquil-alumínicos são **pirofóricos** quando concentrados e podem causar sérias queimaduras na pele, mesmo diluídos.

Colocar o schlenk em banho termostático a 50 °C e introduzir, por intermédio de seringa, cerca de 1 mL da solução de tricloreto de ciclopentadienil-titânio, correspondente a 0,005 mmol do catalisador. Em seguida, introduzir no schlenk, também com seringa, 5 mL de estireno previamente destilado sobre hidreto de cálcio. Fechar o schlenk, prendendo a tampa esmerilhada com mola ou elástico, e controlar a temperatura do banho termostático. Manter constante a agitação e a temperatura por uma hora, quando então a reação é interrompida pela desativação do catalisador. Para isso, por meio de pipeta, adicionar ao schlenk, gota a gota, cerca de 5 mL de solução alcoólica de ácido clorídrico a 10%. **Cuidado**: a reação do álcool com o composto alquil-alumínico é violenta, podendo provocar a projeção da solução para fora do tubo. Resfriar o schlenk e filtrar em papel de filtro o **poliestireno sindiotático** obtido; lavar com metanol e secar em estufa com circulação de ar a 50 °C, por 2 horas.

Confirmação da estrutura química do poliestireno sindiotático

Para confirmar a estrutura do polímero, é essencial purificar uma pequena amostra do produto, removendo os resíduos de monômero e de iniciador. Por pelo menos 30 minutos, deixar cerca de 0,5 g do material em contato, a frio, com um solvente do monômero, mas não do polímero. Geralmente é utilizado metanol para essa finalidade. Descartar o líquido sobrenadante e repetir a operação mais uma vez. Secar o **poliestireno sindiotático** purificado e proceder à análise.

Picos de absorção na região do infravermelho:

a 3 080-3 100 cm^{-1} (C—H, aromático), 2 920-3 060 cm^{-1} (C—H, alifático), 1 570-1 610 cm^{-1} e 1 430-1 500 cm^{-1} (C=C, aromático), 750-780 cm^{-1} e 690-715 cm^{-1} (C—H, aromático monossubstituído).

Sinais de ^{1}H NMR:

em 1,2-1,65 ppm (CH$_2$), 1,86-2,2 ppm (CH) e 7,0 ppm (CH aromático).

Sinais de ^{13}C NMR:

em 145,6 ppm (C$_1$ aromático, pêntade rrrr), 128,4 ppm (C$_3$ aromático), 127,90 ppm (C$_2$ aromático), 126,0 ppm (C$_4$ aromático), 43,8 ppm (CH$_2$) e 41,5 ppm (CH).

Referências bibliográficas

1. Dias M.L., Giarusso A. & Porri L. — *Macromolecules*, **26**, 6664-6666, 1993.

2. Dias M.L. — Polystyrene, stereospecific polymerization. *In: The Polymeric Material Encyclopedia: Synthesis, Properties and Applications*, J.C. Salamone. CRC Press, Boca Raton, 1996, p.432-442.

3. Brandrup J., E. Immergut H. & Grulke E. A. — *Polymer Handbook*. John Wiley & Sons, Nova York, 1999.

4. Pouchert C.J. — *The Aldrich Library FT-IR Spectra*. 1.ª edição, v. 2. The Aldrich Chemical Company, Nova York, 1985.

5. Pham Q.T., Pétiaud R., Waton H. & Darricades M.F.L. — *Proton and Carbon NMR Spectra of Polymers*. CRC Press, Londres, 1991.

2 Iniciação radiante

A polimerização de monômeros vinílicos iniciada por radiação é uma aplicação direta da química de radiação à síntese de polímeros. Na polimerização por radiação, a energia externa necessária para iniciar o processo é a radiação ionizante. Entretanto, uma vez começada a reação de iniciação, o crescimento da cadeia prossegue de acordo com as regras da cinética convencional. Uma grande vantagem dessa polimerização é que as reações ocorrem a temperatura baixa.

A iniciação pode ocorrer por radiação de raios X, de raios gama, de ultravioleta, etc. Os reatores nucleares produzem principalmente nêutrons e raios gama, bem como grandes partículas ionizadas (produtos de fissão), nas regiões próximas aos elementos combustíveis. A irradiação com elétrons é realizada, normalmente, com aceleradores lineares de elétrons, que produzem feixes com energias da ordem de MeV. Os isótopos radioativos, cobalto 60 e césio 137, são as principais fontes de raio gama. Raios X de menor energia são produzidos pelo bombardeamento de alvos metálicos adequados, com feixes eletrônicos ou em ciclotrons, os quais podem produzir vários tipos de radiações, inclusive ultravioleta. Raios X e raios gama são ondas eletromagnéticas cujo comprimento é muito pequeno, abaixo de 10 nm, e que, devido a sua elevada energia, têm grande capacidade de penetração na matéria, exigindo do material absorvedor certa espessura para barrar a sua passagem.

A quantidade de energia absorvida por um material irradiado é usualmente medida em *gray* (Gy), sendo 1 Gy definido como a absorção de 10^4 erg/g. Outra unidade muito empregada é o rad, que corresponde a 10^{-2} Gy e a uma absorção de 100 erg/g. Freqüentemente, a dose absorvida é expressa em eV. Essas unidades estão relacionadas da seguinte forma:

$$1 \text{ Gy} = 100 \text{ rad} = 1 \text{ J/kg} = 6{,}24 \times 10^{15} \text{ eV/g} = 10^4 \text{ erg/g}$$

No estudo dos efeitos das radiações as seguintes relações são úteis:

$$1 \text{ Mrad} = 10 \text{ kGy} \quad \text{ou} \quad 1 \text{ MGy} = 100 \text{ Mrad.}$$

A dose de radiação tem grande influência na polimerização.

2.1 Técnica em meio heterogêneo, em lama

Quando o polímero formado é insolúvel no meio reacional, a polimerização em solução toma o nome de **polimerização em lama** ou **polimerização em solução com precipitação,** conforme já comentado anteriormente.

2.1.1 Poli(ácido metacrílico) sindiotático (sPMAA)

Ácido metacrílico → Poli(ácido metacrílico) sindiotático

Radiação gama –78 °C

Constantes físicas

Termoplástico, incolor e transparente
Solventes: solução aquosa de hidróxido de sódio
Não solventes: hidrocarbonetos alifáticos e outros
Peso molecular: 200 000
Constantes
viscosimétricas: $K = 242 \times 10^{-3}$ mL/g, $a = 0{,}51$
(metanol, 26 °C, osmometria)
$K = 44{,}9 \times 10^{-3}$ mL/g, $a = 0{,}65$
(solução aquosa $NaNO_3$ 2 M, 25 °C, osmometria)

O **poli(ácido metacrílico)** pode ser obtido com alto grau de sindiotaticidade, pela polimerização de ácido metacrílico em isopropanol a –78 °C, usando radiação gama como iniciador. Nesse tipo de polimerização, tanto o solvente quanto a temperatura têm efeito marcante sobre a configuração do poliácido. Uma interação específica do solvente com o monômero e a cadeia em crescimento leva a estruturas particulares no final da cadeia, proporcionando a estereorregularidade do polímero. Solventes que podem formar ligações hidrogênicas e têm estruturas mais ou menos volumosas permitem obter polímeros altamente sindiotáticos.

Preparação

Em ampola de vidro, colocar 10 mL (10 g, 117,9 mmol) de ácido metacrílico e 45 mL de álcool isopropílico. Vedar a ampola com rolha de borracha butílica e, através de agulha, borbulhar nitrogênio seco durante algum tempo. Imergir parcialmente o sistema reacional em vaso de Dewar, contendo banho de acetona saturada com gelo-seco em fragmentos (–78 °C). Irradiar a solução nessa temperatura com dose de 6,5 Mrad, proveniente de uma fonte de césio-137, durante um período de 16 horas. Verter a massa polimérica, obtida sob a forma de lama, sobre 200 mL de *n*-heptano contido em bécher, comprimindo a massa com o pistilo de um gral. Filtrar e lavar repetidas vezes. Secar em dessecador sob vácuo. Cuidado: o **poli(ácido metacrílico)** é higroscópico e se transforma em massa sólida, córnea, de difícil processamento. Dissolver o poliácido formado em 100 mL de solução aquosa 1 N de hidróxido de potássio, sob aquecimento. Diluir a solução em 500 mL de água destilada, aquecida a 80-100 °C; precipitar o poliácido pela adição, gota a gota, de ácido clorídrico concentrado. Depois de 15 minutos sob agitação e aquecimento, filtrar o **poli(ácido metacrílico) sindiotático** em buchner e secar sob pressão reduzida.

Confirmação da estrutura química do poli(ácido metacrílico) sindiotático

Para confirmar a estrutura do polímero, é essencial purificar uma pequena amostra do produto, removendo os resíduos de monômero e de iniciador. Dissolver cerca de 0,5 g do material em solução aquosa 1 N de hidróxido de potássio, sob aquecimento. Diluir com 10 mL de água destilada, aquecida a 80-100 °C. Precipitar o poliácido, pela adição de gotas de ácido clorídrico concentrado. Filtrar o **poli(ácido metacrílico) sindiotático** em buchner. Secar a vácuo o polímero purificado e proceder à análise.

Picos de absorção na região do infravermelho:

a 3 200-3 000 cm^{-1} (—OH), 1 680 cm^{-1} (C$=$O), 1 470 (beta - CH_2), 1 450 cm^{-1} (α - CH_3), 1 380 cm^{-1} (alfa - CH_3).

Sinais de ^{1}H NMR:

em 1,0 ppm (α - CH_3), 1,8 ppm (beta - CH_2).

Sinais de ^{13}CNMR (solução em DMSO-d_6):

em 177,7-179,2 ppm (C$=$O, com pêntade sindiotática rrrr em 178,8 ppm), 50,7-53,2 ppm (CH_2), 44,4-45,2 ppm (C quaternário) e 16,8-19,9 ppm (alfa - CH_3).

Referências bibliográficas

1. Andrade C.T. — *Transições conformacionais em soluções de polimetacrilamidas opticamente ativas*. Tese de Doutorado, Instituto de Macromoléculas da Universidade Federal do Rio de Janeiro, 1984. Orientadores: E.B. Mano e E.G. Klesper.

2. Lando J.B.; Semer J. & Farmer B. — *Macromolecules*, **3**, 524-527, 1970.

3. Pham Q.T., Pétiaud R., Waton H. & Darricades M.F.L. — *Proton and Carbon NMR Spectra of Polymers*. CRC Press, Londres, 1991.

3 Iniciação eletroquímica

No processo eletroquímico, a iniciação somente ocorre durante a passagem da corrente elétrica pelo sistema reacional. A propagação, na maioria dos casos, também se processa apenas durante a passagem da corrente elétrica, havendo casos em que há formação de polímero mesmo após cessada a corrente. As reações ocorrem em células eletrolíticas e é necessário especificar o tipo da célula, o material do eletrodo, o tipo da membrana divisória das regiões catódica e anódica, as características do solvente e do eletrólito, o controle do pH, a temperatura reacional, etc.

As reações de polimerização eletroquímica são, em geral, classificadas em anódicas e catódicas. No anodo, podem ocorrer tanto a iniciação catiônica quanto a iniciação por meio de radicais livres, isolada ou simultaneamente. No catodo, que é a fonte de elétrons, podem ser formadas espécies iniciadoras tanto aniônicas quanto por radicais livres, ou ambas.

Os processos iônicos são realizados principalmente em soluções não aquosas, enquanto que aqueles iniciados por meio de radicais podem ter lugar tanto em fase aquosa quanto não aquosa.

Nos processos anódicos, somente é possível o emprego de sistemas aquosos até um potencial de 1,3 V, e podem ser usadas apenas eletrodos de platina. Voltagens superiores acarretam a oxidação da água. Solventes não aquosos, além de serem geralmente mais eficientes em relação aos monômeros usuais, permitem o emprego de potenciais superiores.

Durante a polimerização, ocorre precipitação do polímero no meio reacional, porém não há deposição de produto sobre a superfície anódica. Esse fato sugere que, embora a polimerização tenha lugar no eletrodo, o polímero se desprende da superfície anódica em algum estágio da reação, o que pode ser decorrente de repulsões eletrostáticas e de correntes de convecção. O macrodicátion, após difusão no meio, pode propagar a reação, porém os íons carbônio terminais se extinguem rapidamente.

A terminação do crescimento da cadeia macromolecular pode ocorrer por diversos mecanismos. Os terminais ativos da cadeia polimérica, sejam íons ou radicais, adsorvidos no anodo ou dissolvidos na solução eletrolítica, podem reagir com agentes de transferência de cadeia. No caso de radicais livres, a terminação pode ainda ocorrer por combinação ou por desproporcionamento, do que resultam apenas espécies inativas. Um mecanismo de terminação típico em polimerizações eletroquímicas envolve a transferência de elétrons da cadeia em propagação para o eletrodo. Assim, durante a oxidação anódica, o radical livre terminal pode ser transformado em íon carbônio ou então liberar próton, gerando insaturação no extremo da cadeia macromolecular.

Reações secundárias podem acompanhar os processos anódicos de polimerização, envolvendo decomposição, epoxidação, hidroxilação, alquilação, descarboxilação, ciclização, etc.

3.1 Técnica em meio homogêneo, em solução

Na polimerização em **solução**, já comentada anteriormente, além do iniciador, usa-se um solvente para os monômeros. O iniciador é uma espécie química gerada pela passagem da corrente elétrica no meio reacional, e pode ser um cátion, um ânion ou íon-radical. Nem todos os monômeros podem ser polimerizados eletroliticamente.

3.1.1 Poliestireno (PS)

$$n\ H_2C\!=\!CH \xrightarrow{NBu_4^+Br^-/25\ ^\circ C} -\!\!\left(\!CH_2\!-\!CH\!\right)_n\!\!-$$

Estireno

Poliestireno

Constantes físicas

Termoplástico, incolor e transparente

Solventes: hidrocarbonetos aromáticos, hidrocarbonetos clorados, metil-etil-cetona, ciclo-hexanona, ésteres, tetra-hidrofurano, dioxana

Não solventes: água, hidrocarbonetos alifáticos, álcoois, fenóis, acetona, éteres, ácido acético

Peso molecular: 3 000

Densidade: 1,05-1,06

Índice de refração: 1,59

Temperatura de transição vítrea (T_g): 100 °C

Temperatura de fusão cristalina (T_m): 235 °C (isotático)

Constantes viscosimétricas: $K = 9{,}52 \times 10^{-3}$ mL/g, $a = 0{,}74$ (benzeno, 25 °C, osmometria)
$K = 7{,}16 \times 10^{-3}$ mL/g, $a = 0{,}76$ (clorofórmio, 25 °C, espalhamento de luz)

A eletrólise de solução de estireno e brometo de tetraetilamônio em di-metil-formamida, a temperatura ambiente, resulta em formação de polímero no catodo. A polimerização envolve espécies aniônicas e não são formados polímeros vivos. Competindo com a polimerização, ocorrem reações laterais que consomem, quando em célula unitária, cerca da metade do monômero inicial.

Preparação

A célula unitária, ilustrada na **Figura 3.10**, é constituída de um balão de vidro de 50 mL de capacidade, de fundo redondo e com três bocas esmerilhadas. Nas entradas laterais são dispostos os dois eletrodos, iguais, e na entrada central, dispositivo para passagem de nitrogênio sob a forma de borbulhas. Os eletrodos podem ser preparados a partir de tubos de vidro com junta esmerilhada, nos quais são soldados filamentos de platina, de cerca de 2 cm de

Figura 3.10
Célula unitária utilizada nas poliadições eletrolíticas.

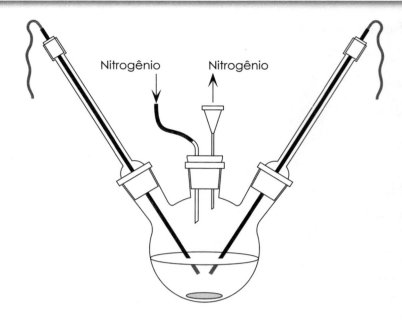

comprimento. A extremidade livre dos filamentos de platina é soldada a uma placa também de platina, quadrada, de 1 cm de lado e 0,13 mm de espessura. A distância entre as placas dos eletrodos é de 2 cm. A outra extremidade do filamento é soldada a um tubo de vidro e ligada à corrente elétrica.

A célula dividida, representada na **Figura 3.11**, tem a forma de H, com duas câmaras laterais, com capacidade de 250 mL cada, de vidro, cilíndricas, com bocas esmerilhadas para adaptação dos eletrodos, e sistema de entrada/saída para nitrogênio. Os compartimentos anódico e catódico ficam separados por diafragma de vidro sinterizado, de porosidade média. Os eletrodos são preparados a partir de tubos de vidro com junta esmerilhada, nos quais são soldados na sua extremidade inferior placas de platina, retangulares, de dimensões 2,0 cm × 3,0 cm × 0,13 mm. A distância entre as placas é de 6,5 cm.

Em ambos os tipos de célula, a fonte de alimentação consiste de um transformador variável de corrente acoplado a um retificador em ponte, para transformar a corrente alternada em corrente contínua, medida por meio de miliamperímetro. O circuito está apresentado na **Figura 3.12**.

Em célula unitária, imersa em banho termostático a temperatura ambiente, dotada de agitação magnética, colocar 0,4 g (2 meq/L) de brometo de tetraetilamônio e 7,61 g de estireno, previamente destilado sobre enxofre, e adicionar 25 mL de dimetil-formamida. Passar nitrogênio durante toda a reação. Iniciar a agitação magnética, a fim de proceder à dissolução do agente eletroportador no meio reacional. Após completada a dissolução, passar a corrente elétrica por 4 horas. Deixar a massa reacional em repouso por 20 horas após a interrupção ambiente da corrente, a temperatura ambiente. Verter a mistura reacional sobre um volume de metanol três vezes maior que o da

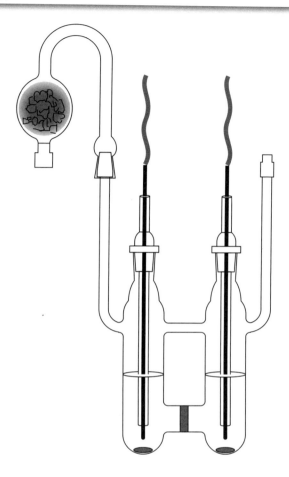

Figura 3.11
Célula dividida empregada nas poliadições eletrolíticas.

mistura, mantendo agitação permanente, a fim de precipitar o **poliestireno**. Filtrar em funil sinterizado e lavar diversas vezes com metanol. Secar em estufa a 50 °C, com circulação de ar, por 2 horas.

O procedimento de obtenção do **poliestireno** em célula dividida é exatamente o mesmo descrito para a célula unitária, com o cuidado de tratar separadamente as misturas de cada compartimento.

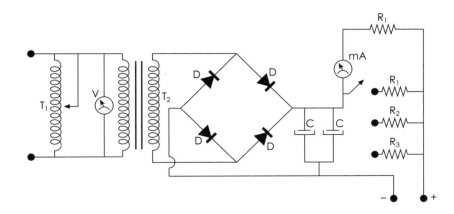

Figura 3.12
Circuito elétrico da fonte de alimentação das células eletrolíticas.

Confirmação da estrutura química do poliestireno

Para confirmar a estrutura do polímero, é essencial purificar uma pequena amostra do produto, removendo os resíduos de monômero e de iniciador. Dissolver cerca de 0,5 g do material em benzeno e verter a solução, com agitação, sobre um volume de metanol três vezes maior que o da solução. Filtrar o **poliestireno** em buchner, secar em estufa com circulação de ar, por 2 horas, e proceder à análise.

Picos de absorção na região do infravermelho:

a 3 080-3 100 cm^{-1} (C—H, aromático),
2 920-3 060 cm^{-1} (C—H, alifático),
1 570-1 610 cm^{-1} e 1 430-1 500 cm^{-1} (C=C, aromático),
50-780 cm^{-1} e 690-715 cm^{-1} (C—H, aromático monossubstituído).

Sinais de ^{1}H NMR:

em 1,5 ppm (CH$_2$), 7,0 ppm (CH aromático).

Sinais de ^{13}C NMR:

em 145,70-146,50 ppm (C$_1$ aromático), 128,30 ppm (C$_2$ e C$_3$ aromáticos), 125,9 ppm (C$_4$ aromático), 40-48 ppm (CH$_2$) e 40,8 ppm (CH).

Referências bibliográficas

1. Calafate B.A.L. — *Iniciação aniônica eletroquímica em homopolimerizações de estireno*. Tese de Mestrado, Instituto de Química da Universidade Federal do Rio de Janeiro, 1975. Orientador: E.B. Mano.

2. Brandrup J., Immergut E.H. & Grulke E.A. — *Polymer Handbook*. John Wiley & Sons, Nova York, 1999.

3. Pouchert C.J. — *The Aldrich Library FT-IR Spectra*. 1.ª edição, v. 2. The Aldrich Chemical Company, Nova York, 1985.

4. Pham Q.T., Pétiaud R., Waton H. & Darricades M.F.L. — *Proton and Carbon NMR Spectra of Polymers*. CRC Press, Londres, 1991.

3.1.2 Poli(alfa-metil-estireno)

alfa-Metil-estireno

Poli(alfa-metil-estireno)

$n \; C=CH_2 \quad \xrightarrow{NBu_4^+BF_4^-/-20\,°C} \quad -(CH_2-C)_n-$

Constantes físicas

Termoplástico, incolor e transparente

Solventes: benzeno, 2-butanona

Não solventes: metanol

Peso molecular: 4 000

Temperatura de

transição vítrea (T_g): 126 °C

Constantes

viscosimétricas: $K = 7{,}81 \times 10^{-3}$ mL/g, $a = 0{,}73$

(tolueno, 25 °C, espalhamento de luz)

A polimerização de alfa-metil-estireno em célula dividida possibilita a obtenção de rendimentos maiores, porém não influencia na obtenção de polímero com peso molecular maior. Os pesos moleculares são baixos em razão da reação de transferência de cadeia com o solvente, o eletrólito e o monômero. Temperaturas mais baixas levam à formação de polímeros com maiores rendimentos e pesos moleculares. A preparação do **poli(alfa-metil-estireno)**, tanto em célula unitária quanto em célula dividida, está descrita a seguir.

Preparação

Em **célula unitária**, com eletrodos de platina de 1 cm² de área, imersa em banho termostático à temperatura de –20 °C, submetida a agitação magnética, colocar 0,07 g (8 meq/L) de tetrafluorborato de tetrabutil-amônio, dissolvido em 25 mL de dimetil-formamida, e 9,11 g de alfa-metil-estireno, seco sobre hidreto de cálcio e destilado a 164 °C. Purgar o sistema com nitrogênio durante toda a reação. Iniciar a agitação magnética e proceder à dissolução do agente eletroportador no meio reacional. Após completada a dissolução, ligar a corrente elétrica por 60 min a 100 mA. Depois da interrupção da corrente, deixar a massa reacional em repouso por 20 horas, a temperatura ambiente. Separar o **poli(alfa-metil-estireno)** por precipitação da mistura reacional sobre o metanol, acidificado com gotas de ácido clorídrico concentrado, em volume três vezes maior que o da mistura, e com agitação permanente. Filtrar o polímero em funil de vidro sinterizado, lavar diversas vezes com metanol e secar a vácuo, a temperatura ambiente.

Em **célula dividida**, imersa em banho termostático e submetida a agitação magnética em ambos os compartimentos, transferir cargas idênticas para cada setor, com eletrólito e solução de monômero. Procede-se exatamente como descrito para a célula unitária, com o cuidado de tratar separadamente as misturas de cada compartimento.

Confirmação da estrutura química do poli(alfa-metil-estireno)

Para confirmar a estrutura do polímero, é essencial purificar uma pequena amostra do produto, removendo os resíduos de monômero e de iniciador. Dissolver cerca de 0,5 g do material em benzeno e verter a solução, com agitação, sobre um volume de metanol três vezes maior que o da solução. Filtrar o **poli(alfa-metil-estireno)** em buchner, secar em estufa com circulação de ar a 50 °C, por 2 horas, e proceder à análise.

Picos de absorção na região do infravermelho:

a 3 080-3 100 cm^{-1} (C—H, aromático), 2 920-3 060 cm^{-1} (C—H, alifático), 1 570-1 610 cm^{-1} e 1 430-1 500 cm^{-1} (C=C, aromático), 750-780 cm^{-1} e 690-715 cm^{-1} (C—H, aromático monossubstituído).

Sinais de ^1H NMR:

em 0,5 ppm (α - CH_3), 1,8 ppm (—CH_2), 7,0 ppm (CH, aromático).

Sinais de ^{13}C NMR:

em 149,6-151,6 ppm (C_1 aromático),

125,0-129,4 ppm (C_2, C_3 e C_4 aromáticos), 60,2-63,5 ppm (CH_2), 43,9-44,1 ppm (C quaternário) e 24,5 ppm (alfa - CH_3).

Referências bibliográficas

1. Tinoco A.R.G. — *Influência das condições reacionais em polimerizações eletroiniciadas-α-metil-estireno em sistemas [N,N–dimetilformamida – sais de tetrabutil-amônio]*. Tese de Mestrado, Instituto de Macromoléculas da Universidade Federal do Rio de Janeiro, 1985. Orientador: E.B. Mano.

2. Brandrup J., Immergut E.H. & Grulke E.A. — *Polymer Handbook*. John Wiley & Sons, Nova York, 1999.

3. Pouchert C.J. — *The Aldrich Library FT-IR Spectra*. 1.ª edição, v. 2. The Aldrich Chemical Company, Nova York, 1985.

4. Pham Q.T., Pétiaud R., Waton H. & Darricades M.F.L. — *Proton and Carbon NMR Spectra of Polymers*. CRC Press, Londres, 1991.

3.1.3 Copoli(estireno/acetato de vinila)*

Características do polímero

Termoplástico, incolor e transparente

Solventes: benzeno, tolueno, acetona

Não solventes: água, metanol, heptano

Peso molecular: 4 000

Temperatura de transição vítrea (T_g): variável

Razões de reatividade (25 °C): estireno, $r_1 = 36,5$

acetato de vinila, $r_2 = 0,45$

As reações de copolimerização de estireno e acetato de vinila ocorrem sempre no compartimento anódico da célula eletrolítica dividida. Inibidores de radicais livres não afetam o rumo das reações, entretanto a presença de metanol inibe por completo a poliadição. Isso permite concluir que o mecanismo da eletroiniciação é catiônico.

Preparação

Em célula dividida com eletrodos de platina de 1 cm^3 de área, imersa em banho termostático a temperatura de 25 °C, dotada de agitação magnética em ambos os compartimentos, colocar em cada um deles 20 mL de cloreto de metileno, 1,12 mol/L de estireno, 1,34 mol/L de acetato de vinila e 0,22 g (0,32 meq/L) de perclorato de tetrabutil-amônio. Purgar o sistema com nitrogênio durante toda a reação. Iniciar a agitação magnética e esperar a dissolução dos reagentes. Após completada a dissolução, ligar a corrente elétrica por 120 min a 10 mA. Depois da interrupção da corrente, deixar a massa reacional em repouso por 20 horas, a temperatura ambiente. Precipitar o **copoli(estireno/acetato de vinila)** vertendo a mistura reacional sobre metanol, acidificado com gotas de ácido clorídrico concentrado, em volume três vezes maior que o da mistura, e com agitação permanente. Filtrar o polímero em funil de vidro sinterizado e lavar diversas vezes com metanol. Secar em dessecador sob pressão reduzida e a temperatura ambiente.

---

* A denominação mais exata, porém menos empregada, é poli(estireno-co-acetato de vinila).

Confirmação da estrutura química do copoli(estireno/acetato de vinila)

Para confirmar a estrutura do polímero, é essencial purificar uma pequena amostra do produto, removendo os resíduos de monômero e de iniciador. Dissolver cerca de 0,5 g do material em benzeno e verter a solução, com agitação, sobre o metanol em volume três vezes maior que o da solução. Filtrar o **copoli(estireno/acetato de vinila)** em buchner, secar em estufa com circulação de ar a 50 °C, por 2 horas, e proceder à análise.

Picos de absorção na região do infravermelho:

a 1 730-1 740 cm^{-1} (C=O), 1 600 cm^{-1} (C=C, aromático),
1 495-1 500 cm^{-1} e 1 450-1 453 cm^{-1} (C=C, aromático),
1 240-1 250 cm^{-1} (C—O),
750-760 cm^{-1} e 700-710 cm^{-1} (C—H, aromático monossubstituído).

Sinais de ^{1}H NMR:

em 1,5 ppm (CH$_2$), 7,0 ppm (CH, aromático).

Sinais de ^{13}C NMR:

em 170,6 ppm (C=O), 145,7-146,5 ppm (C$_1$ aromático),
125,9-128,3 ppm (C$_2$, C$_3$ e C$_4$ aromáticos), 67,0-68,5 ppm (CH$_2$),
40-48 ppm (CH e CH$_2$ das unidades acetato e estireno) e 20,8 ppm (CH$_3$).

Referências bibliográficas

1. Garcia M.E.F. — *A eletrocopolimerização de estireno e acetato de vinila*. Tese de Mestrado, Instituto de Macromoléculas da Universidade Federal do Rio de Janeiro, 1986. Orientadores: E.B. Mano, B.A.L. Calafate.

2. Brandrup J., Immergut E.H. & Grulke E.A. — *Polymer Handbook*. John Wiley & Sons, Nova York, 1999.

3. Pouchert C.J. — *The Aldrich Library FT-IR Spectra*. 1.ª edição, v. 2. The Aldrich Chemical Company, Nova York, 1985.

4. Pham Q.T., Pétiaud R., Waton H. & Darricades M.F.L. — *Proton and Carbon NMR Spectra of Polymers*. CRC Press, Londres, 1991.

CAPÍTULO 4

SÍNTESE DE POLÍMEROS II. POLICONDENSAÇÃO

1 Técnica em meio homogêneo

1.1 Policondensação em massa

    1.1.1 Poli(tereftalato de etileno) (PET), a partir de tereftalato de dimetila

    1.1.2 Poli(tereftalato de etileno) (PET), a partir de ácido tereftálico

    1.1.3 Poli(tereftalato de butileno) (PBT)

    1.1.4 Poli(isoftalato de etileno) (PEIP)

    1.1.5 Poli(sebacato de etileno)

    1.1.6 Poli(adipato de etileno)

    1.1.7 Poli(hexametileno-adipamida) (PA 6,6)

    1.1.8 Poli(hexametileno-sebacamida) (PA 6,10)

    1.1.9 Poli(*p*-fenileno-isoftalamida)

    1.1.10 Poli(*o*-fenileno-sebacamida)

    1.1.11 Resina epoxídica (ER)

1.2 Policondensação em solução

    1.2.1 Poli(ftalato-maleato de propileno)

    1.2.2 Resina de fenol-formaldeído (PR)

    1.2.3 Resina de uréia-formaldeído (UR)

    1.2.4 Resina de melamina-formaldeído (MR)

    1.2.5 Poli(épsilon-caprolactama) (PA 6)

    1.2.6 Resina alquídica

2 Técnica em meio heterogêneo

2.1 Policondensação em lama.

    2.1.1 Poli(hexametileno-sebacamida) (PA 6,10)

2.2 Policondensação interfacial

    2.2.1 Poli(hexametileno-sebacamida) (PA 6,10)

Síntese de polímeros. II. Policondensação

As reações mais comuns em Química Orgânica são as de condensação, que envolvem sempre a formação de uma ligação química nova entre duas ou mais moléculas dos reagentes iniciais. Dentre os diversos tipos de condensação, destacam-se aqueles em que se promove a formação do composto pela perda de moléculas pequenas, como água, ácido clorídrico, amônia e metanol. Dessa maneira, o produto resultante possui um heteroátomo entre os segmentos moleculares dos reagentes iniciais. Quando os produtos de partida são bifuncionais, pode-se obter um polímero, uma vez que o crescimento da molécula é feito em duas direções. Obviamente, somente serão acrescidos segmentos aos produtos originais se houver equimolaridade entre os grupos reagentes; caso contrário, o reagente em excesso interrompe a possibilidade de acréscimo de segmento do outro reagente, bloqueando a cadeia.

Quando uma molécula é bifuncional, o produto de condensação entre os grupos reagentes poderá ser cíclico ou polimérico. O primeiro caso é favorecido pelo emprego da técnica das grandes diluições, que permite o mais fácil encontro preferencial dos terminais reativos de cada molécula. É o caso da síntese das cetonas macrocíclicas, com até dezenas de átomos de carbono no anel. No segundo caso, para a obtenção de polímeros, o meio reacional é mais concentrado, para facilitar a colisão dos grupos reativos de uma molécula com os das outras moléculas, e assim permitir o crescimento da cadeia — em princípio, indefinidamente.

É interessante ainda ressaltar a diferença entre a policondensação e a poliadição, no que diz respeito ao consumo de monômero no decorrer do processo. Enquanto que nas poliadições o monômero é consumido progressivamente do meio reacional, na policondensação os monômeros desaparecem nas etapas iniciais da reação, produzindo dímeros, que irão reagir em etapas, gradativamente, para gerar moléculas maiores. Ao contrário das poliadições, nas policondensações altos pesos moleculares somente são alcançados com longos tempos de reação. Como as condensações são em geral reações em equilíbrio, a retirada de moléculas pequenas, mais voláteis, do meio reacional desloca o equilíbrio da reação na direção do produto desejado, isto é, do polímero. Isso pode ser observado nas transesterificações industriais, como na fabricação do poli(tereftalato de etileno) (PET), em que o tereftalato de dimetila reage com o glicol etilênico, formando metanol, que é mais volátil.

Uma das dificuldades de procedimento nas policondensações é a alta viscosidade atingida pelo meio, que dificulta a homogeneização da massa reacional, a qual normalmente se encontra em alta temperatura e baixa pressão. Em conseqüência, o grau de polimerização cresce com dificuldade, e o peso molecular atinge apenas dezenas de milhar, enquanto nas poliadições, o peso molecular atinge centenas de milhar.

Um fato a registrar é que os produtos de condensação contendo heteroátomos, como oxigênio ou nitrogênio, permitem interações intermoleculares responsáveis pelo aumento da resistência mecânica dos polímeros. É o caso da poliamida 66, que provém do ácido adípico e da hexametilenodiamina e tem grupamentos amida ao longo da cadeia. Os átomos de hidrogênio dos grupos amida em uma molécula formam ligações hidrogênicas com os átomos de oxigênio de outras moléculas, reforçando as características mecânicas desses materiais, de forma que, mesmo filamentos de polímero de peso molecular relativamente baixo (15 000) são muito resistentes, quando comparados com filamentos de polímeros de adição, de muito mais altos pesos moleculares, como o polietileno.

Os polímeros obtidos por condensação, devido ao heteroátomo introduzido na cadeia macromolecular, são suscetíveis à ação enzimática proveniente de microrganismos. Assim, ligações éster, amida ou hemiacetal, quando presentes na molécula do polímero, sofrem cisão, conforme representado a seguir.

Neste livro, as reações de policondensação foram classificadas em dois grupos: aquelas que se passam inicialmente em meio homogêneo e aquelas que ocorrem em meio heterogêneo. Em meio homogêneo serão consideradas as técnicas em massa e em solução. Em meio heterogêneo, serão abordados os procedimentos em lama e interfacial.

1 Técnica em meio homogêneo

A técnica de policondensação em meio homogêneo somente é possível quando os monômeros são miscíveis e o polímero é solúvel na mistura reacional. Quando os subprodutos da reação são voláteis, podem ser eliminados por vaporização, com arraste por nitrogênio a a pressão reduzida.

1.1 Policondensação em massa

Os produtos de polimerização em massa contêm apenas os monômeros e os reagentes, sem solvente, o que é uma vantagem.

Um dos inconvenientes da polimerização em massa é que os resíduos de monômero e catalisador ficam retidos no polímero formado, e a reação pode prosseguir incontrolavelmente, mesmo quando o material tem o aspecto de completamente polimerizado e acabado. Além disso, como essas reações são exotérmicas, conforme as condições de armazenamento desses polímeros ou artefatos com eles preparados, os produtos armazenados por tempo prolongado poderão ser danificados, como no caso de blocos de poliuretano. É também comum ocorrerem incêndios em depósitos de tais produtos, no momento em que são alcançadas as três condições representadas pelo "triângulo do fogo": combustível, comburente e calor.

1.1.1 Poli(tereftalato de etileno) (PET)
(a partir de tereftalato de dimetila)

Mn(acac)$_2$: acetil-acetonato de manganês

Constantes físicas

Termoplástico, branco, opaco, de difícil solubilidade

Solventes: hexaflúor-isopropanol, ácido triflúor-acético e triclorofenol; fenol/tetracloroetano 50:50, fenol/triclorobenzeno 60:40

Não solventes: água, hidrocarbonetos, álcoois, cetonas, etc.

Peso molecular: 10 000-35 000

Densidade: 1,38

Temperatura de transição vítrea (T_g): 70-80 °C

Temperatura de fusão cristalina (T_m): 250-270 °C

Constantes viscosimétricas: $K = 1,48 \times 10^{-4}$ mL/g, a = 0,81 (benzeno/triclorobenzeno: 50/50, 30 °C, osmometria)

A preparação do **poli(tereftalato de etileno)** pode ser realizada em massa, pela reação de condensação do tereftalato de dimetila (DMT) e do glicol etilênico (EG), com catalisadores metálicos. Na primeira etapa, o DMT reage com excesso de EG e pequenas quantidades de um composto de manganês, formando predominantemente tereftalato de *bis*-(hidroxietileno), juntamente com oligômeros de grau de polimerização que varia entre 2 e 6, pela eliminação de metanol. O aumento do peso molecular pode ser conseguido pela adição de ácido fosfórico e um composto de antimônio III, com aquecimento a 200 °C. O ácido fosfórico é necessário para promover a fixação do catalisador

Técnica em meio homogêneo

de manganês, impedindo que, numa fase posterior, ocorra a degradação do poliéster. O crescimento da cadeia polimérica é obtido por transesterificação entre as moléculas do diéster tereftálico, pela ação do composto de antimônio, com eliminação do glicol etilênico.

Preparação

Em balão de fundo redondo de 3 bocas, de 500 mL de capacidade, colocado sobre manta de aquecimento, introduzir uma mistura de 15,5 g (0,08 mol) de tereftalato de dimetila, 11,8 g (0,19 mol) de glicol etilênico e 0,025 g (98,7 mol) de acetil-acetonato de manganês. Adaptar à primeira boca do balão uma conexão para termômetro, cujo bulbo deve ficar imerso no meio reacional, e na segunda boca inserir um tubo de vidro suficientemente longo para permitir o borbulhamento de nitrogênio na massa reacional. Na terceira boca, colocar uma conexão com saída lateral, ligada a condensador descendente, para remoção de água e glicol etilênico por destilação (**Figura 4.1**).

Aquecer progressivamente, removendo metanol por destilação. Quando cerca de 6-7 mL de metanol tiverem sido recolhidos, aquecer até que a temperatura alcance 200 °C e manter essa temperatura por 1 hora; borbulhar então nitrogênio através da massa por mais 1 hora, a fim de remover totalmente o metanol formado e o glicol etilênico residual. Adicionar à massa reacional uma solução contendo mistura de 0,01 g (98,7 micromoles) de ácido fosfórico xaroposo (85% H_3PO_4) e 0,006 g (20,5 micromoles) de trióxido de antimônio, Sb_2O_3, dissolvidos em 2 mL de glicol etilênico. Manter a temperatura de 200 °C e o fluxo de nitrogênio por mais 2 horas, para aumentar o grau de policondensação. Observar a elevação da viscosidade do meio.

Interromper o aquecimento, imediatamente derramar o conteúdo quente do balão em bandeja, feita com folha de alumínio, e aguardar a solidificação do poliéster por resfriamento.

Confirmação da estrutura química do poli(tereftalato de etileno)

Para confirmar a estrutura do polímero, é essencial purificar uma pequena amostra do produto, removendo os resíduos de monômero e de iniciador. Para isso, reduzir a pequenos fragmentos cerca de 0,5 g da amostra, com o auxílio de um ralador metálico ou um minimoinho adequado. Por pelo menos 30 minutos, deixar os pequenos fragmentos do material em contato a frio com um solvente dos monômeros, mas não do polímero. Geralmente é utilizado metanol para essa finalidade. Descartar o líquido sobrenadante e repetir a operação mais uma vez. Secar o **poli(tereftalato de etileno)** em estufa com circulação de ar a 50 °C, por 2 horas, e proceder à análise.

Picos de absorção na região do infravermelho:

a 1 727 cm^{-1}, 1 270 cm^{-1}, 1 250 cm^{-1}, 1 120 cm^{-1} e 1 105 cm^{-1} (OCO éster), 1 020 cm^{-1} e 730 cm^{-1} (CH aromático). Picos a 1 470 cm^{-1}, 972 cm^{-1}, 850 cm^{-1} e 438 cm^{-1} são visíveis somente em amostras semicristalinas.

Sinais de ^{1}H NMR (ácido triflúor-acético):

em 4,95 ppm (CH$_2$) e de 7,6 ppm a 8,5 ppm (H aromático).

Sinais de ^{13}C NMR (ácido triflúor-acético):

em 165,2 ppm (C=O), 129 ppm a 134 ppm (carbono aromático), de 64,5 ppm a 68,7 ppm (CH$_2$).

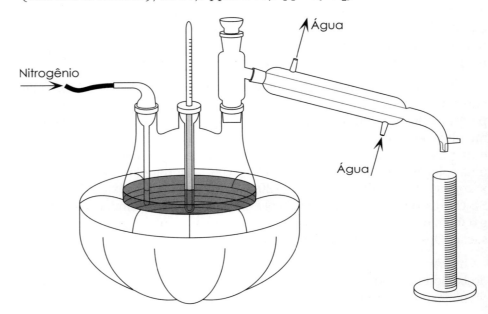

Figura 4.1
Aparelhagem para a preparação de poli(tereftalato de etileno) a partir de tereftalato de dimetila.

Referências bibliográficas:

1. Sorenson W.R. & Campbell T.W. — *Preparative Methods of Polymer Chemistry*. Interscience Publishers, Nova York, 1961, p. 295.

2. Brandrup J., Immergut E.H. & Grulke E.A. — *Polymer Handbook*. John Wiley & Sons, Nova York, 1999.

3. Pouchert C.J. — *The Aldrich Library FT-IR Spectra*. 1.ª edição, The Aldrich Chemical Company, Inc. Nova York, 1985. v. 2.

4. Pham Q.T., Pétiaud R., Waton H. & Darricades M.F.L. — *Proton and Carbon NMR Spectra of Polymers*. CRC Press, Londres, 1991.

5. Dias M.L. & Silva A.P.F. — *Polymer Engineering and Science*, **40**, 1777 (2000).

6. Hummel D.O. & Scholl F. — *Hummel/Scholl Atlas of Polymer and Plastics Analysis*. v. 2. VCH, Munique, 1988.

1.1.2 Poli(tereftalato de etileno) (PET)
(a partir de ácido tereftálico)

Constantes físicas

Termoplástico, branco, opaco, de difícil solubilidade

Solventes: hexaflúor-isopropanol, ácido triflúor-acético e triclorofenol; fenol/tetracloroetano 50:50, fenol/triclorobenzeno 60:40

Não solventes: água, hidrocarbonetos, álcoois, cetonas, etc.

Peso molecular: 10 000-35 000

Densidade: 1,38

Temperatura de transição vítrea (T_g): 70-80 °C

Temperatura de fusão cristalina (T_m): 250-270 °C

Constantes viscosimétricas: $K = 1{,}48 \times 10^{-4}$ mL/g, a = 0,81 (benzeno/triclorobenzeno: 50/50, 30 °C, osmometria)

A preparação do **poli(tereftalato de etileno)** pode ser realizada em massa, pela reação de condensação do ácido tereftálico e do glicol etilênico, com catalisador metálico. Na primeira etapa, o ácido tereftálico reage com excesso de glicol em meio ligeiramente ácido, formando predominantemente tereftalato de *bis*-(hidroxietileno), juntamente com oligômeros de grau de polimerização baixo, pela eliminação de água. O aumento do peso molecular pode ser conseguido pela adição de um composto de antimônio III, com aquecimento a 200 °C. O crescimento da cadeia polimérica é obtido por transesterificação entre as moléculas do tereftalato de *bis*-(hidroxietileno), pela ação do composto de antimônio, com eliminação de glicol etilênico.

Preparação

Em balão de fundo redondo de 3 bocas, de 500 mL de capacidade, colocado sobre manta de aquecimento, introduzir uma mistura de 15,5 g (0,08 mol) de ácido tereftálico, 11,8 g (0,19 mol) de glicol etilênico e 0,05 g de ácido fosfórico. Adaptar à primeira boca do balão uma conexão para termômetro, cujo bulbo deve ficar imerso no meio reacional, e na segunda boca inserir um tubo de vidro suficientemente longo para permitir o borbulhamento de nitrogênio na massa reacional. Na terceira boca, colocar uma conexão com saída lateral, ligada a condensador descendente, para remoção de água e glicol etilênico por destilação (**Figura 4.1**).

Aquecer progressivamente até que a temperatura alcance 200 °C e manter essa temperatura por 1 hora; borbulhar então nitrogênio através da massa por mais 1 hora, a fim de remover totalmente a água formada e o glicol etilênico residual.

Adicionar à massa reacional uma solução contendo mistura de 0,01g (98,7 μmoles) de ácido fosfórico xaroposo (85% H_3PO_4) e 0,006 g (20,5 μmol) de trióxido de antimônio, Sb_2O_3, dissolvidos em 2 mL de glicol etilênico. Manter a temperatura de 200 °C e o fluxo de nitrogênio por mais 2 horas, a fim de aumentar o grau de policondensação. Observar a elevação da viscosidade do meio. Interromper o aquecimento e derramar imediatamente o conteúdo quente do balão em bandeja, feita com folha de alumínio; aguardar a solidificação do poliéster por resfriamento.

Confirmação da estrutura química do poli(tereftalato de etileno)

Para confirmar a estrutura do polímero, é essencial purificar uma pequena amostra do produto, removendo os resíduos de monômero e de iniciador. Para isso, reduzir a pequenos fragmentos cerca de 0,5 g da amostra, com o auxílio de um ralador metálico ou um minimoinho adequado. Por pelo menos 30 minutos, deixar os pequenos fragmentos do material em contato a frio com um solvente do monômero, mas não do polímero. Geralmente é utilizado metanol para essa finalidade. Descartar o líquido sobrenadante e repetir a operação mais uma vez. Secar o **poli(tereftalato de etileno)** em estufa com circulação de ar a 50 °C, por 2 horas, e proceder à análise.

Picos de absorção na região do infravermelho:

a 1 727 cm^{-1}, 1 270 cm^{-1}, 1 250 cm^{-1}, 1 120 cm^{-1} e 1 105 cm^{-1} (OCO éster), 1 020 cm^{-1} e 730 cm^{-1} (CH aromático).

Picos a 1 470 cm^{-1}, 972 cm^{-1}, 850 cm^{-1} e 438 cm^{-1} são visíveis somente em amostras semicristalinas.

Sinais de ^{1}H NMR (ácido triflúor-acético):

em 4,95 ppm (CH$_2$)
e 7,6 ppm a 8,5 ppm (H aromático).

Sinais de ^{13}C NMR (ácido triflúor-acético):

em 165,2 ppm (C=O), de 129 ppm a 134 ppm
(carbono aromático), de 64,5 ppm a 68,7 ppm (CH$_2$).

Referências bibliográficas:

1. Sorenson W.R. & Campbell T.W. — *Preparative Methods of Polymer Chemistry*. Interscience Publishers, Nova York, 1961, p. 295.

2. Brandrup J., Immergut E.H. & Grulke E.A. — *Polymer Handbook*. John Wiley & Sons, Nova York, 1999.

3. Pouchert C.J. — *The Aldrich Library FT-IR Spectra*. 1.ª edição, The Aldrich Chemical Company, Nova York, 1985. v. 2.

4. Pham Q.T., Pétiaud R., Waton H. & Darricades M.F.L. — *Proton and Carbon NMR Spectra of Polymers*. CRC Press, Londres, 1991.

5. Dias M.L. & Silva A.P.F. — *Polymer Engineering and Science*, **40**, 1777, 2000.

6. Hummel D.O. & Scholl F. — *Hummel/Scholl Atlas of Polymer and Plastics Analysis*. v. 2. VCH, Munique, 1988.

1.1.3 Poli(tereftalato de butileno) (PBT)

n H_3CO—C—C_6H_4—C—OCH_3 + 2n $HO(CH_2)_4OH$ $\xrightarrow{Mn(ac)_2}$ n $HO(CH_2)_4O$—C—C_6H_4—C—$O(CH_2)_4OH$

Tereftalato de dimetila   Glicol butilênico   Tereftalato de *bis*-(hidroxibutileno)

$\Big\updownarrow$ H_3PO_4 Sb_2O_3

Mn(ac)₂: acetato de manganês

n $HO(CH_2)_4OH$ + —(C—C_6H_4—C—$O(CH_2)_4O$)ₙ—

Poli(tereftalato de butileno)

Constantes físicas

Termoplástico, incolor e opaco

Solventes: hidrocarbonetos clorados, cetonas, ésteres, etc.
Não solventes: água, hidrocarbonetos alifáticos, álcoois, etc.
Peso molecular: 10 000
Densidade: 1,35
Temperatura de
transição vítrea (T_g): 50 °C
Temperatura de
fusão cristalina (T_m): 250 °C

A preparação do **poli(tereftalato de butileno)** pode ser realizada em massa, pela condensação do tereftalato de dimetila e com o glicol butilênico, com catalisadores metálicos, de forma semelhante ao poli(tereftalato de etileno). A transesterificação é feita com excesso de glicol butilênico e pequenas quantidades de um composto de manganês, formando predominantemente tereftalato de *bis*-(hidroxibutileno), juntamente com oligômeros de grau de polimerização de 2 a 7. Compostos de manganês II, como acetato de manganês, podem ser empregados. O aumento do peso molecular é conseguido pela adição de ácido fosfórico e trióxido de antimônio, com aquecimento a 200 °C.

Preparação

Em balão de fundo redondo de 3 bocas, de 500 mL de capacidade, colocado sobre manta de aquecimento, adaptar à boca central uma conexão e instalar um agitador elétrico. Em uma das bocas laterais, colocar um poço para termômetro contendo óleo mineral, para melhorar o contato do termômetro com o meio reacional. Introduzir no balão, pela terceira boca, mistura de 13,3 g (0,08 mol) de tereftalato de dimetila, previamente pulverizado em gral, 11,8 g (0,19 mol) de glicol butilênico e 0,023 g (90,8 μmol) de acetato de manganês. Adaptar à boca do balão um tubo de Dean & Stark, ligado a condensador descendente, para recolher o metanol gerado na condensação (**Figura 4.2a**).

Aquecer progressivamente o balão até que a temperatura alcance 140 °C, observando a condensação do metanol no tubo de Dean & Stark. Elevar a temperatura a 200 °C e assim mantê-la por 1 hora, sem fluxo de nitrogênio. Remover o agitador mecânico e adaptar uma conexão com tubo de vidro suficientemente longo para permitir o borbulhamento de nitrogênio na massa reacional (**Figura 4.2b**).

Adicionar então à massa uma solução contendo mistura de 0,009 g (90,8 μmol) de ácido fosfórico xaroposo (85% H_3PO_4) e 0,006 g (20,5 μmol) de trióxido de antimônio, Sb_2O_3, dissolvidos em 2 mL de glicol etilênico. Manter a temperatura de 200 °C e o fluxo de nitrogênio por mais 2 horas; observar o aumento da viscosidade do meio. Interromper o aquecimento e imediatamente derramar o conteúdo quente do balão em bandeja feita com folha de alumínio; aguardar a solidificação por resfriamento, do **poli(tereftalato de butileno)**.

Confirmação da estrutura química do poli(tereftalato de butileno)

Para confirmar a estrutura do polímero, é essencial purificar uma pequena amostra do produto, removendo os resíduos de monômero e de iniciador. Para isso, reduzir a pequenos fragmentos cerca de 0,5 g da amostra, com o auxílio de um ralador metálico ou um minimoinho adequado. Por pelo menos 30 minutos, deixar os pequenos fragmentos do material em contato a frio com um solvente do monômero, mas não do polímero. Geralmente é utilizado metanol para essa finalidade. Descartar o líquido sobrenadante e repetir a operação mais uma vez. Secar o **poli(tereftalato de butileno)** em estufa com circulação de ar a 50 °C, por 2 horas, e proceder à análise.

Picos de absorção na região do infravermelho:

a 1 727 cm^{-1} (OC=O éster), 2 960 cm^{-1} (CH), 1 485 cm^{-1}, 1 470 cm^{-1}, 1 408 cm^{-1}, 1 393 cm^{-1} e 960 cm^{-1} (C—C e CH de butileno) e 3 440 cm^{-1} (OH terminal em PBT de baixo peso molecular).

Sinais de ^{1}H NMR (ácido triflúor-acético):

em 1,5 ppm (CH$_2$ C$_1$),
4,0 ppm (CH$_2$ C$_2$) e 7,6-8,5 ppm (H aromático).

Sinais de ^{13}C NMR (ácido triflúor-acético):

em 165,0 ppm (C=O), 129 ppm a 134 ppm (carbono aromático), 63,4 ppm (CH$_2$ C$_1$) e 24,7 ppm (CH$_2$ C$_2$).

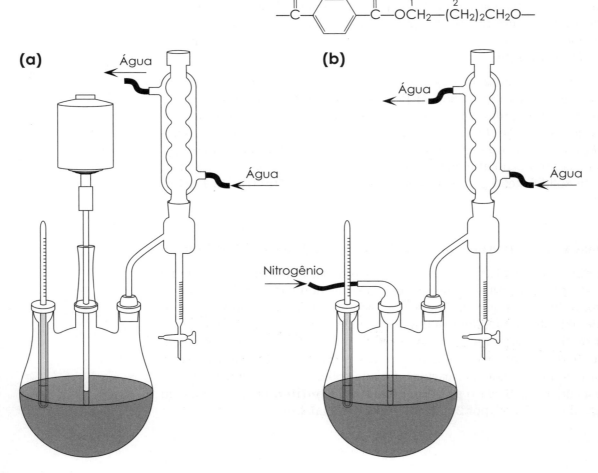

Figura 4.2
Aparelhagem para a preparação de poli(tereftalato de butileno).

Referência bibliográfica

1. Sorenson W.R. & Campbell T.W. — *Preparative Methods of Polymer Chemistry*. Interscience Publishers, Nova York, 1961, p. 131.

1.1.4 Poli(isoftalato de etileno) (PEIP)

Constantes físicas

Termoplástico, incolor e transparente
Solventes: hidrocarbonetos clorados, cetonas, ésteres, etc.
Não solventes: água, hidrocarbonetos alifáticos, álcoois, etc.
Peso molecular: 10 000
Temperatura de fusão
cristalina (T_m): 240 °C

A preparação do **poli(isoftalato de etileno)** pode ser realizada em massa, pela condensação de ácido isoftálico (IPA) e glicol etilênico (EG), com catalisador metálico. Na primeira etapa, o IPA reage com excesso de EG e pequenas quantidades de um composto de manganês, formando predominantemente isoftalato de *bis*-(hidroxietileno), juntamente com oligômeros de grau de polimerização de 2 a 7. Qualquer composto de manganês II, como o acetato de manganês, pode ser empregado; entretanto, as características estruturais do acetato de manganês II permitem maior solubilidade desse composto e melhores resultados. O aumento do peso molecular é conseguido pela adição de ácido fosfórico e trióxido de antimônio, com aquecimento a 200 °C; ocorre transesterificação entre as moléculas do diéster isoftálico, pela ação do trióxido de antimônio, Sb_2O_3, com eliminação do glicol etilênico. O ácido fosfórico é necesssário para promover a fixação do manganês por complexação, impedindo que o aquecimento prolongado cause a degradação do poliéster.

Preparação

Em balão de fundo redondo de 3 bocas e 500 mL de capacidade, colocado sobre manta de aquecimento, introduzir uma mistura de 13,3 g (0,08 mol) de ácido isoftálico, 11,8 g (0,19 mol) de glicol etilênico e 0,023 g (90,8 μmol) de acetil-acetonato de manganês. Adaptar à primeira boca do balão uma conexão com saída lateral, ligada a condensador descendente, para a remoção de água e glicol etilênico por destilação. Na segunda boca do balão, inserir um tubo de vidro, suficientemente longo para permitir o borbulhamento de nitrogênio na massa reacional. Na terceira boca, colocar uma conexão para termômetro, cujo bulbo deve ficar imerso no meio reacional (**Figura 4.1**).

Aquecer progressivamente, até que a temperatura alcance 200 °C, e manter essa temperatura por 1 hora, sem permitir passagem de corrente de nitrogênio; borbulhar então nitrogênio através da massa por mais 1 hora, a fim de remover a água formada e o glicol etilênico residual.

Adicionar à massa reacional uma solução contendo mistura de 0,009 g (90,8 μmol) de ácido fosfórico xaroposo (85% H_3PO_4) e 0,006 g (20,5 μmol) de trióxido de antimônio, dissolvidos em 2 mL de glicol etilênico. Manter a temperatura de 200 °C e o fluxo de nitrogênio por mais 2 horas. Interromper o aquecimento, derramar imediatamente o conteúdo quente do balão, em bandeja feita com folha de alumínio e aguardar a solidificação do **poli(isoftalato de etileno)** por resfriamento.

Confirmação da estrutura química do poli(isoftalato de etileno)

Para confirmar a estrutura do polímero, é essencial purificar uma pequena amostra do produto, removendo os resíduos de monômero e de iniciador. Para isso, reduzir a pequenos fragmentos cerca de 0,5 g da amostra, com o auxílio de um ralador metálico ou um minimoinho adequado. Por pelo menos 30 minutos, deixar os pequenos fragmentos do material em contato a frio com um solvente do monômero, mas não do polímero. Geralmente é utilizado metanol para essa finalidade. Descartar o líquido sobrenadante e repetir a operação mais uma vez. Secar o **poli(isoftalato de etileno)** em estufa com circulação de ar a 50 °C, por 2 horas, e proceder à análise.

Técnica em meio homogêneo

Picos de absorção na região do infravermelho:

a 1 724 cm^{-1} (C=O), 1 245 cm^{-1} e 1 310 cm^{-1}
(bandas típicas de éster isoftálico),
1 235 cm^{-1} (COC) e 730 cm^{-1} (anel aromático).

Sinais de ^{1}H NMR (DMSO-d$_6$, 100°C) mais intensos:

em 4,77 ppm (OCH$_2$CH$_2$O),
7,64 ppm (H$_5$ aromático), 8,18 ppm (H$_4$ + H$_6$ aromático)
e 8,50 ppm (H$_2$ aromático);

e sinais menores de terminais de cadeia:
em 3,84 ppm (CH$_2$C$\underline{H}_2$OH terminal) e 4,42 ppm (C$\underline{H}_2$CH$_2$OH).

Sinais de ^{13}C NMR (DMSO-d$_6$, 90 °C) mais intensos:

em 165,26-165,75 ppm (C=O diéster), 133,75 ppm (C$_4$ + C$_6$ aromático),
130,74 ppm (C$_1$ + C$_3$ aromático),
129,22 ppm (C$_5$ aromático), 63,38 ppm (OCH$_2$CH$_2$O);

e sinais menores de terminais de cadeia:
em 167,1 ppm (COOH),
67,7 ppm (C$\underline{H}_2$CH$_2$OH), 60,0 ppm (CH$_2$C$\underline{H}_2$OH).

Referências bibliográficas

1. Sorenson W.R. & Campbell T.W. — *Preparative Methods of Polymer Chemistry*. Interscience Publishers, Nova York, 1961, p. 131.

2. Goodman I. — Polyester. In: Mark H.F., Gaylord N.G. & Bikales, N.M. *Encyclopedia of Polymer Science and Technology*. John Wiley, Nova York, 1969, v. 11, p. 62.

3. Pham Q.T., Pétiaud R., Waton H. & Darricades M.F.L. — *Proton and Carbon NMR Spectra of Polymers*. CRC Press, Londres, 1991, p. 179-180.

1.1.5 Poli(sebacato de etileno)

$$n\ H_3CO-\overset{\overset{\displaystyle O}{\|}}{C}-(CH_2)_8-\overset{\overset{\displaystyle O}{\|}}{C}-OCH_3\ +\ 2n\ HOCH_2CH_2OH\ \underset{}{\overset{Mn(acac)_2}{\rightleftharpoons}}\ n\ HOCH_2CH_2O-\overset{\overset{\displaystyle O}{\|}}{C}-(CH_2)_8-\overset{\overset{\displaystyle O}{\|}}{C}-OCH_2CH_2OH$$

Sebacato de dimetila   Glicol etilênico   Sebacato de *bis*-hidroxietileno

Mn(acac)$_2$: acetil-acetonato de manganês

$$n\ HOCH_2CH_2OH\ +\ \left[-\overset{\overset{\displaystyle O}{\|}}{C}-(CH_2)_8-\overset{\overset{\displaystyle O}{\|}}{C}-OCH_2CH_2O-\right]_n$$

Glicol etilênico   Poli(sebacato de etileno)

(seta vertical com: H_3PO_4, Sb_2O_3)

Constantes físicas

Termoplástico, incolor, opaco, ceroso

Solventes: clorofórmio, hidrocarbonetos clorados, cetonas, ésteres, etc.

Não solventes: água, hidrocarbonetos alifáticos, álcoois, etc.

Peso molecular: 10 000

Temperatura de transição vítrea (T_g): –30 °C

Temperatura de fusão cristalina (T_m): 74 °C

O **poli(sebacato de etileno)** é um poliéster alifático biodegradável que pode ser preparado por policondensação em massa do sebacato de dimetila com glicol etilênico. A reação pode ser catalisada por metais e o polímero, que possui peso molecular relativamente baixo, é obtido por uma reação de transesterificação. A reação ocorre facilmente em 2 etapas. Em uma primeira etapa, adiciona-se excesso do glicol etilênico ao sebacato de dimetila, em presença do acetil-acetonato de manganês; remove-se o metanol por destilação e obtém-se o sebacato de *bis*-hidroxietileno. Em uma segunda etapa, promove-se a policondensação do sebacato de *bis*-hidroxietileno por transesterificação, adicionando ácido fosfórico e trióxido de antimônio como catalisador, e remove-se o excesso de glicol etilênico.

Preparação

Em balão de fundo redondo de 3 bocas, de 500 mL de capacidade, colocado sobre manta de aquecimento, adaptar à primeira boca lateral uma conexão com tubo de vidro suficientemente longo para permitir o borbulhamento de nitrogênio na massa reacional. Na outra boca lateral, colocar um tubo de Dean & Stark com volume de 100 mL, ligado a condensador de bolas, para recolher por destilação o metanol resultante da reação. Introduzir pela boca central 232,8 mL (1 mol) de sebacato de dimetila, 111,3 mL de glicol etilênico (2 mol) e 0,305 g de acetil-acetonato de manganês. Adaptar à boca central do balão um poço para termômetro que contém óleo mineral para melhorar o contato do termômetro com o meio reacional (**Figura 4.3**).

Sob lenta corrente de nitrogênio, aquecer a solução, retirar o metanol do meio reacional e coletá-lo no tubo de Dean & Stark. Quando não houver mais variação do volume de metanol no tubo de Dean & Stark, o que ocorre quando aproximadamente 80 mL dessa substância tiverem sido recolhidos, introduzir por uma das bocas do balão uma dispersão preparada por dissolução de 0,35 g de trióxido de antimônio e 1 mL de ácido fosfórico xaroposo (85% H_3PO_4) em 20 mL (0,36 mol) de glicol etilênico. Elevar a temperatura para 200 °C e borbulhar nitrogênio através da massa fundida por 2 horas, a fim de remover o glicol etilênico do sistema e aumentar o peso molecular do poliéster.

Interromper o aquecimento e derramar imediatamente o conteúdo quente do balão em bandeja, feita com folha de alumínio. Aguardar a solidificação do poliéster por resfriamento, o que ocorre rapidamente e origina um sólido amarelado.

Confirmação da estrutura química do poli(sebacato de etileno)

Para confirmar a estrutura do polímero, é essencial purificar uma pequena amostra do produto, removendo os resíduos de monômero. Para isso, reduzir a pequenos fragmentos cerca de 0,5 g da amostra, solubilizar em clorofórmio ou benzeno e precipitar em metanol. Filtrar o **poli(sebacato de etileno)** através de papel de filtro, lavar com metanol e secar em estufa a vácuo, a temperatura ambiente, e proceder à análise.

Picos de absorção na região do infravermelho:

a 3 300 cm^{-1} (OH terminal de cadeia), 1 740 cm^{-1} (C=O), 1 730 cm^{-1} (C=O), 1 173 cm^{-1} (C—O), de 1 350 cm^{-1} a 1 150 cm^{-1} (CH_2), 733 cm^{-1} ($—CH_2)_n$.

Sinais de ^1H NMR (DMSO-d_6, 100 °C) mais intensos:

em 4,21 ppm (OCH_2CH_2O), 1,30 ppm ($C\underline{H}_2$ C_3 unidade ácido), 1,54 ppm ($C\underline{H}_2$ C_2 unidade ácido), 2,17 ppm ($C\underline{H}_2$ C_1 unidade ácido); sinais menores de terminais de cadeia em 3,43 ppm ($C\underline{H}_2OH$).

Reações laterais de eterificação podem originar unidades de glicol dietilênico

—$CH_2CH_2OCH_2CH_2$—,

que apresentam sinais em

4,61 ppm (CH_2OCH_2), 4,12 ppm ($CO_2C\underline{H}_2CH_2O$).

Sinais de ^{13}C NMR:

em 173,06 ppm e 172,79 ppm (C=O), 62,08 ppm (OCH$_2$CH$_2$O), 33,90 ppm (C$_1$), 28,74 ppm (4 carbonos C$_3$), 24,74 ppm (C$_2$);

sinais menores de terminais de cadeia:
em 174,27 ppm (COOH), 65,80 ppm (CH$_2$CH$_2$OH), 60,0 ppm (CH$_2$CH$_2$OH).

Sinais de unidades de glicol dietilênico:
em 68,93 ppm (CO$_2$CH$_2$CH$_2$O), 63,24 ppm (CH$_2$OCH$_2$).

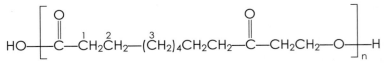

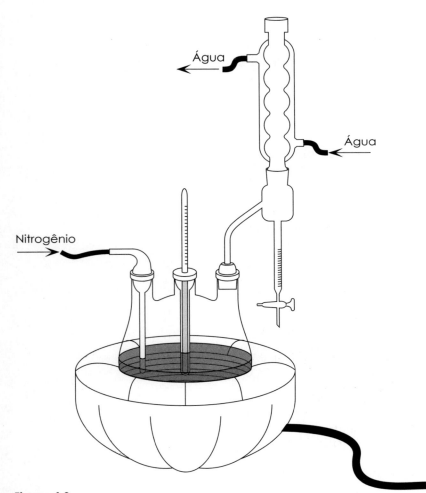

Figura 4.3
Aparelhagem para a preparação de poli(sebacato de etileno).

Referências bibliográficas:

1. Santos A.L.S. dos — *Influência do poli(sebacato de etileno) na morfologia do poli(hidroxibutirato)*. Instituto de Macromoléculas Professora Eloisa Mano da Universidade Federal do Rio de Janeiro, 2004. Dissertação de Mestrado, Orientadores: M.L. Dias, C.M.F. Oliveira e D.A. Costa.

2. Goodman I. — Polyester. In: Mark H.F., Gaylord N.G. & Bikales N.M., *Encyclopedia of Polymer Science and Technology*. John Wiley, Nova York, v. 11, 1969, p. 62.

3. Sorenson W.R. & Campbell T.W. — *Preparative Methods of Polymer Chemistry*. Interscience Publishers, Nova York, 1961, p. 130.

4. Pham Q.T., Pétiaud R., Waton H. & Darricades M.F.L.— *Proton and Carbon NMR Spectra of Polymers*. CRC Press, Londres, 1991, p. 184 e 185.

1.1.6 Poli(adipato de etileno)

$$n\ HO-\overset{O}{\underset{||}{C}}-(CH_2)_4-\overset{O}{\underset{||}{C}}-OH \ + \ 2n\ HOCH_2CH_2OH \ \underset{}{\overset{Mn(acac)_2}{\rightleftharpoons}} \ n\ HOCH_2CH_2O-\overset{O}{\underset{||}{C}}-(CH_2)_4-\overset{O}{\underset{||}{C}}-OCH_2CH_2OH$$

Ácido adípico   Glicol etilênico   Adipato de *bis*-hidroxietileno

$$\overset{H_3PO_4}{\underset{Sb_2O_3}{\rightleftharpoons}}$$

Mn(acac)$_2$: acetil-acetonato de manganês

$$n\ HOCH_2CH_2OH \ + \ \overset{O}{\underset{||}{-(C}}-(CH_2)_4-\overset{O}{\underset{||}{C}}-OCH_2CH_2O-)_n-$$

Glicol etilênico   Poli(adipato de etileno)

Constantes físicas

Termoplástico, branco, ceroso

Solventes: clorofórmio, hidrocarbonetos clorados, cetonas, ésteres, etc.

Não solventes: água, hidrocarbonetos alifáticos, álcoois, etc.

Peso molecular: 10 000

Temperatura de fusão cristalina (T_m): 30-47 °C

O **poli(adipato de etileno)** é um poliéster alifático que pode ser preparada por policondensação do ácido adípico com glicol etilênico, com remoção de água por destilação, catalisada por ácido ou metais, gerando um polímero com baixo peso molecular.

Preparação

Em balão de fundo redondo de 3 bocas e 500 mL de capacidade, colocado sobre manta de aquecimento, acoplar à boca central um agitador mecânico e, em uma das bocas laterais, um tubo de Dean & Stark com volume de 100 mL, ligado a condensador de bolas, para recolher por destilação a água resultante da reação (**Figura 4.4**). Colocar pela outra boca lateral mistura de 146,4 g (1,0 mol) de ácido adípico, 68,2 g (1,1 mol) de glicol etilênico e 0,3047 g de acetil-acetonato de manganês; vedar essa boca com tampa de vidro. Sob agitação mecânica, aquecer o balão e observar a água que é recolhida no tubo de Dean & Stark. Quando aproximadamente 18 mL de água tiverem sido recolhidos, interromper o aquecimento, cessar a agitação mecânica e adaptar à boca central do balão um poço para termômetro, contendo óleo mineral para melhorar o contato do termômetro com o meio reacional (**Figura 4.3**). Re-

Figura 4.4
Aparelhagem para a preparação de poli(adipato de etileno).

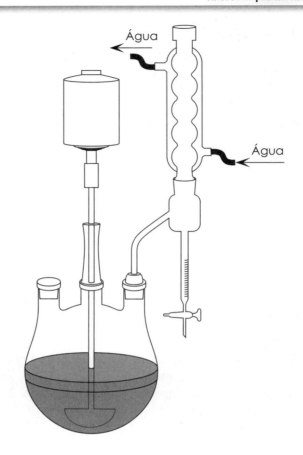

mover a tampa de vidro e introduzir uma dispersão preparada pela dissolução de 0,35 g de trióxido de antimônio e 1 mL de ácido fosfórico xaroposo (85% H_3PO_4) em 20 mL (0,36 mol) de glicol etilênico.

Substituir a tampa de vidro por uma conexão com tubo de vidro, que deve ser suficientemente longo para permitir o borbulhamento de nitrogênio através da massa reacional. Elevar a temperatura para 200 °C e borbulhar nitrogênio através da massa fundida por 2 horas, a fim de remover o glicol etilênico do sistema e aumentar o peso molecular do poliéster.

Interromper o aquecimento e derramar imediatamente o conteúdo quente do balão em bandeja feita com folha de alumínio. Aguardar a solidificação do poliéster por resfriamento. O polímero bruto sólido ceroso castanho-claro obtido pode ser purificado pela solubilização em clorofórmio ou benzeno e precipitação em etanol, resultando um material ceroso incolor.

Técnica em meio homogêneo

Confirmação da estrutura química do poli(adipato de etileno)

Para confirmar a estrutura do polímero, é essencial purificar uma pequena amostra do produto, removendo os resíduos de monômero. Para isso, reduzir a pequenos fragmentos cerca de 0,5 g da amostra, solubilizar em benzeno e precipitar em metanol. Filtrar o **poli(adipato de etileno)** através de papel de filtro, lavar com metanol e secar em estufa a vácuo a temperatura ambiente, antes de proceder à análise.

Pico de absorção na região do infravermelho em:

$1\ 740\ cm^{-1}(C=OO-)$.

Sinais de ^1H NMR (C_6D_5Br, 120 °C) mais intensos:

em 1,64 ppm (CH_2 1 e 3),
2,24 ppm (CH_2 1 e 3), 4,22 ppm (OCH_2CH_2O);

e sinais menores de terminais de cadeia:

em 3,55-3,74 ppm ($C\underline{H}_2OH$).

Sinais de ^{13}C NMR (DMSO-d_6, 130 °C) mais intensos:

em 172,50 ppm ($C=O$ diéster),
62,1 ppm (OCH_2CH_2O), 33,5 ppm (CH_2 1 e 4 unidades ácido),
24,2 ppm (CH_2 2 e 3 unidades ácido);

sinais menores de terminais de cadeia:

em 173,9 ppm (COOH), 9,8 ppm ($CH_2\underline{C}H_2OH$) e 65,8 ppm ($\underline{C}H_2CH_2OH$).

Referências bibliográficas:

1. Sorenson W.R. & Campbell T.W. — *Preparative Methods of Polymer Chemistry*. Interscience Publishers, Nova York, 1961, p. 131.

2. Goodman I. — Polyester. In: Mark H.F., Gaylord N.G. & Bikales N.M., *Encyclopedia of Polymer Science and Technology*. John Wiley, Nova York, v. 11, 1969, p. 62.

3. Pham Q.T., Pétiaud R., Waton H. & Darricades M.F.L. — *Proton and Carbon NMR Spectra of Polymers*. CRC Press, Londres, 1991, p. 169 e 170.

1.1.7 Poli(hexametileno-adipamida) (PA 6,6)

$$n\,H_2N-(CH_2)_6-NH_2 \;+\; n\,HO-\overset{O}{\underset{}{C}}-(CH_2)_4-\overset{O}{\underset{}{C}}-OH \longrightarrow n\,H_3\overset{+}{N}-(CH_2)_6-\overset{+}{N}H_3 \quad {}^-O-\overset{O}{\underset{}{C}}-(CH_2)_4-\overset{O}{\underset{}{C}}-O^-$$

Hexametilenodiamina   Ácido adípico   Sal de náilon

$$n\,H_2O \;+\; -\!\!\left[\!HN-(CH_2)_6-NH-\overset{O}{\underset{}{C}}-(CH_2)_4-\overset{O}{\underset{}{C}}\right]_n\!-$$

Poli(hexametileno-adipamida)

Constantes físicas

Termoplástico, incolor e opaco

Solventes: ácido fórmico, ácido acético, ácido sulfúrico, ácido clorídrico, m-cresol, etc.

Não solventes: água, hidrocarbonetos alifáticos, hidrocarbonetos aromáticos, álcoois, cetonas, éteres, etc.

Peso molecular: 10 000-20 000

Temperatura de transição vítrea (T_g): 50 °C

Temperatura de fusão cristalina (T_m): 250 °C

Constantes viscosimétricas: $K = 240 \times 10^{-3}$ mL/g, a = 0,61 (m-cresol, 25 °C, espalhamento de luz)

A **poli(hexametileno-adipamida)** (náilon 6,6) pode ser preparada pela reação entre a hexametilenodiamina e o ácido adípico. A reação de condensação é facilmente conduzida em massa, empregando sal de náilon. Um sal de náilon é o produto da reação estequiométrica de diaminas com diácidos, em solução aquosa. Geralmente é utilizada uma solução a 50% do sal. A primeira parte da síntese consiste na remoção de água da solução do sal de náilon. Após total destilação do solvente, a temperatura do meio reacional aumenta.

Em temperaturas superiores a 100 °C e inferiores a 190 °C, as reações de condensação são favorecidas. Trabalhando por certo tempo nessa faixa de temperatura, a perda de hexametilenodiamina é minimizada, pois tem ponto de ebulição 196-205 °C. Numa segunda etapa, o aumento da temperatura para valores superiores à T_m da poliamida e a passagem de um fluxo de nitrogênio seco ou a aplicação de vácuo ao sistema facilitam a remoção de traços de água, acarretando o aumento do peso molecular. A presença de impurezas ou aditivos monofuncionais pode provocar o término da reação e conseqüente redução do tamanho da cadeia macromolecular. O procedimento experimental é descrito a seguir.

Preparação

Em balão de fundo redondo de 3 bocas, de 250 mL de capacidade, colocado sobre manta de aquecimento, adaptar à primeira boca lateral uma conexão com tubo de vidro suficientemente longo para permitir o borbulhamento de nitrogênio na massa reacional. Na outra boca lateral, adaptar um tubo de Dean & Stark com volume de 100 mL, ligado a condensador de bolas para recolher a água eliminada por destilação. Introduzir pela boca central 130 mL do sal de náilon em solução aquosa a 50% (p/v). Adaptar à boca central do balão um poço para termômetro com escala de 0-300 °C, contendo óleo mineral para melhorar o contato entre o instrumento de medida e o meio reacional (**Figura 4.3**).

Aquecer a solução e retirar a água destilada, que é coletada no tubo de Dean & Stark. Quando um volume de aproximadamente 60 mL de água tiver sido recolhido, aumentar gradativamente a temperatura para 260 °C. Ao atingir essa temperatura, permitir o borbulhamento de nitrogênio na massa fundida por 1 hora, a fim de remover traços de água do sistema e aumentar o peso molecular.

Interromper o aquecimento e derramar imediatamente o conteúdo quente do balão em bandeja feita com folha de alumínio. Aguardar a solidificação da poliamida por resfriamento, o que ocorre rapidamente, originando um sólido branco.

Confirmação da estrutura química da poli(hexametileno-adipamida)

Para confirmar a estrutura do polímero, é essencial purificar uma pequena amostra do produto, removendo os resíduos de reagentes. Para isso, solubilizar em ácido fórmico e precipitar sobre água. Secar a **poli(hexametileno-adipamida)** em estufa com circulação de ar a 50 °C, por 2 horas, e proceder à análise.

Picos de absorção na região do infravermelho:

entre 3 300 cm^{-1} e 3 050 cm^{-1} (N—H),
1 640 cm^{-1} (C=O), 1 540-1 560 cm^{-1} (C—N + N—H),
de 1 250 cm^{-1} a 1 280 cm^{-1} (C—N + N—H),
em 700 cm^{-1} (N—H) e 600 cm^{-1} (C=O).

Sinais de ^{1}H NMR (DMSO-d$_6$):

em 6,96 ppm (NH), 3,05 ppm (H$_1$ quarteto), 2,06 ppm (H$_4$),
1,53 ppm (H$_5$), 1,44 ppm (H$_2$ quinteto) e 1,29 ppm (H$_3$).

Sinais de ^{13}C NMR:

em 172,02 ppm (C=O), 38,85 ppm (C$_1$), 35,51 ppm (C$_4$),
29,22 ppm (C$_2$), 6,20 ppm (C$_3$) e 25,06 ppm (C$_5$).

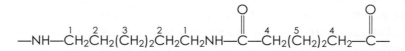

Referências bibliográficas

1. Sorenson W.R. & Campbell T.W. — *Preparative Methods of Polymer Chemistry*. Interscience Publishers. Nova York, 1961, p. 295.

2. Pham Q.T., Pétiaud R., Waton H. & Darricades M.F.L. — *Proton and Carbon NMR Spectra of Polymers*. CRC Press, Londres, 1991, p. 179 e 180.

1.1.8 Poli(hexametileno-sebacamida) (PA 6,10)

$$n\ H_2N—(CH_2)_6—NH_2\ +\ n\ H_3CO—\overset{O}{\overset{\|}{C}}—(CH_2)_8—\overset{O}{\overset{\|}{C}}—OCH_3$$

Hexametilenodiamina   Sebacato de dimetila

$$n\ CH_3OH\ +\ —(\!—NH—(CH_2)_6—NH—\overset{O}{\overset{\|}{C}}—(CH_2)_8—\overset{O}{\overset{\|}{C}}—)\!—_n$$

Metanol   Poli(hexametileno-sebacamida)

Constantes físicas

Termoplástico, incolor e opaco

Solventes: ácido fórmico, ácido acético, ácido sulfúrico, ácido clorídrico, m-cresol, etc.

Não solventes: água, hidrocarbonetos alifáticos, hidrocarbonetos aromáticos, álcoois, cetonas, éteres, etc.

Peso molecular: 2 000-10 000

Densidade: 1,09

Temperatura de transição vítrea (T_g): 50 °C

Temperatura de fusão cristalina (T_m): 215 °C

Constantes viscosimétricas: K = 13,5 $\times$ 10^{-3} mL/g, a = 0,96 (m-cresol, 25 °C, sedimentação)

A **poli(hexametileno-sebacamida)** (náilon 6,10) pode ser preparada por policondensação em massa, empregando-se a reação do sebacato de dimetila com hexametilenodiamina, que produz metanol como subproduto. O procedimento experimental é descrito a seguir.

Preparação

Em balão de fundo redondo de 3 bocas, de 500 mL de capacidade, colocado sobre manta de aquecimento, adaptar à primeira boca lateral uma conexão com tubo de vidro suficientemente longo para permitir o borbulhamento de nitrogênio na massa reacional. Na outra boca lateral, conectar um tubo de Dean & Stark com volume de 100 mL, ligado a condensador de bolas, para recolher, por destilação, os subprodutos voláteis da reação. Introduzir pela boca central 116,2 g (1 mol) de hexametilenodiamina e 230,3 g ou 233,1 mL

(1 mol) de sebacato de dimetila. Adaptar à boca central do balão um poço para termômetro com escala de 0-300 °C, contendo óleo mineral para melhorar o contato entre o instrumento de medida e o meio reacional (**Figura 4.3**).

Aquecer a solução, retirando metanol do meio reacional a ser condensado e coletado no tubo de Dean & Stark. Quando aproximadamente 40 mL de metanol tiverem sido recolhidos, aumentar a temperatura para 200 °C e permitir o borbulhamento de nitrogênio na massa fundida por 1 hora, a fim de remover o metanol e a água residual do sistema, o que acarreta o aumento do peso molecular.

Interromper o aquecimento e derramar imediatamente o conteúdo quente do balão em bandeja feita com folha de alumínio. Aguardar a solidificação da poliamida por resfriamento, o que ocorre rapidamente e origina um sólido amarelado-claro que funde a 180 °C.

Confirmação da estrutura química da poli(hexametileno-sebacamida)

Para confirmar a estrutura do polímero, é essencial purificar uma pequena amostra do produto, removendo os resíduos de reagentes. Para isso, solubilizar 0,5 g da poliamida em alguns mililitros de ácido fórmico e precipitá-la sobre 10 mL de água, com agitação. Repetir a operação e filtrar o produto sobre papel de filtro. Secar a **poli(hexametileno-sebacamida)** em estufa com circulação de ar a 50 °C, por 2 horas, e proceder à análise.

Picos de absorção na região do infravermelho:

> entre 3 300 cm^{-1} e 3 050 cm^{-1} (N—H), 1 640 cm^{-1} (C=O),
> 1 540-1 560 cm^{-1} (C—N + N—H),
> de 1 250 cm^{-1} a 1 280 cm^{-1} (C—N + N—H),
> em 700 cm^{-1} (N—H) e 600 cm^{-1} (C=O).

Sinais de ^{1}H NMR (DMSO-d_6, 140 °C):

> em 7,01 ppm (NH), 3,04 ppm (H_1 quarteto), 2,04 ppm (H_4 tripleto),
> 1,51 ppm (H_5 quinteto), 1,41 ppm (H_2 quarteto) e 1,27 ppm (H_3 + H_6).

Sinais de ^{13}C NMR (DMSO-d_6, 160 °C):

> em 172,15 ppm (C=O), 38,85 ppm (C_1), 35,81 ppm (C_4), 29,30 ppm (C_2),
> de 28,66 ppm a 28,76 ppm (C_6), em 26,26 ppm (C_3), 25,27 ppm (C_5).

$$—NH\overset{1}{C}H_2\overset{2}{C}H_2\overset{3}{(C}H_2)_2\overset{2}{C}H_2\overset{1}{C}H_2NH—\overset{O}{\overset{\|}{C}}—\overset{4}{C}H_2\overset{5}{C}H_2\overset{6}{(C}H_2)_4\overset{5}{C}H_2\overset{4}{C}H_2—\overset{O}{\overset{\|}{C}}—$$

Referência bibliográfica

1. Pham Q.T., Pétiaud R., Waton H. & Darricades M.F.L. — *Proton and Carbon NMR Spectra of Polymers*. CRC Press, Londres, 1991, p. 101 e 102.

1.1.9 Poli(*p*-fenileno-isoftalamida)

Ácido isoftálico   *p*-Fenileno-diamina   Sal de náilon

Poli(*p*-fenileno-isoftalamida)

Constantes físicas

Termoplástico, incolor e opaco

Solventes: ácido fórmico, ácido acético, ácido sulfúrico, ácido clorídrico, *m*-cresol, etc.

Não solventes: água, hidrocarbonetos alifáticos, hidrocarbonetos aromáticos, álcoois, cetonas, éteres, etc.

Peso molecular: 10 000-20 000

Densidade: 1,14

A **poli(*p*-fenileno-isoftalamida)** pode ser preparada por policondensação em massa, empregando-se sal de náilon. Um sal de náilon é o produto da reação estequiométrica de diaminas com diácidos, em solução aquosa. Normalmente, é utilizada uma solução a 50% do sal. A polimerização é conduzida a uma temperatura de 210 °C. A presença de impurezas ou aditivos monofuncionais pode provocar o término da reação e conseqüente redução do peso molecular. O procedimento experimental é descrito a seguir.

Preparação

Em balão de fundo redondo de 3 bocas, de 250 mL de capacidade, colocado sobre manta de aquecimento, adaptar à primeira boca lateral uma conexão com tubo de vidro suficientemente longo para permitir o borbulhamento de nitrogênio na massa reacional; conectar à outra boca lateral um tubo de Dean

& Stark com volume de 100 mL, ligado a condensador de bolas, para recolher, por destilação, a água. Introduzir pela boca central 150 mL de solução aquosa a 50% (p/v) (0,27 mol de sal de náilon). Adaptar à boca central do balão um poço para termômetro com escala de 0-300 °C, contendo óleo mineral para melhorar o contato entre o instrumento de medida e o meio reacional (**Figura 4.3**).

Aquecer a solução, removendo a água do meio reacional, que é destilada e coletada no tubo de Dean & Stark. Quando aproximadamente 75 mL de água tiverem sido recolhidos, aumentar a temperatura para 260 °C e permitir o borbulhamento de nitrogênio na massa fundida por 1 hora, a fim de remover a água do sistema e assim aumentar o peso molecular.

Interromper o aquecimento e derramar imediatamente o conteúdo quente do balão em bandeja feita com folha de alumínio. Aguardar a solidificação da poliamida por resfriamento, o que ocorre rapidamente e origina um sólido branco.

Confirmação da estrutura química do poli(*p*-fenileno-isoftalamida)

Para confirmar a estrutura do polímero, é essencial purificar uma pequena amostra do produto, removendo os resíduos de reagentes. Para isso, solubilizar 0,5 g da poliamida em alguns mililitros de ácido fórmico e precipitar sobre 10 mL de água, com agitação. Repetir a operação e filtrar sobre papel de filtro. Secar a **poli(*p*-fenileno-isoftalamida)** em estufa com circulação de ar a 50 °C, por 2 horas, e proceder à análise.

Picos de absorção na região do infravermelho:

entre $3\,300$ cm^{-1} e $3\,050$ cm^{-1} (N—H), $1\,640$ cm^{-1} (C=O),
de $1\,540$ cm^{-1} a $1\,560$ cm^{-1} (C—N + N—H),
de $1\,250$ cm^{-1} a $1\,280$ cm^{-1} (C—N + N—H),
em 700 cm^{-1} (N—H) e 600 cm^{-1} (C=O).

Referências bibliográficas

1. Sorenson W.R. & Campbell T.W. — *Preparative Methods of Polymer Chemistry*. Interscience Publishers, Nova York, 1961, p. 295.

2. Pham Q.T., Pétiaud R., Waton H. & Darricades M.F.L. — *Proton and Carbon NMR Spectra of Polymers*. CRC Press. Londres, 1991, p. 179 e 180.

3. Hummel D.O. & Scholl F. — *Hummel/Scholl Atlas of Polymer and Plastics Analysis*. VCH, Munique, 1988, v. 2.

1.1.10 Poli(o-fenileno-sebacamida)

Constantes físicas

Termoplástico, incolor e transparente

Solventes: ácido fórmico, ácido acético, ácido sulfúrico, ácido clorídrico, *m*-cresol, etc.

Não solventes: água, hidrocarbonetos alifáticos, hidrocarbonetos aromáticos, álcoois, cetonas, éteres, etc.

Peso molecular: 10 000-20 000

A **poli(*o*-fenileno-sebacamida)** pode ser preparada por policondensação por fusão, empregando-se sal de náilon. Um sal de náilon é o produto da reação estequiométrica de diaminas com diácidos, em solução aquosa. Normalmente, é utilizada uma solução a 50% do sal. A polimerização é realizada a uma temperatura de 210 °C. A presença de impurezas ou aditivos monofuncionais pode provocar o término da reação e conseqüente redução do peso molecular. O procedimento experimental é descrito a seguir.

Preparação

- Preparação do sal de náilon aromático

Em um erlenmeyer de 125 mL, solubilizar com agitação e ligeiro aquecimento 20,2 g (0,1 mol) de ácido sebácico em um volume mínimo de álcool etílico. Em um outro erlenmeyer de 125 mL, solubilizar com agitação 10,8 g (0,01 mol) de *o*-fenilenodiamina (ponto de fusão: 102 °C; ponto de ebulição: 252 °C) em 100 mL de metanol. Verter a solução da diamina sobre a solução do diácido, com agitação. Evaporar o solvente em evaporador rotatório. Lavar os cristais do sal, de cor levemente acastanhada, com água gelada e depois com metanol, e secar em seguida a vácuo.

- Policondensação

Em balão de fundo redondo de 3 bocas, de 250 mL de capacidade, colocado sobre manta de aquecimento, adaptar à primeira boca lateral uma conexão com tubo de vidro suficientemente longo para permitir o borbulhamento de nitrogênio na massa reacional; na outra boca lateral, ajustar uma saída para o nitrogênio. Introduzir pela boca central 15 g do sal de náilon aromático. Adaptar à boca central do balão um poço para termômetro, com escala de 0-300 °C, contendo óleo mineral para melhorar o contato entre o instrumento de medida e o meio reacional (**Figura 4.5**).

Aquecer o sólido até 125 °C sob pequeno fluxo de nitrogênio, o que procovocará a fusão do sal. Manter o aquecimento por 90 minutos, observando o aumento de viscosidade do líquido fundido. Interromper o aquecimento e derramar imediatamente o conteúdo quente do balão em bandeja feita com folha de alumínio. Aguardar a solidificação da poliamida por resfriamento, o que ocorre rapidamente e origina um sólido violeta, que é a **poli(o-fenileno-sebacamida)** bruta. A poliamida é purificada dissolvendo-se 2,5 g do sólido violeta em 70 mL de ácido fórmico, a ser precipitado em 700 mL de água destilada. Após a filtração do precipitado, obtém-se um pó incolor da poliamida.

Confirmação da estrutura química da poli(*o*-fenileno-sebacamida)

Para confirmar a estrutura do polímero, é essencial purificar uma pequena amostra do produto, removendo os resíduos de reagentes e subprodutos da reação. Para isso, solubilizar 0,5 g da poliamida em alguns mililitros de ácido fórmico e precipitar sobre 10 mL de água, com agitação. Repetir a operação e filtrar sobre papel de filtro. Secar a **poli(o-fenileno-sebacamida)** em estufa com circulação de ar a 50 °C, por 2 horas, e proceder à análise.

Picos de absorção na região do infravermelho:

entre $3\,300$ cm^{-1} e $3\,050$ cm^{-1} (N—H), em $1\,640$ cm^{-1} (C=O), de $1\,540$ cm^{-1} a $1\,560$ cm^{-1} (C—N + N—H), de $1\,250$ cm^{-1} a $1\,280$ cm^{-1} (C—N + N—H), em 700 cm^{-1} (N—H) e 600 cm^{-1} (C=O).

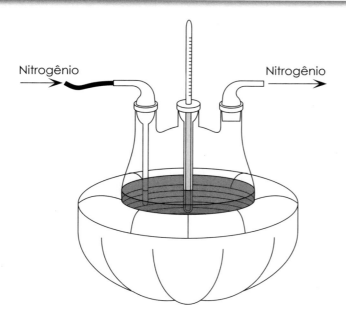

Figura 4.5
Aparelhagem para a preparação da poli(o-fenileno-sebacamida).

Referências bibliográficas

1. Sorenson W.R. & Campbell T.W. — *Preparative Methods of Polymer Chemistry*. Interscience Publishers, Nova York, 1961, p. 295.

2. Pham Q.T., Pétiaud R., Waton H. & Darricades M.F.L. — *Proton and Carbon NMR Spectra of Polymers*. CRC Press. Londres, 1991, p. 179-180.

3. Hummel D.O. & Scholl F. — *Hummel/Scholl Atlas of Polymer and Plastics Analysis*. VCH, Munique, 1988 v. 2.

1.1.11 Resina epoxídica (ER)

$$H_2C - CH - CH_2 - Cl$$

Bisfenol A + Epicloridrina

Resina epoxídica

Constantes físicas

Termoplástico (antes da cura), incolor e transparente

Solventes (antes da cura): mistura de solventes adequados, por exemplo, xileno ou tolueno/álcoois ou cetonas

Não solventes (antes da cura): água, hidrocarbonetos alifáticos, etc.

Peso molecular (antes da cura): 400-6 000

Densidade: 1,15-1,20

Temperatura de transição vítrea (T_g): –50-50 °C

Resinas epoxídicas de baixo peso molecular contendo grupos epóxi terminais para posterior cura podem ser preparadas pela reação de epicloridrina com dióis ou polióis. A reação mais conhecida e que produz resina de menor custo é aquela em que bisfenol A é empregado como reagente hidroxilado. O procedimento experimental é descrito a seguir.

Preparação

Em balão de fundo redondo de 3 bocas e 500 mL de capacidade, colocado sobre manta de aquecimento, introduzir mistura de 57 g (0,25 mol) de bisfenol A (p.f. = 158-159 °C; p.e. = 220 °C/4 mm Hg) e 187 mL de uma solução aquosa a 10% de hidróxido de sódio. A solubilização do fenol promove o aquecimento do meio, que atinge a temperatura de 40 °C. Adaptar à boca central do balão um agitador mecânico e, em uma das outras bocas, um condensador de refluxo. Sob agitação, adicionar pela terceira boca 36,3 g (0,40 mol) de epicloridrina (p.f. = –57 °C; p.e. = 115-117 °C) e vedar essa boca com rolha esmerilhada (**Figura 4.6**).

Aquecer o balão até o refluxo, mantendo o aquecimento por 1 hora. Observar a formação de duas fases. Interromper o aquecimento, remover a fase líquida alcalina por decantação e lavar seguidamente o conteúdo sólido com água a 40 °C, controlando o pH da água de lavagem com papel de tornassol, até que se obtenha neutralidade.

Derramar o conteúdo sólido do balão em bandeja, feita com folha de alumínio, e, por uma noite, para secagem, levar à estufa com circulação de ar a 50 °C.

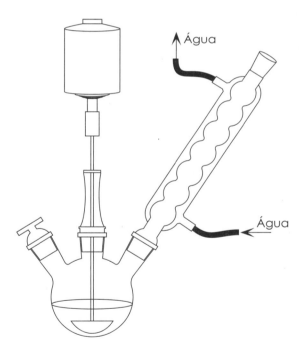

Figura 4.6
Aparelhagem para a preparação da resina epoxídica.

Confirmação da estrutura química da resina epoxídica

Para confirmar a estrutura do polímero, é essencial purificar uma pequena amostra do produto, removendo os resíduos de monômero e de hidróxido de sódio. Para isso, reduzir a pequenos fragmentos cerca de 0,5 g da amostra, com o auxílio de um ralador metálico ou um minimoinho adequado. Primeiramente, deixar pequenos fragmentos do material em contato com água, por 10 minutos, sob agitação, para completa remoção de resíduos alcalinos; descartar a água por decantação. Repetir por duas ou mais vezes esse procedimento, até que a água de decantação apresente pH neutro. Por 2 horas, secar a **resina epoxídica** em estufa com circulação de ar a 50 °C e proceder à análise.

Picos de absorção na região do infravermelho:

em 3 450 cm^{-1} (OH), 1 510 cm^{-1} e 830 cm^{-1} (grupo p-fenileno),
1 245 cm^{-1} (C—O—C aromático-alifático),
970 cm^{-1}, 915 cm^{-1} e 760 cm^{-1} (grupo epóxi terminal).

Referências bibliográficas

1. Sorenson W.R. & Campbell T.W. — *Preparative Methods of Polymer Chemistry*. Interscience Publishers, Nova York, 1961, p. 342.

2. Hummel D.O. & Scholl F. — *Hummel/Scholl Atlas of Polymer and Plastics Analysis*. VCH, Munique, 1988, p. 436 v. 2.

3. Roff W.J. & Scott J.R. — *Fibres, Films, Plastics and Rubber*. Butterworth, Londres, 1971, p. 263.

1.2 Policondensação em solução

Em reações químicas, de um modo geral, o procedimento experimental envolve reagentes em solução, com agitação se o produto formado for insolúvel. Em policondensações, essa afirmativa também é válida. Na técnica de policondensação em meio homogêneo, em solução, o solvente precisa ser adequadamente escolhido para ser efetivo sobre todos os reagentes. Nesse caso, não há necessidade de se trabalhar com agitação, basta usar homogeneizador de ebulição, pois as bolhas de ar emitidas por seus fragmentos ou lascas são eficientes na manutenção da temperatura de ebulição.

A técnica de policondensação em meio homogêneo em solução é um procedimento muito comum em Química. O produto de reação deve ser solúvel no meio reacional. Quando o produto precipita ao longo do processo, a técnica é denominada **polimerização em solução com precipitação**, ou **polimerização em lama**.

1.2.1 Poli(ftalato-maleato de propileno)

Anidrido ftálico + Anidrido maleico + Glicol propilênico

Poli(ftalato-maleato de propileno) + H_2O

Constantes físicas

Termoplástico, líquido viscoso, incolor e transparente

Solventes: hidrocarbonetos aromáticos, hidrocarbonetos clorados, álcoois, cetonas, ésteres, etc. (antes da cura com estireno)

Não solventes: água, hidrocarbonetos alifáticos, etc. (antes da cura com estireno)

O poliéster insaturado obtido é oligomérico antes da cura. Assim, não permite a determinação de constantes típicas de polímeros.

A policondensação dos anidridos ftálico e maleico com o glicol propilênico é feita por aquecimento da solução em xileno, de modo que a água eliminada na reação seja removida do meio reacional arrastada pelos vapores de xileno. O destilado, turvo, é recolhido em tubo de Dean & Stark, que permite a separação da água e o retorno do xileno recuperado ao meio reacional, a fim de manter a concentração inicial dos reagentes. Terminada a policondensação — que é evidenciada pelo fim do arraste de água e, portanto, da turbidez do destilado —, o solvente é removido por aquecimento, para se obter o poliéster insaturado, oligomérico e solúvel. A reticulação do poliéster é decorrente da formação de ligações cruzadas, provenientes da dupla ligação do anidrido maleico, por adição de estireno e de iniciador de radicais livres. O procedimento experimental é descrito a seguir.

Preparação

Em balão de vidro de 3 bocas com 1 litro de capacidade, adaptar agitador elétrico na boca central. Em outra boca, adaptar uma conexão com duas entradas: uma para o tubo de Dean & Stark e, sobre este, um condensador de bolas; outra para colocar um termômetro. Para entrada de nitrogênio, instalar na terceira boca, um tubo de vidro, longo o bastante para permitir o vagaroso borbulhamento do gás dentro da massa reacional (**Figura 4.7**).

Instalar o balão sobre manta de aquecimento elétrico e introduzir, sucessivamente, 178 g de anidrido maleico pulverizado, 271 g de anidrido ftálico também pulverizado, 307 g de glicol propilênico, 67 g de xileno e 0,15 g de hidroquinona. Encher o tubo de Dean & Stark com um volume conhecido de xileno, de modo a poder observar o princípio do gotejamento de água e sua separação, no fundo do tubo. Iniciar a agitação, mas não o aquecimento. Agitar a mistura reacional, a frio, por 1 a 2 horas, e interromper o processo, para recomeçar na próxima jornada de trabalho, bem cedo. Assim será possível iniciar e completar a policondensação sem interrupção, o que leva aproximadamente 12 horas.

Com agitação constante, aquecer a mistura reacional a 100 °C. Iniciar, então o borbulhamento de nitrogênio, em corrente lenta e contínua, que será mantida durante toda a policondensação.

Atingida a temperatura de 100 °C no interior da massa reacional, interromper o aquecimento, pois a reação é exotérmica. Assim que a temperatura começar a cair, reiniciar o aquecimento, de modo a manter o refluxo. Remover, de tempos em tempos, a água arrastada pelo xileno e depositada na parte inferior do tubo de Dean & Stark, o que permite acompanhar o desenvolvimento da poliesterificação.

Controlar a reação, lançando em quadro o tempo e a temperatura da massa reacional. A partir do momento em que a massa do reator se apresentar homogênea e límpida, registrar o volume de água removido e determinar o índice de acidez das amostras colhidas. Proceder a essas observações a intervalos de 30 minutos.

Determinar o índice de acidez colhendo amostra de cerca de 1 g, com o auxílio de pipeta Pasteur de haste longa, transferindo o material colhido diretamente para um pequeno erlenmeyer, seco e tarado. Dissolver esse material em 20 mL de acetona neutra ao vermelho congo e dosar a acidez com solução etanólica (etanol a 90%) 0,2 N de hidróxido de potássio. Calcular o resultado como número de gramas de KOH da amostra, isto é, como **índice de acidez** do material. À medida que a água, subproduto da policondensação, for sendo removida, recompor o volume inicial da mistura no balão, acrescentando um volume correspondente de xileno pelo topo do condensador de bolas. Quando o índice de acidez atingir 50-52, esgotar o conteúdo do tubo de Dean & Stark e aumentar a temperatura, para eliminar todo o xileno. Medir o volume de xileno recuperado.

Em seguida, aumentar o aquecimento, bem como o fluxo de nitrogênio, recolhendo progressivamente o xileno condensado no tubo de Dean & Stark. O aquecimento é encerrado quando a temperatura atingir 210 °C e não mais se observar desprendimento ou condensação de vapores. Afastar então a manta, continuando a agitação e a passagem de nitrogênio até a temperatura atingir 150 °C. Transferir a mistura reacional contendo o poliéster para bécher seco e tarado, agitando constantemente, para evitar a formação de crostas, aderentes às paredes do recipiente. Continuar agitando, até a temperatura atingir 125 °C.

Mantendo a agitação, adicionar aos poucos estireno comercial (estabilizado com 50 ppm de p-tércio-butil-catecol), de modo a se ter, no final, uma solução a cerca de 40% de poliéster em estireno. Depois de conseguir mistura homogênea, resfriar rapidamente à temperatura ambiente. Se houver grumos, filtrar a mistura através de gaze ou tecido de poliéster.

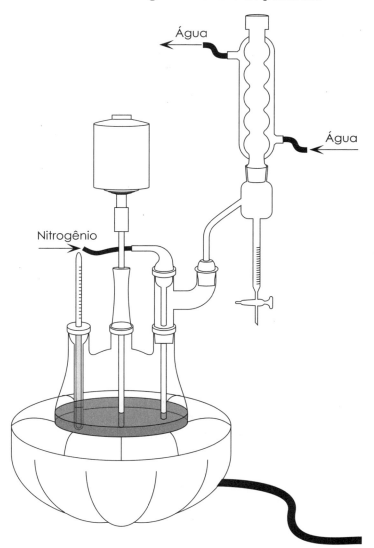

Figura 4.7
Aparelhagem para a preparação de poli(ftalato-maleato de propileno).

- Preparação de artefatos de **poli(ftalato-maleato de propileno)**

Escolher os moldes onde a polimerização deve se completar; de preferência, frascos vazios de vidro de perfume, bolas de Natal, tubos de ensaio ou outras peças de superfície polida e de baixo custo, pois será preciso quebrá-las para a remoção do artefato moldado. Recipientes de polietileno, como brinquedos, caixas, etc, também são bons moldes, embora não se obtenha superfície polida nas peças. Nesse caso, pode-se proceder ao polimento com pós abrasivos comuns. Antes de ser usado, o molde deve estar rigorosamente limpo e seco.

Preparar a mistura moldável pela adição cuidadosa de soluções estirênicas a 10% de cada componente. Cuidado em não proceder à mistura do peróxido com o sal de cobalto, pois isso poderá resultar em violenta reação. Seguir a seguinte ordem:

a) corante orgânico, indicado e conhecido como inibidor de polimerização, em quantidade arbitrária, de forma a dar a coloração desejada;

b) fonte de radicais livres, consistindo de solução de peróxido de metil-etil-cetona, em quantidade equivalente a 1% de peróxido em relação à massa total de poliéster e estireno;

c) acelerador, compreendendo o restante do sistema de oxirredução, que é o naftenato de cobalto (10% de Co), em quantidade equivalente a 0,3% em relação à massa total de poliéster e estireno.

Preencher os moldes com a mistura moldável, vedar a boca dos mesmos com filme de polietileno, preso com um fio, e colocá-los a temperatura ambiente, para que ocorra a cura. O processo pode ser acelerado efetuando a polimerização final em estufa a 40 °C. Para remover as peças moldadas dos respectivos moldes, resfriá-los primeiro em refrigerador, de modo a aumentar a diferença de contração e facilitar a remoção.

Confirmação da estrutura química do poli(ftalato-maleato de propileno)

Para confirmar a estrutura do polímero, é essencial purificar uma pequena amostra do produto, removendo os resíduos de monômero e de iniciador. Para isso, reduzir a pequenos fragmentos cerca de 0,5 g da amostra, com o auxílio de um ralador metálico ou um minimoinho adequado. Por pelo menos 30 minutos, deixar os pequenos fragmentos do material em contato a frio com um solvente do monômero, mas não do polímero. Geralmente é utilizado metanol para essa finalidade. Descartar o líquido sobrenadante e repetir a operação mais uma vez. Por 2 horas, secar o **poli(ftalato-maleato de propileno)** em estufa com circulação de ar a 50 °C e proceder à análise.

Picos de absorção na região do infravermelho:

de 3 400 cm^{-1} a 3 500 cm^{-1} (OH),
de 2 800 cm^{-1} a 3 600 cm^{-1} muito alargado e em 670 cm^{-1} (COOH terminal),
1 740 cm^{-1} e 1170 cm^{-1} (C=O alifático-alifático),
1 730 cm^{-1} e 1 280 cm^{-1} (C=O alifático-aromático),
1 600 cm^{-1} (C=C grupo tereftalato).

Referências bibliográficas

1. Overberger C.G. — *Macromolecular Synthesis*. John Wiley, Nova York, 1963, v. I. p. 46.

2. Mano E.B. — *Práticas de Polimerização*. Instituto de Química, Universidade Federal do Rio de Janeiro, 1967.

3. Pinner S.H. — *A Practical Course in Polymer Chemistry*. Pergamon Press, Oxford, 1961, p. 58 e 70.

4. Hummel D.O. & Scholl F. — *Hummel/Scholl Atlas of Polymer and Plastics Analysis*. VCH, Munique, 1988, v. 2.

1.2.2 Resina de fenol-formaldeído (PR)

Constantes físicas

Termoplástico, amorfo, incolor e transparente (antes da cura)

Solventes: hidrocarbonetos clorados, álcoois, cetonas, ésteres, éteres, etc. (antes da cura)

Não solventes: água, hidrocarbonetos alifáticos, etc. (antes da cura)

Peso molecular: 1 000-2 000

Densidade: 1,25

Temperatura de transição vítrea (T_g): 44-74 °C (Novolac)

O monômero fenol é trifuncional, sendo os grupamentos reagentes constituídos pelos átomos de hidrogênio em posições o-, o'- e p-. O monômero formaldeído é bifuncional, correspondendo a um glicol geminado instável (HO—CH_2—OH). Assim, conforme as condições de preparação das resinas fenólicas, o produto resultante pode ser linear, ramificado ou reticulado. O produto da reação é em geral cerca de 50% p-substituído, embora sejam duas as posições o-, porém o átomo de hidrogênio da única posição p- é menos estericamente impedido.

Quando o meio reacional é ácido, a reação é moderada. Quando é básico, o fenol atua sob a forma iônica de fenóxido, que é muito mais ativa. Em meio ácido e excesso molar de fenol, a resina resultante é termoplástica, solúvel e fusível, conhecida como **Novolac**. Em meio básico e excesso molar de formaldeído, a reação passa por 3 estágios sucessivos: A, B e C. No **Estágio A**, o produto é termoplástico, solúvel e fusível, e denominado **Resol**. Prosseguindo o aquecimento, durante a preparação da composição moldável, é atingido o **Estágio B**; o produto resultante, termoplástico, insolúvel mas ainda fusível, é conhecido como **Resitol**. Após sua moagem e moldagem por compressão, é então atingido o **Estágio C**, final, em que o produto é termorrígido, insolúvel e infusível, sendo denominado **Resit**.

Técnica em meio homogêneo

As **resinas de fenol-formaldeído** oxidam-se progressivamente sob efeito do ar, formando produtos quinônicos, coloridos, que passam de amarelado a avermelhado, acastanhado e negro. Por esse motivo, a resina fenólica não pode ser utilizada na confecção de artefatos claros.

A condensação de fenol com formol, em meio ácido, dá origem a uma resina fenólica permanentemente termoplástica, isto é, um Novolac, em que ainda não há ligações cruzadas. A partir dessa resina, empregando um agente de cura (hexametileno-tetramina, também chamada urotropina) que se decompõe gerando meio básico e grupos metileno, pode-se chegar a uma resina termorrígida, reticulada, por aquecimento sob pressão da composição moldável. O procedimento experimental é descrito a seguir.

Preparação

Em balão de fundo redondo de 3 bocas, de 500 mL de capacidade, colocado sobre manta de aquecimento, introduzir mistura de 130 g (121 mL) de fenol destilado e 10 mL de água, a fim de manter o fenol liquefeito. Acrescentar 92,4 g (84,7 mL) de solução aquosa a 37% de aldeído fórmico (formol comercial ou formalina) e 3 mL de solução aquosa a 34% de ácido oxálico di-hidratado. Adaptar à boca central do balão um agitador mecânico e a uma boca lateral um condensador de refluxo; vedar a terceira boca com rolha esmerilhada (**Figura 4.8a**).

Com agitação constante, refluxar por 30 minutos a mistura reacional. Acrescentar, pelo topo do condensador, mais 3 mL da solução ácida e aquecer sob refluxo por mais 1 hora.

Remover a manta e o condensador. Adicionar à massa reacional no balão 100 mL de água e agitar por 2 ou 3 minutos. Retirar o agitador e deixar em repouso por cerca de 10 minutos, a fim de separar adequadamente as duas fases líquidas. Remover e descartar a camada superior, aquosa, por decantação.

Retornar o balão à manta de aquecimento. Adaptar a uma das bocas do balão uma conexão com saída para o sistema de vácuo. Em outra boca, instalar um tubo capilar de vidro, pelo qual será borbulhado nitrogênio na mistura reacional (**Figura 4.8b**).

Iniciar então a passagem de lenta corrente de nitrogênio e aplicar vácuo por meio de trompa de água. Aquecer progressivamente, de modo a eliminar todos os componentes voláteis da mistura contida no balão. Prosseguir até que a massa se torne tão viscosa que não permita fácil borbulhamento.

Interromper o aquecimento e depois a sucção. Imediatamente, derramar o conteúdo quente do balão sobre bandeja feita com folha de alumínio e aguardar a solidificação, por resfriamento, da resina fenólica.

Confirmação da estrutura química da resina fenólica tipo Novolac

Para confirmar a estrutura do polímero, é essencial purificar uma pequena amostra do produto, removendo os resíduos de monômero e de iniciador. Para isso, reduzir a pequenos fragmentos cerca de 0,5 g da amostra, com o auxílio de um ralador metálico ou um minimoinho adequado. Por pelo menos 30 minutos, deixar os pequenos fragmentos do material em contato a frio com um solvente do monômero, mas não do polímero. Geralmente é utilizado metanol para essa finalidade. Descartar o líquido sobrenadante e repetir a operação mais uma vez. Por 2 horas, secar a **resina fenólica** em estufa com circulação de ar a 50 °C e proceder à análise.

Figura 4.8
Aparelhagem para a preparação de resina fenólica do tipo Novolac.

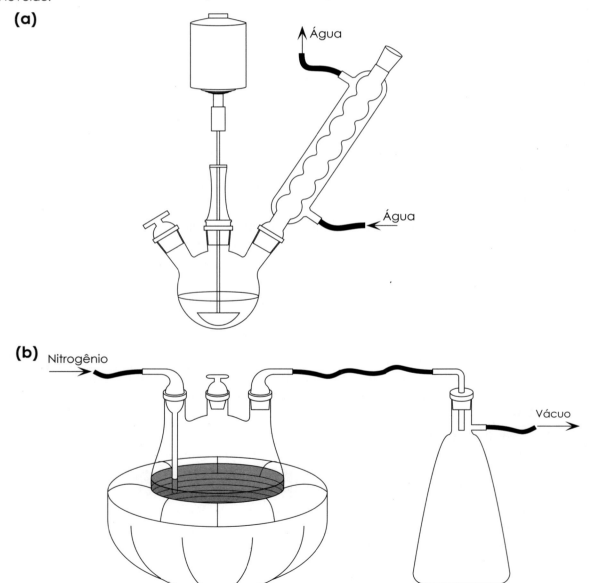

Picos de absorção na região do infravermelho:

em 3 500 cm^{-1} (OH), 820 cm^{-1} (substituinte em *orto-para*) e 750 cm^{-1} (substituinte em *orto-orto* e em *orto-para*).

Sinais de ^{13}C NMR:

em 153,4 ppm (substituinte em *orto-orto*) e 155,9 ppm (substituinte em *orto-para*).

Referências bibliográficas

1. Sorenson W.R. & Campbell T.W. — *Preparative Methods of Polymer Chemistry*. Interscience Publishers, Nova York, 1961, p. 295.

2. Brandrup J. & Immergut E.H. — *Polymer Handbook*. Interscience Publishers, Nova York, 1966.

3. Knop A. & Pilato L.A. — *Phenolic Resins: Chemistry, Applications and Performance*. Springer-Verlag, Berlim, 1985.

4. Roff W.J. & Scott J.R. — *Fibres, Films, Plastics and Rubber*. Butterworth, Londres, 1971.

5. Mano E.B. — *Práticas de Polimerização*. Instituto de Química, Universidade Federal do Rio de Janeiro, 1967.

1.2.3 Resina de uréia-formaldeído (UR)

Constantes físicas

Material pastoso, incolor e transparente (antes da cura)

Solventes: água, álcoois, cetonas, ésteres, éteres, etc. (antes da cura)

Não solventes: hidrocarbonetos alifáticos e outros (antes da cura)

Peso molecular: 1 000-2 000

Densidade: 1,50

A reação de uréia com formaldeído, em meio alcalino, dá inicialmente origem a produtos de baixo peso molecular: monometilol-uréia (p.f. = 110 °C) e dimetilol-uréia (p.f. = 126 °C). A posterior condensação com eliminação de água produz a resina ureica permanentemente termoplástica. O material tem grau de polimerização muito baixo antes da cura e não permite a determinação de constantes típicas de polímeros. A partir dessa resina chega-se a uma resina termorrígida pelo aquecimento da composição moldável, que contém em geral catalisador ácido (por exemplo, ácido oxálico), excesso de formaldeído e alto percentual de carga (100% ou mais de alfa-celulose), essencial para permitir uma resistência mecânica satisfatória. O procedimento experimental é descrito a seguir.

Preparação

Em balão de fundo redondo, de 3 bocas e 250 mL de capacidade, introduzir uma solução preparada pela dissolução de 30 g de uréia em 80 mL de solução aquosa a 37% de aldeído fórmico (formol comercial ou formalina). Adicionar

10 mL de solução aquosa a 10% de hidróxido de sódio. Adaptar à boca central do balão um agitador elétrico e a uma boca lateral um condensador de refluxo; vedar a terceira boca com rolha esmerilhada. Montar o sistema sobre manta de aquecimento e, com agitação constante, refluxar a mistura reacional por 2 horas (**Figura 4.8a**).

Retirar o agitador e o condensador de refluxo. Adaptar a uma das bocas do balão uma conexão com saída lateral e condensador para remoção de água por destilação (**Figura 4.9**). Vedar as outras duas bocas. Aquecer progressivamente com manta de aquecimento, permitindo a completa remoção da água, observada pelo aumento da viscosidade do meio.

Interromper o aquecimento, derramar imediatamente o conteúdo quente do balão em bandeja feita com folha de alumínio e aguardar a solidificação, por resfriamento, da resina ureica.

Confirmação da estrutura química da resina de uréia-formadeído

Para confirmar a estrutura do polímero, é essencial purificar uma pequena amostra do produto, removendo os resíduos de reagentes. Para isso, reduzir a pequenos fragmentos cerca de 0,5 g da amostra, com o auxílio de um ralador metálico ou um minimoinho adequado. Por pelo menos 30 minutos, deixar os pequenos fragmentos do material em contato a frio com um solvente do monômero, mas não do polímero. Geralmente é utilizado metanol gelado para essa finalidade. Descartar o líquido sobrenadante e repetir a operação mais uma vez. Secar a **resina de uréia-formaldeído** em estufa com circulação de ar a 50 °C, por 2 horas, e proceder à análise.

Figura 4.9
Aparelhagem para a destilação de água na preparação de resina de uréia-formaldeído.

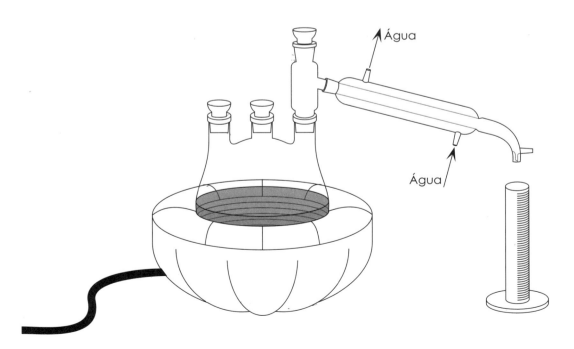

Picos de absorção na região do infravermelho:

em 3 400 cm^{-1} (OH e NH), 1 650 cm^{-1} (C$=$O), 1 550 cm^{-1} (NH e NCN), 1 250 cm^{-1} (CH$_2$), 1 120 cm^{-1} (éter dimetilênico), 1 010 cm^{-1} (CH$_2$—OH) e 600 cm^{-1} (OH em ligação hidrogênio).

Referências bibliográficas

1. Mano E.B. & Seabra A.P. — *Práticas de Química Orgânica*. Edart, São Paulo, 1977.

2. Roff W.J. & Scott J.R. — *Fibres, Films, Plastics and Rubber*. Butterworth, Londres, 1971, p. 285.

3. Hummel D.O. & Scholl F. — *Hummel/Scholl Atlas of Polymer and Plastics Analysis*. v. 2. VCH, Munique, 1988, p. 444.

1.2.4 Resina de melamina-formaldeído (MR)

Melamina

Formaldeído

Trimetilol-melamina

Resina melamínica

Constantes físicas

Material pastoso, incolor e transparente (antes da cura)

Solventes: água, álcoois, cetonas, ésteres, éteres, etc. (antes da cura)

Não solventes: hidrocarbonetos alifáticos e outros (antes da cura)

Peso molecular: 1 000-2 000

Densidade: 1,50

A melamina (1,3,5-triazina-2,4,6-triamina) reage com formaldeído de forma semelhante à uréia, isto é, o formaldeído é adicionado aos grupos amino da melamina, formando metilóis-melamina. Entretanto, a reação é mais rápida e mais completa e 2 moléculas de formaldeído por grupo amina podem ser adicionadas facilmente, produzindo hexametilol-melamina. Ao contrário da resina ureica, a cura da resina melamínica pode ocorrer em meio fracamente básico ou até mesmo neutro. O procedimento experimental é descrito a seguir.

Preparação

Em balão de fundo redondo, de 3 bocas e 250 mL de capacidade, introduzir uma solução preparada pela dissolução de 30 g de melamina (m.p. > 350 °C) em 80 mL de solução aquosa a 37% de aldeído fórmico (formol comercial ou formalina). Adicionar 10 mL de solução aquosa a 10% de hidróxido de sódio NaOH. Adaptar à boca central do balão um agitador elétrico, à segunda boca um condensador de refluxo e vedar a terceira boca com rolha esmerilhada (**Figura 4.8a**). Montar o sistema sobre manta de aquecimento e, com agitação constante, refluxar por 2 horas a mistura reacional.

Retirar o agitador e o condensador de refluxo. Adaptar a uma das bocas do balão uma conexão com saída lateral e condensador para remoção de água por destilação (**Figura 4.9**). Vedar as outras bocas. Aquecer progressivamente com manta de aquecimento, permitindo a completa remoção da água; observar o aumento da viscosidade do meio.

Interromper o aquecimento, derramar imediatamente o conteúdo quente do balão em bandeja feita com folha de alumínio e aguardar a solidificação da resina ureica por resfriamento.

Confirmação da estrutura química da resina de melamina-formaldeído

Para confirmar a estrutura do polímero, é essencial purificar uma pequena amostra do produto, removendo os resíduos de reagentes. Para isso, reduzir a pequenos fragmentos cerca de 0,5 g da amostra, com o auxílio de um ralador metálico ou um minimoinho adequado. Por pelo menos 30 minutos, deixar os pequenos fragmentos do material em contato a frio com um solvente do monômero, mas não do polímero. Geralmente é utilizado metanol gelado para essa finalidade. Descartar o líquido sobrenadante e repetir a operação mais uma vez. Secar a **resina de melamina-formaldeído** em estufa com circulação de ar a 50 °C, por 2 horas, e proceder à análise.

Picos de absorção na região do infravermelho:

em 3 400 cm^{-1} e 1 000 cm^{-1} (CH_2OH),
1 570 cm^{-1} e 810 cm^{-1} (anéis triazínicos)
e 1 060 cm^{-1} (CH_2OCH_2 de produto de reações laterais).

Referências bibliográficas

1. Mano E.B. & Seabra A.P. — *Práticas de Química Orgânica*. Edart, São Paulo, 1977.

2. Brandrup J. & Immergut E.H. — *Polymer Handbook*. Interscience Publishers, Nova York, 1966.

3. Roff W.J. & Scott J.R. — *Fibres, Films, Plastics and Rubber*. Butterworth, Londres, 1971, p. 285.

4. Hummel D.O. & Scholl F. — *Hummel/Scholl Atlas of Polymer and Plastics Analysis*. v. 2. VCH, Munique, 1988, p. 443.

Técnica em meio homogêneo

1.2.5 Poli(épsilon-caprolactama) (PA 6)

- **Preparação do catalisador**

CH_2CH_2Br + Mg $\longrightarrow$ (Tetra-hidrofurano) CH_2CH_2MgBr $\longrightarrow$

Brometo de etila   Brometo de etil-magnésio

épsilon-Caprolactama

Caprolactamato de bromo-magnésio

- **Preparação do ativador**

2 (épsilon-Caprolactama) + $O=C=N-(CH_2)_6N=C=O$ (Diisocianato de hexametileno) $\xrightarrow{80\ °C}$ Ativador

- **Polimerização**

n (épsilon-Caprolactama) $\xrightarrow[\text{Ativador}]{\text{Caprolactamato de bromo-magnésio}}$ $-[-(CH_2)_5C-NH-]_n$

Poli(épsilon-caprolactama)

Constantes físicas

Termoplástico, amarelado e opaco

Solventes: ácido fórmico, ácido sulfúrico, m-cresol, etc.

Não solventes: água, hidrocarbonetos, álcoois, cetonas, etc.

Peso molecular: 45 000

Densidade: 1,12

Temperatura de transição vítrea (T_g): 45 °C

Temperatura de fusão cristalina (T_m): 215 °C

Constantes viscosimétricas: K = 7,44 × 10^{-4} dL/g, a = 0,745 (m-cresol, 25 °C, osmometria)

A polimerização de lactamas (amidas cíclicas) pode ser iniciada por água, ácidos e bases. A iniciação usando água é denominada polimerização hidrolítica e é o método mais utilizado industrialmente para produção de poliamidas a partir de lactamas. A iniciação com ácidos de Lewis (polimerização catiônica) não tem importância comercial, pois apresenta baixo rendimento e produz poliamidas de baixo peso molecular. A polimerização utilizando bases como iniciador (polimerização aniônica) tem significativa importância industrial, podendo ser empregada para a obtenção de peças pela reação diretamente dentro de moldes (*Reaction Injection Molding, RIM*).

A épsilon-caprolactama é uma lactama que contém 6 átomos de carbono e pode ser facilmente obtida pela polimerização por mecanismo aniônico, empregando catalisador. Uma grande variedade de catalisadores básicos, como metais alcalinos, hidretos inorgânicos e compostos organometálicos, são eficientes na polimerização aniônica do monômero. Alguns, como o caprolactamato de sódio, produzem polímeros mais amarelados. Compostos de Grignard são muito eficientes, polimerizando rapidamente a caprolactama. Além disso, são de síntese e purificação fáceis e apresentam alta atividade, produzindo polímeros praticamente sem coloração.

Um ativador é geralmente empregado para aumentar a eficiência catalítica e evitar o tempo de indução na polimerização. O ativador é geralmente uma N-acil-caprolactama, que pode ser obtida pela reação da lactama com cloreto ou anidrido de ácidos carboxílicos ou com isocianatos. Pode ser formado *in situ* ou pré-formado e então adicionado ao sistema reacional.

Como o monômero é muito higroscópico, a sua secagem preliminar é essencial para um bom resultado da reação.

O procedimento experimental que descreve a polimerização aniônica da caprolactama em solução, empregando reagente de Grignard (caprolactamato de bromo-magnésio) como catalisador, ativado *in situ* por diisocianato de hexametileno, é descrito a seguir.

Preparação

* Catalisador

Em balão seco de 3 bocas e 250 mL de capacidade, ainda quente, após permanecer secando por pelo menos 1 hora em estufa a 110 °C, introduzir uma barra magnética. Adaptar na primeira boca do balão uma torneira, para a admissão de gases, e na boca central, um funil de adição. Permitir a passagem de lento fluxo de nitrogênio seco através do balão, mantendo a atmosfera inerte. Introduzir pela terceira boca 140 mL de tetra-hidrofurano seco e adicionar, sob agitação magnética, 56,5 g (0,5 mol) de caprolactama seca e 5 g (0,20 átomo-grama) de magnésio. Introduzir no funil de adição 60 mL de tetra-hidrofurano seco, 22,4 g (0,20 mol) de brometo de etila e 0,1 g de iodeto de metila (0,7 mmol). Em seguida, sob fluxo de nitrogênio, adaptar à terceira boca do balão um condensador de refluxo provido de tubo com cloreto de cálcio, com uma bola inflável em sua extremidade, para manter a atmosfera de nitrogênio durante a reação (**Figura 4.10**). Fechar a torneira, cortando o fluxo de nitrogênio e, sob agitação magnética, adicionar lentamente a solução contida no funil de adição, durante aproximadamente 30 minutos. Manter a temperatura em torno de 30 °C. Em seguida, elevar a temperatura para 40 °C e permitir que a reação continue por 90 minutos. O catalisador obtido é armazenado sob atmosfera de nitrogênio e sob a proteção da luz para ser utilizado posteriormente na polimerização da caprolactama. O rendimento da reação é alto se a pureza dos reagentes for adequada, obtendo-se concentração de caprolactamato de bromo-magnésio da ordem de 0,005 mol/L.

* Secagem da caprolactama (destilação azeotrópica)

A secagem pelo processo de destilação azeotrópica consiste em adicionar uma substância de baixo ponto de ebulição, capaz de formar azeótropo com a água do meio, e em seguida proceder à destilação do azeótropo, removendo assim a água do sistema. É comum o emprego de benzeno como promotor de secagem azeotrópica.

Em balão de 3 bocas e 500 mL de capacidade, ainda quente — após permanecer secando em estufa a 110 °C por pelo menos 1 hora —, montado em banho de óleo, adaptar na primeira boca lateral uma torneira para a admissão de gases; na outra boca lateral, colocar uma conexão com saída para o lado, ligada a um condensador descendente, para a remoção de solvente por destilação. Introduzir pela boca central do balão 25 g de caprolactama (0,22 mol), 50 mL de benzeno, e 100 mL de decalina. Vedar com rolha esmerilhada a boca central do balão, colocar um balão de 100 mL na parte final do condensador para recolher o benzeno destilado e proteger a saída para a atmosfera com tubo de cloreto de cálcio (**Figura 4.11a**). Manter o sistema sob agitação por 30 minutos e, em seguida, destilar o benzeno. A solução de caprolactama seca em decalina é guardada para a polimerização diretamente nesse balão.

Figura 4.10
Aparelhagem para a preparação do caprolactamato de bromo-magnésio.

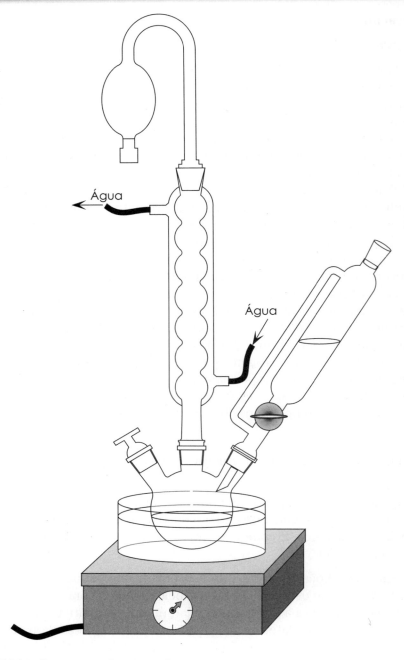

- **Poli(épsilon-caprolactama)**

Utilizando a aparelhagem e a solução de caprolactama seca em decalina obtida como descrito no procedimento acima, substituir, sob fluxo de nitrogênio seco, o sistema de destilação por uma conexão de Claisen; adaptar em uma das saídas um condensador de refluxo com tubo de cloreto de cálcio na extremidade e, na outra saída, um septo de borracha de silicone. Colocar na boca central um agitador mecânico (**Figura 4.11b**). Injetar pela entrada fechada por septo, com auxílio de seringa hipodérmica, sob agitação mecânica,

Técnica em meio homogêneo

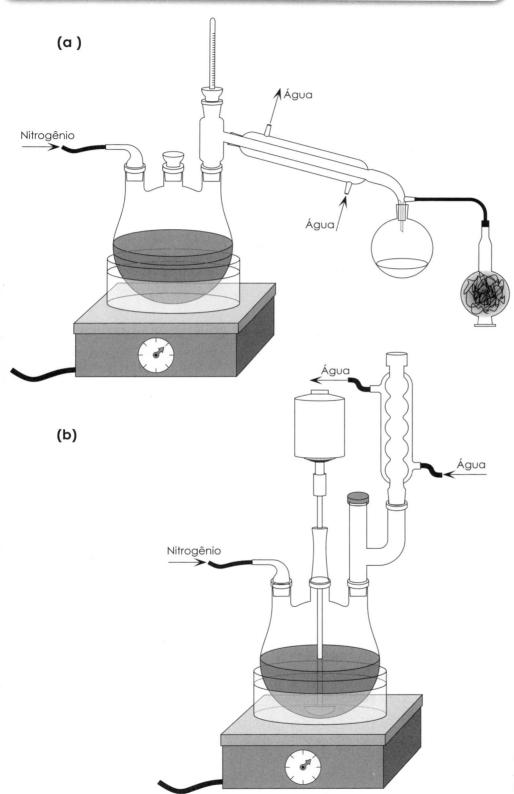

Figura 4.11
Aparelhagem para a preparação de poli(épsilon-caprolactama).

1,5 g (8,9 mmol) de diisocianato de hexametileno. Aquecer o banho de óleo a 80 °C, mantendo a temperatura por uma hora para a formação do ativador. Terminado o tempo de ativação, introduzir pela entrada fechada pelo septo de silicone, também por meio de seringa hipodérmica, 1,0 mL da solução do catalisador (0,005 mol de caprolactamato de bromo-magnésio) preparada anteriormente. Elevar a temperatura a 140 °C e manter por 1 hora. Observar o andamento da reação pelo grande aumento da viscosidade do meio.

Após o término da reação, interromper o aquecimento, mantendo a agitação até que a mistura reacional alcance a temperatura ambiente. Pelo resfriamento, o polímero precipita no fundo do balão. Remover o solvente da reação, a decalina, por decantação. Lavar a **policaprolactama** com 3 porções de 100 mL de metanol para remoção do solvente residual. Dissolver então o polímero em 300 mL de ácido fórmico a 60 °C e precipitar em água destilada, com uma proporção solvente/não solvente 1:10; lavar com acetona e filtrar a **policaprolactama** em buchner. Secar em estufa com circulação de ar a 50 °C por 2 horas.

Confirmação da estrutura química da poli(épsilon-caprolactama)

Para confirmar a estrutura do polímero, é essencial purificar uma pequena amostra do produto, removendo os resíduos de reagentes. Para isso, reduzir a pequenos fragmentos cerca de 0,5 g da amostra, com o auxílio de um ralador metálico ou um minimoinho adequado. Por pelo menos 30 minutos, deixar os pequenos fragmentos do material em contato a frio com um solvente do monômero, mas não do polímero. Geralmente é utilizado metanol para essa finalidade. Descartar o líquido sobrenadante e repetir a operação mais uma vez. Secar a **poli(épsilon-caprolactama)** em estufa com circulação de ar a 50 °C, por 2 horas, e proceder à análise.

Picos de absorção na região do infravermelho:

entre $3\ 300\ cm^{-1}$ e $3\ 050\ cm^{-1}$ (N—H), $1\ 640\ cm^{-1}$ (C=O),
de $1\ 540\ cm^{-1}$ a $1\ 560\ cm^{-1}$ (C—N + N—H),
de $1\ 250\ cm^{-1}$ a $1\ 280\ cm^{-1}$ (C—N + N—H),
$700\ cm^{-1}$ (N—H) e $600\ cm^{-1}$ (C=O).

Sinais de ^{1}H NMR (DMSO-d_6, 140 °C):

em 7,03 ppm (NH), 3,04 ppm (H_1, quarteto), 2,05 ppm (H_5 tripleto), 1,52 ppm (H_4, quinteto), 1,42 ppm (H_2 quinteto), 1,28 ppm (H_3 quinteto).

Sinais de ^{13}C NMR (DMSO-d_6, 160 °C):

em 172,15 ppm (C=O), 38,87 ppm (C_1), 35,73 ppm (C_5), 29,08 ppm (C_2), 26,36 ppm (C_3) e 25,03 ppm (C_4).

$$—NH\overset{1}{C}H_2\overset{2}{C}H_2\overset{3}{C}H_2\overset{4}{C}H_2\overset{5}{C}H_2\overset{O}{\overset{\|}{C}}—$$

Referências bibliográficas

1. Sorenson W.R. & Campbell T.W. — *Preparative Methods of Polymer Chemistry*. Interscience Publishers, Nova York, 1961, p. 131.

2. Brandrup J. & Immergut E.H. — *Polymer Handbook*. Interscience Publishers, Nova York, 1966.

3. Sobrinho A.A.B. — *Síntese e caracterização de copolímeros em bloco à base de policaprolactama e poli(óxido de propileno)*. Instituto de Macromoléculas da Universidade Federal do Rio de Janeiro, 1990. Tese de Mestrado. Orientador: F.M.B. Coutinho.

1.2.6 Resina alquídica

Constantes físicas

Polímero termoplástico, incolor e transparente

Solventes: hidrocarbonetos clorados, cetonas, ésteres, etc.

Não solventes: água, hidrocarbonetos alifáticos, álcoois, etc.

Peso molecular: 3 000-6 000

Densidade: 1,0-1,4

Índice de refração: 1,47-1,57

Temperatura de
transição vítrea (T_g): –50 a 60 °C

R - grupo alquila de cadeia longa

Técnica em meio homogêneo

A preparação de **resina alquídica** é normalmente realizada em solução, pela condensação de ácidos ftálicos (ou anidrido ftálico), glicóis e óleos vegetais insaturados. Diversos compostos contendo metais alcalinos e alcalino-terrosos podem ser usados como catalisador para os processos de esterificação que resultarão no polímero, que é solúvel no meio reacional. O produto é um verniz que, quando aplicado sobre uma superfície, produz um filme, que cura ao ar, pela reação de oxidação envolvendo as insaturações do óleo vegetal. O procedimento experimental para a preparação de uma resina alquídica a partir de PET pós-consumido é descrito a seguir.

Preparação

Em balão de fundo redondo de 3 bocas, de 500 mL de capacidade, colocado sobre manta de aquecimento, adaptar na boca central um agitador mecânico. Em uma das bocas laterais, adaptar um tubo de Dean & Stark, ligado a condensador descendente. Introduzir no balão, pela terceira boca, mistura de 10 g (0,07 mol) de pentaeritritol (p.f. = 255-259 °C) previamente pulverizado em gral, 53 g de óleo de soja*, 0,01 g (0,416 mmol) de hidróxido de lítio e 100 mL de xileno. Adaptar a essa boca do balão um poço para termômetro contendo óleo mineral, para melhorar o contato entre o instrumento de medida e o meio reacional (**Figura 4.2a**).

Aquecer progressivamente o meio reacional até início de refluxo e manter o aquecimento por 40 minutos, permitindo a alcoólise do óleo vegetal. O término do processo de alcoólise pode ser verificado retirando-se uma alíquota de 1 mL, que deve ser adicionada a 1 mL de metanol. A completa homogeneidade do sistema indica o fim da alcoólise.

Permitir o resfriamento do balão até cessar o refluxo, remover o poço do termômetro e adicionar por essa entrada 20 g de flocos de PET, obtidos pela moagem de garrafas plásticas de bebida. Readaptar o poço do termômetro, recolocar o termômetro e reiniciar o processo, elevando a temperatura do meio reacional até alcançar novo refluxo. Observar a formação de água que evolui do balão e é coletada no tubo de Dean & Stark. Manter o refluxo de xileno por 6 horas, acompanhando o desaparecimento dos flocos de PET e anotando a cada 30 minutos o volume de água condensada no tubo de Dean & Stark, que apresentará 2 fases.

Interromper o aquecimento, resfriar o meio reacional até cerca de 80 °C e adicionar 50 mL de nafta industrial**, para diluição do verniz. Reaquecer o balão até 80 °C e filtrar a solução viscosa quente sobre tela de náilon, para a remoção de fragmentos de PET não reagidos.

* Óleo de soja (densidade 0,88) é uma mistura de triglicerídios obtidos da soja. A composição percentual dos ácidos graxos no produto de hidrólise desse óleo é a seguinte:

Ácido linoleico .... 50-60 %
Ácido oleico 22-34%
Ácido palmítico...................... 7-11%
Ácido linolênico..................... 2-10%
Ácido esteárico....................... 2-5%
Outros ácidos graxos............... 1-3%
O mol do óleo de soja é baseado na composição média: massa molar média, 750 g/mol.

** Nafta é um solvente industrial obtido da destilação do petróleo, com faixa de ebulição entre 103 e 200 °C. É uma mistura de hidrocarbonetos, usada na indústria de tintas e vernizes.

Confirmação da estrutura química da resina alquídica

Para confirmar a estrutura do polímero, é essencial purificar uma pequena amostra do produto. É preciso remover os resíduos de reagentes e solventes, diluindo com metanol e descartando o líquido sobrenadante. Repetir a operação mais uma vez. Secar a **resina alquídica** em estufa com circulação de ar a 50 °C, por 2 horas, e proceder à análise.

Picos de absorção na região do infravermelho:

de 3 400 cm^{-1} a 3 500 cm^{-1} (OH),
2 800 cm^{-1} a 3 600 cm^{-1}, muito alargado e 670 cm^{-1} (COOH terminal),
em 1 740 cm^{-1} e 1 170 cm^{-1} (C=O alifático-alifático),
1 730 cm^{-1} e 1 280 cm^{-1} (C=O alifático-aromático),
1 600 cm^{-1} (C=C grupo tereftalato).

Referências bibliográficas

1. Sorenson W.R. & Campbell T.W. — *Preparative Methods of Polymer Chemistry*. Interscience Publishers, Nova York, 1961, p. 131.

2. Hummel D.O. & Scholl F. — *Hummel/Scholl Atlas of Polymer and Plastics Analysis*. v. 2. VCH, Munique, 1988.

3. Roff W.J. & Scott J.R. — *Fibres, Films, Plastics and Rubber.* Butterworth. Londres, 1971, p. 227.

4. Morrison R.T. & Boyd N.T. — *Química Orgânica*. Fundação Calouste Gulbenkian, Lisboa, 1983, p. 1236.

2 Técnica em meio heterogêneo

Quando se trabalha com catalisadores, os quais geralmente são produtos inorgânicos que interagem com compostos orgânicos e apresentam dificuldades de contato intermolecular, a técnica comumente empregada é em meio heterogêneo. Em outros casos, em que ocorre a polimerização, a mudança de solubilidade causada pelo tamanho macromolecular provoca a precipitação do produto, tornando importante manter o sistema em dispersão homogênea.

2.1 Policondensação em lama

A obtenção de polímeros de condensação na forma de pó pode ser conseguida utilizando a reação de cloretos de ácidos com dióis ou diaminas a temperatura ambiente, em presença de solvente, com agitação. A reação do cloreto de ácido com esses reagentes contendo hidrogênios ácidos ativos é muito rápida, produzindo ácido clorídrico. O procedimento mais comum parte de soluções dos monômeros em solventes imiscíveis, que são misturados sob intensa agitação, formando o polímero, que precipita. O meio reacional líquido é bifásico e a reação ocorre na interface dos dois solventes.

Técnica em meio heterogêneo

2.1.1 Poli(hexametileno-sebacamida) (PA 6,1 0)

$$n\ Cl\!-\!\overset{O}{\underset{\parallel}{C}}\!-\!(CH_2)_8\!-\!\overset{O}{\underset{\parallel}{C}}\!-\!Cl\ +\ n\ H_2N\!-\!(CH_2)_6\!-\!NH_2\ \xrightarrow[\;H_2O/CHCl_3\;]{NaOH}\ +\!\!\overset{O}{\underset{\parallel}{C}}\!-\!(CH_2)_8\!-\!\overset{O}{\underset{\parallel}{C}}\!-\!NH\!-\!(CH_2)_6\!-\!NH\!\!+\!\!{}_n\ +\ n\,NaCl$$

Cloreto de sebacoíla   Hexametilenodiamina   Poli(hexametileno-sebacamida)

Constantes físicas

Termoplástico, incolor e opaco

Solventes: ácido fórmico, ácido acético, ácido sulfúrico, ácido clorídrico, m-cresol, etc.

Não solventes: água, hidrocarbonetos alifáticos, hidrocarbonetos aromáticos, álcoois, cetonas, éteres, etc.

Peso molecular: 2 000-10 000

Densidade: 1,09

Temperatura de transição vítrea (T_g): 50 °C

Temperatura de fusão cristalina (T_m): 215 °C

Constantes viscosimétricas: $K = 13,5 \times 10^{-3}$ mL/g, a = 0,96 (m-cresol, 25 °C, sedimentação)

A **poli(hexametileno-sebacamida)** pode ser preparada a temperatura ambiente, utilizando a rápida reação do cloreto de sebacoíla com hexametilenodiamina. Os monômeros são dissolvidos separadamente em dois solventes imiscíveis e uma das soluções é adicionada sobre a outra, sob vigorosa agitação. Nessas condições, a poliamida, que se forma rapidamente, é dispersa no meio líquido, que é não solvente para o polímero, formando uma lama fina. O procedimento experimental é descrito a seguir.

Preparação

Em balão de fundo redondo de 3 bocas e 500 mL de capacidade, adaptar um agitador mecânico à boca central e, a uma boca lateral, um funil de adição; vedar a terceira boca com rolha esmerilhada (**Figura 4.12**). Introduzir no balão 200 mL de água destilada, 0,0116 g (0,01 mol) de hexametilenodiamina e 0,8 g (0,02 mol) de hidróxido de sódio.

Em um bécher de 250 mL, dissolver 2,4 g (0,01 mol) de cloreto de sebacoíla em 100 mL de clorofórmio e transferir a solução para um funil de adição.

Iniciar a agitação, ajustando à velocidade máxima, e adicionar o conteúdo do funil sobre a solução aquosa da diamina sob agitação vigorosa. O polímero se forma como um pó fino. Ao término da adição, interromper a agitação e filtrar o polímero em funil de vidro sinterizado.

Para eliminar os resíduos da polimerização, introduzir o polímero novamente no balão e adicionar 250 mL de uma mistura 1:1 de água/metanol. Agitar por 5 minutos e filtrar o polímero lavado. Lavar o polímero mais uma vez com uma mistura de água/acetona e por 24 horas secar a 50 °C em estufa com circulação de ar.

Confirmação da estrutura química da poli(hexametileno-sebacamida)

Para confirmar a estrutura do polímero, é essencial purificar uma pequena amostra do produto, removendo os resíduos de reagentes. Para isso, por pelo menos 30 minutos, deixar 0,5 g de pequenos fragmentos do material em contato a frio com metanol. Descartar o líquido sobrenadante e repetir a operação mais uma vez. Secar a **poli(hexametileno-sebacamida)** em estufa com circulação de ar a 50 °C, por 2 horas, e proceder à análise.

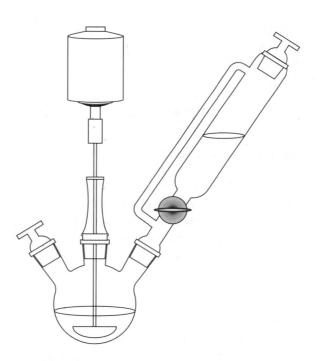

Figura 4.12
Aparelhagem para a preparação de poli(hexametileno-sebacamida) por policondensação em lama.

Picos de absorção na região do infravermelho:

em 1 540 cm^{-1} (C—N), 1 640 cm^{-1} (C—N),
entre 3 300 cm^{-1} e 3 050 cm^{-1} (N—H).

Sinais de ^{1}H NMR (DMSO-d$_6$, 140 °C):

em 7,01 ppm (NH), 3,04 ppm (H$_1$ quarteto), 2,04 ppm (H$_4$ tripleto),
1,51 ppm (H$_5$ quinteto), 1,41 ppm (H$_2$ quarteto) e 1,27 ppm (H$_3$ + H$_6$).

Sinais de ^{13}C NMR (DMSO-d$_6$, 160 °C):

em 172,15 ppm (C=O), 38,85 ppm (C$_1$), 35,81 ppm (C$_4$),
29,30 ppm (C$_2$), de 28,66 cm^{-1} a 28,76 ppm (C$_6$),
26,26 ppm (C$_3$), 25,27 ppm (C$_5$).

$$-\text{NHCH}_2\text{CH}_2(\text{CH}_2)_2\text{CH}_2\text{CH}_2\text{NH}-\overset{\displaystyle O}{\overset{\|}{\text{C}}}-\text{CH}_2\text{CH}_2(\text{CH}_2)_4\text{CH}_2\text{CH}_2-\overset{\displaystyle O}{\overset{\|}{\text{C}}}-$$

Referências bibliográficas

1. Collins E.A., Bares J. & Billmeyer Jr. F.W. — *Experiments in Polymer Science*. John Wiley, Nova York, 1973, p. 330.

2. Sorenson W.R. & Campbell T.W. — *Preparative Methods of Polymer Chemistry*. Interscience Publishers, Nova York, 1961, p. 92.

2.2 Policondensação interfacial

Na **policondensação interfacial**, dois monômeros, como uma diamina e um cloreto de diácido, são dissolvidos separadamente em dois solventes imiscíveis, que não devem ser solventes do polímero resultante. Quando as soluções são misturadas, um filme do polímero é formado na interface. Se o sistema se mantiver estático, esse filme pode ser retirado com o auxílio de uma pinça. Se houver contínuo abastecimento das camadas contendo os reagentes, é fácil remover gradativamente o polímero formado na interface, puxando-o com a pinça e obtendo um filamento. A possibilidade de produzir diretamente um filme ou um filamento do material é particularmente conveniente quando o polímero é insolúvel e infusível. Se as soluções forem misturadas com agitação violenta, para produzir uma grande área interfacial, o polímero se forma em pó, resultando uma lama que se separa por decantação. O produto pode alcançar pesos moleculares elevados.

A polimerização interfacial elimina algumas desvantagens da policondensação em massa, como a necessidade de altas temperaturas, tempos de reação longos e equivalência estequiométrica exata. A polimerização interfacial é aplicável a quase todos os pares complementares de monômeros destinados a policondensação, visando a produzir poliamidas, poliuretanos, poliuréias, polissulfonamidas e poliésteres aromáticos.

2.2.1 Poli(hexametileno-sebacamida) (PA 6,10)

$$n\ Cl-\underset{\underset{O}{\parallel}}{C}-(CH_2)_8-\underset{\underset{O}{\parallel}}{C}-Cl\ +\ n\ H_2N-(CH_2)_6-NH_2\ \xrightarrow[\substack{NaOH \\ H_2O/CHCl_3}]{}\ -\Big(\underset{\underset{O}{\parallel}}{C}-(CH_2)_8-\underset{\underset{O}{\parallel}}{C}-NH-(CH_2)_6-NH\Big)_n\ +\ n\ NaCl$$

Cloreto de sebacoíla — Hexametilenodiamina — Poli(hexametileno-sebacamida)

Constantes físicas

Termoplástico, incolor e opaco

Solventes: ácido fórmico, ácido acético, ácido sulfúrico, ácido clorídrico, m-cresol, etc.

Não solventes: água, hidrocarbonetos alifáticos, hidrocarbonetos aromáticos, álcoois, cetonas, éteres, etc.

Peso molecular: 2 000-10 000

Densidade: 1,09

Temperatura de transição vítrea (T_g): 50 °C

Temperatura de fusão cristalina (T_m): 215 °C

Constantes viscosimétricas: $K = 13,5 \times 10^{-3}$ mL/g, a = 0,96 (m-cresol, 25 °C, sedimentação)

A **poli(hexametileno-sebacamida)** pode ser preparada pelo rápido método de polimerização interfacial, à temperatura ambiente, utilizando como monômeros hexametilenodiamina e cloreto de sebacoíla. Os monômeros são dissolvidos em dois solventes imiscíveis entre si, fomando duas soluções, que quando são misturadas formam imediatamente um filme de poli(hexametileno-sebacamida) na interface. O filme pode ser puxado com uma pinça, expondo nova interface, onde mais polímero será formado. Assim, a retirada do polímero permite a formação de um fio contínuo da poliamida.

Vários solventes clorados podem ser utilizados para o cloreto de sebacoíla, como, por exemplo, tetracloroetileno, tetracloreto de carbono e clorofórmio. A **poliamida 6,10** é preparada comercialmente por policondensação em massa, por razões econômicas associadas aos solventes e sua recuperação. O polímero é muito usado como monofilamento em escovas e equipamentos esportivos. O procedimento experimental é descrito a seguir.

Preparação

Em bécher de 250 mL, colocar 85 mL de água destilada e dissolver 0,58 g (0,005 mol) de hexametilenodiamina e 0,4 g (0,01 mol) de hidróxido de sódio. Em um outro bécher de 250 mL, dissolver 1,20 g (0,005 mol) de cloreto de sebacoíla em 65 mL de cloreto de metileno.

Com auxílio de um bastão de vidro, verter cuidadosamente a solução aquosa sobre a solução com solvente orgânico, deixando-a escorrer pelas paredes do bécher, de modo a formar uma interface.

Remover o filme do polímero formado na interface com o auxílio de uma pinça, puxando-o de maneira a formar um fio, que deve ser conduzido por roletes para uma cuba contendo uma solução de água:metanol 1/1 e enrolado para posterior secagem (**Figura 4.13**).

Secar o filamento de **poli(hexametileno-sebacamida)** em estufa a vácuo a 50 °C, por 24 horas.

Confirmação da estrutura química da poli(hexametileno-sebacamida)

Para confirmar a estrutura do polímero, é essencial purificar uma pequena amostra do produto, removendo os resíduos de monômero e de iniciador. Para isso, reduzir a pequenos fragmentos cerca de 0,5 g da amostra. Por pelo menos 30 minutos, deixar os pequenos fragmentos do material em contato a frio com um solvente do monômero, mas não do polímero. Geralmente é utilizado metanol para essa finalidade. Descartar o líquido sobrenadante e repetir a operação mais uma vez. Secar a **poli(hexametileno-sebacamida)** em estufa com circulação de ar a 50 °C, por 2 horas, e proceder à análise.

Picos de absorção na região do infravermelho:

em 1 540 cm^{-1} (C—N), 1 640 cm^{-1} (C—N),
entre 3 300 cm^{-1} e 3 050 cm^{-1} (N—H).

Sinais de ^{1}H NMR (DMSO-d$_6$, 140 °C):

em 7,01 ppm (NH), 3,04 ppm (H$_1$ quarteto), 2,04 ppm (H$_4$ tripleto), 1,51 ppm (H$_5$ quinteto), 1,41 ppm (H$_2$ quarteto) e 1,27 ppm (H$_3$ + H$_6$).

Sinais de ^{13}C NMR (DMSO-d$_6$, 160 °C):

em 172,15 ppm (C=O), 38,85 ppm (C$_1$), 35,81 ppm (C$_4$), 29,30 ppm (C$_2$), de 28,66 ppm a 28,76 ppm (C$_6$), em 26,26 ppm (C$_3$), 25,27 ppm (C$_5$).

$$—NHCH_2\overset{1}{C}H_2\overset{2}{(C}H_2)_2\overset{3}{C}H_2\overset{2}{C}H_2\overset{1}{N}H—\overset{O}{\overset{\|}{C}}—\overset{4}{C}H_2\overset{5}{C}H_2\overset{6}{(C}H_2)_4\overset{5}{C}H_2\overset{4}{C}H_2—\overset{O}{\overset{\|}{C}}—$$

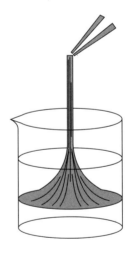

Figura 4.13
Aparelhagem para a preparação de poli(hexametileno-sebacamida) por policondensação interfacial.

Referências bibliográficas

1. Collins E.A., Bares J. & Billmeyer, Jr. F.W. — *Experiments in Polymer Science*. John Wiley, Nova York, 1973, p. 330.
2. Sorenson W.R. & Campbell T.W. — *Preparative Methods of Polymer Chemistry*. Interscience Publishers, Nova York, 1961, p. 92.

Técnica em meio heterogêneo

1. **Polimerização em massa**
   1.1 Poliuretano (PU)
   1.2 Copoli(metacrilato de metila/ácido metacrílico)

2. **Polimerização em lama**
   2.1 Poli(p-fenileno) (PPP)

Técnica em meio heterogêneo

Polimerizações em massa e em lama são exemplos de técnicas que, tendo partido de meio homogêneo, passam a meio heterogêneo por reticulação do material. Assim o produto se torna, insolúvel e infusível, precisando ser moldado em formas adequadas e depois processado mecanicamente, para atender a especificações do cliente, que visa produzir placas, filmes, colchões, almofadas, bastões, etc.

1 Polimerização em massa

Conforme já comentado anteriormente, na polimerização em massa conta-se apenas com os reagentes, sem a presença de solvente. Um dos inconvenientes dessa técnica é que os reagentes residuais permanecem reagindo, cada vez mais lentamente, modificando progressivamente as características iniciais do artefato, podendo mesmo provocar problemas sérios, em razão de falhas mecânicas.

1.1 Poliuretano (PU)

$$n \, HO{-}R{-}OH \quad + \quad n \, O{=}C{=}N{-}R'{-}N{=}C{=}O$$

Diol   Diisocianato

$$\left[R{-}O{-}\overset{O}{\underset{\|}{C}}{-}NH{-}R'{-}NH{-}\overset{O}{\underset{\|}{C}}{-}O \right]_n$$

Poliuretano

Constantes físicas

Termorrígido, amarelado e opaco
Solventes: insolúvel
Não solventes: todos os solventes
Peso molecular: indeterminado
Densidade: variável

A reação de dióis com diisocianatos dá origem a **poliuretanos**. Embora seja uma reação de policondensação, ela não libera subprodutos, como nas reações de condensação usuais. A reação é normalmente conduzida em massa e ocorre rapidamente. A proporção molar entre os reagentes é muito importante, pois o excesso de um deles permanece na mistura reacional após o término da primeira fase da reação, formando o poliuretano, e pode causar reações laterais, mais lentas, que comprometem a qualidade e a vida útil do produto acabado.

Estruturas celulares podem ser formadas por dois processos distintos: processo físico ou processo químico. No primeiro caso, um composto muito volátil pode ser dissolvido no diol, que é menos reativo que o diisocianato; o calor gerado durante a reação de formação do **poliuretano** promove a liberação de vapores, que atuam como agente de expansão da massa, resultando um material celular. No segundo caso, a formação de gases ocorre pela adição controlada de água à massa reacional, que decompõe o grupo isocianato, formando amina e liberando dióxido de carbono, produzindo assim o material celular.

Tanto em laboratório quanto na indústria, parte-se de um diol, poliéster ou poliéter, ou mistura de ambos, com um teor aproximado de 11% de grupos terminais OH, distribuídos nas cadeias principais ou eventuais ramificações. Ao diol se adiciona o diisocianato. Para obter uma estrutura celular, é preciso acrescentar um agente de expansão e pequena quantidade de água. A reação é exotérmica e a liberação de produtos gasosos promove a expansão da mistura em polimerização. É importante que o molde ou o recipiente no qual se

Polimerização em massa

faz a reação seja isolante térmico, como papel ou polietileno, a fim de que o calor de reação não seja dissipado muito rapidamente e permita a ocorrência da reação de policondensação. Conforme a natureza do diol e do diisocianato, obtém-se **poliuretano** rígido ou flexível.

Preparação

O procedimento experimental com uma formulação industrial é descrito a seguir.

Em recipiente de papel ou de polietileno (por exemplo, um copo), colocar 2 g de Desmophen FWBA-1[*]. Acrescentar 0,7 g de Freon 11 ou R11[**] e 0,03 g (1 gota) de água. Agitar de modo a obter boa dispersão. Adicionar 2,6 g de Desmodur 44V[***] e manter a agitação até o início da espumação; o frasco contendo o diisocianato remanescente deve ser imediatamente vedado e mantido em refrigerador. Verter então a mistura reacional nos moldes desejados, que devem ser de papel ou de polietileno; um bloco de espuma de **poliuretano** pode ser moldado dentro de uma caixa de papelão. A reação leva alguns minutos.

Confirmação da estrutura química do poliuretano

Para confirmar a estrutura do polímero, é essencial purificar uma pequena amostra do produto, removendo os reagentes residuais. Para isso, reduzir a pequenos fragmentos cerca de 0,5 g da amostra, com o auxílio de um ralador metálico ou um minimoinho adequado. Por pelo menos 30 minutos, deixar os pequenos fragmentos do material em contato a frio com um solvente dos monômeros, mas não do polímero. Geralmente é utilizado metanol para essa finalidade. Descartar o líquido sobrenadante e repetir a operação mais uma vez. Secar o **poliuretano** em estufa com circulação de ar a 50 °C, por 2 horas, e proceder à análise.

Picos de absorção na região do infravermelho:

em 3 300 cm^{-1} (NH), 1 730 cm^{-1} (C$=$O uretano),
1 530 cm^{-1} e 1 250 cm^{-1} (CNH), 1 100 cm^{-1} (C—O—C).

Identificação de poliuretano

Ataque por mistura sulfonítrica (98% H_2SO_4 1 mL + 68% HNO_3 1 mL): imediata liberação de vapores nitrosos, vermelhos.

Identificação de éster alifático

Reação com hidroxilamina e cloreto férrico, dando coloração vermelho-violácea intensa de hidroxamato férrico, positiva para éster carboxílico alifático.

[*] Poliol composto de poliésteres e/ou poliéteres, contendo pequena quantidade de um triol, em que as letras FW indicam produto ignífugo; a letra A indica já conter aditivos como ativador, emulsionantes e/ou dispersantes; o algarismo 1 indica o grau de ativação, sendo os ativadores em geral aminas, principalmente terciárias.

[**] Flúor-triclorometano, com ponto de ebulição igual a 24 °C).

[***] Mistura de isocianatos cujo principal componente é o difenil-metano-4,4′-diisocianato.

Referências bibliográficas

1. Farbenfabriken Bayer Aktiengesellschaft — *Bayer Pocket Book for Plastics Industry*. Leverkusen, 1963. p. 46, 57 e 106.

2. Farbenfabriken Bayer Aktiengesellschaft — *Hartmoltopren*. Leverkusen, 1967. DD, 5810 esp. p. 6, 7, 9 e 51.

3. Sorenson W.R. & Campbell T.W. — *Preparative Methods of Polymer Chemistry*. Interscience Publishers, Nova York, 1961, p. 295.

4. Mano E.B. & Mendes L.C. — *Identificação de Plásticos, Borrachas e Fibras*. Editora Edgard Blücher Ltda., São Paulo, 2000. p.117, 167 e 180.

5. Mano E.B. — *Práticas de Polimerização*. Instituto de Química, Universidade Federal do Rio de Janeiro, 1967.

1.2 Copoli(metacrilato de metila/ácido metacrílico)

Metacrilato de metila

Copoli(metacrilato de metila/ácido metacrílico)

$n = x + y$

Constantes físicas

Termoplástico, incolor e transparente

Solventes: acetona, dimetil-sulfóxido a quente, tetra-hidrofurano, etc.

Não solventes: água, hexano, benzeno, etc.

Peso molecular: 150 000

Temperatura de transição vítrea (T_g): 164 °C

A reação de polimerização de metacrilato de metila em presença de ácido nítrico concentrado, a temperatura ambiente (cerca de 30 °C), foi pela primeira vez observada neste Instituto. A reação ocorre em condições muito brandas: monômero, ácido nítrico concentrado a 65%, 30 °C e algumas horas de contato, sem agitação. Consiste na hidrólise inicial do metacrilato de metila, gerando centros ativos que incorporam moléculas de metacrilato de metila, presentes em maior número. Os segmentos éster incorporados são também suscetíveis de hidrólise, de modo a resultar um copolímero contendo aproximadamente igual número de unidades éster e ácido metacrílicos.

Parece tratar-se de um mecanismo de oxirredução, via radicais livres decorrentes da redução do ácido nítrico, que ocorre por sua ação hidrolítica sobre o metacrilato de metila. Nas primeiras 10 horas, com cerca de 20% de conversão, é rapidamente atingido um peso molecular da ordem de 100 000, seguindo-se brusca estabilização do crescimento da cadeia e hidrólise progressiva. Resulta um copolímero, com T_g em torno de 164 °C, com cerca de 50% de grupamentos carboxila pendentes.

Preparação

Em recipiente de vidro com tampa esmerilhada, de 200 mL de capacidade, introduzir 100 mL de ácido nítrico concentrado a 65% e 10 mL de metacrilato de metila, sob atmosfera de nitrogênio. Colocar em banho termostatizado, com agitação, em ausência de luz, por 48 horas a 25 °C. Interromper a reação e derramar, com agitação, o meio reacional em um bécher contendo 10 vezes seu volume de água. Lavar o produto obtido com água destilada até pH neutro. Purificar o copolímero dissolvendo-o em acetona e precipitando-o sobre água destilada em volume 3 vezes maior que o seu. Secar em estufa de circulação de ar a 50 °C durante 3 dias.

Confirmação da estrutura química do copoli(metacrilato de metila/ ácido metacrílico)

Para confirmar a estrutura do copolímero, é essencial purificar uma pequena amostra do produto, removendo os resíduos de reagentes. Por pelo menos 30 minutos, deixar cerca de 0,5 g do material em contato, a frio, com acetona e precipitá-lo em água, de volume 3 vezes maior que o seu, com agitação. Descartar o líquido sobrenadante e repetir a operação mais uma vez. Filtrar o **copoli(metacrilato de metila/ácido metacrílico)** purificado em papel de filtro, secar em estufa com circulação de ar a 50 °C e proceder à análise.

Picos de absorção na região do infravermelho:

entre $3\,000\ cm^{-1}$ e $2\,940\ cm^{-1}$ (CH), $1\,710\ cm^{-1}$ (C=O), $1\,480\ cm^{-1}$ (CH), $1\,270\ cm^{-1}$ [C—(C=O)—O], $1\,190\ cm^{-1}$ (C—O—C).

Sinais de ^1H NMR:

em 0,96 ppm (CH_3), 1,73 ppm (CH_2) e 3,50 ppm (OCH_3).

Identificação de polímero metacrílico

Coloração azul de nitro-nitrosoderivado, pela reação do metacrilato com ácido nítrico concentrado e redução parcial.

Referências bibliográficas

1. Berg M.C. — *Nitrosoderivados de sistemas acrílicos*. Rio de Janeiro, Universidade Federal do Rio de Janeiro, 1977. Tese de Mestrado. Orientadora: E.B. Mano.
2. Bugni E.A. — *O ácido nítrico como agente de iniciação na polimerização do metacrilato de metila*. Universidade Federal do Rio de Janeiro, 1985. Tese de Mestrado. Orientadores: E.B. Mano & E.E.C. Monteiro.
3. Bugni E.A., Lachtermacher M.G., Monteiro E.E.C., Mano E.B. & Overberger C.G. — *J. Polym. Sci. Part A*, **24**: 1463, 1986.
4. Mano E.B. & Mendes L.C. — *Identificação de Plásticos, Borrachas e Fibras*. Editora Edgard Blücher Ltda., São Paulo, 2000, p. 55 e 184.

2 Polimerização em lama

Reações complexas, às vezes ainda mal conhecidas, resultam em produtos de difícil solubilização. Ocorre, então, a precipitação do material, que se separa do meio reacional. Algumas reações descritas na literatura se incluem nesse caso.

2.1 Poli(*p*-fenileno) (PPP)

Benzeno → AlCl₃/CuCl₂ → Poli(p-fenileno)

Constantes físicas

Termorrígido, castanho-escuro e opaco
Solventes: insolúvel
Não solventes: todos

Um dos processos não convencionais de obtenção de cadeias poliméricas é aquele que utiliza reações de oxidação catalítica de hidrocarbonetos aromáticos, resultando em macromoléculas constituídas principalmente de anéis aromáticos interligados em posição *para-*. A reação é conhecida como **polimerização catiônica oxidativa** ou **reação de Kovacic**, que foi o primeiro a estudar em 1962 a reação, empregando o benzeno como monômero e o sistema catalítico formado por cloreto de alumínio e cloreto cúprico anidros, a temperatura ambiente. O produto é um material pulverulento castanho-escuro, insolúvel e infusível.

A reação envolve a redução do íon cúprico a cuproso, e o curso da reação pode ser acompanhado pela formação de cloreto cuproso, por dosagem espectrofotométrica do complexo de íon cuproso com 2,2′-biquinolila (cuproína).

Preparação

Em balão de fundo redondo de 3 bocas, de 250 mL de capacidade, provido de entrada de nitrogênio, saída de gases e agitação magnética, mantido a 30 °C por banho termostatizado, colocar 39 g de benzeno (0,5 mol) e 16,6 g de cloreto de alumínio anidro (0,125 mol). Conservar sob agitação magnética a mistura reacional. Purgar a atmosfera do balão com nitrogênio, adicionar 8,5 g (0,063 mol) de cloreto cúprico anidro. A reação se inicia com a formação de pó castanho-escuro e produto amarelo intenso, solúvel no meio reacional, o benzeno.

Interromper a reação após 2 horas e 30 minutos, vertendo-se a mistura reacional sobre 200 mL de solução aquosa gelada de ácido clorídrico a 18% (p/p), com vigorosa agitação. A fim de destruir quaisquer grumos de produto (que poderiam reter catalisador), adicionar 30 mL de metanol. Separar a fase sólida da mistura por filtração em buchner. Triturar o produto insolúvel em gral com 5 mL da mesma solução de ácido clorídrico. Diluir a mistura com água e filtrar. Lavar exaustivamente com água o pó castanho obtido até a neutralidade ao tornassol. Secar em estufa de circulação de ar a 50 °C. Lavar com benzeno, a fim de facilitar a desagregação das partículas e permitir a extração de subprodutos de baixo peso molecular. Filtrar o **poli(p-fenileno)** em buchner, lavar diversas vezes sucessivamente com benzeno, etanol e água, e repetir o procedimento da secagem até peso constante.

2,2'-Biquinolila

Complexo de íon cuproso com biquinolila

Confirmação da estrutura química do poli(p-fenileno)

Para confirmar a estrutura do polímero, é essencial purificar uma pequena amostra do produto, removendo os resíduos de monômero e de iniciador. Para isso, por pelo menos 30 minutos, deixar os pequenos fragmentos do material em contato a frio com éter etílico. Descartar o líquido sobrenadante e repetir a operação mais uma vez. Secar o **poli(p-fenileno)** purificado e proceder à análise.

Picos de absorção na região do infravermelho:

entre 805 cm^{-1} e 807 cm^{-1} (dissubstituição *para-* no anel aromático),
em 765 cm^{-1} e 695 cm^{-1} (vibrações do anel aromático substituído),
$1\,000 \text{ cm}^{-1}$ (CH aromático), $1\,400 \text{ cm}^{-1}$ e $1\,480 \text{ cm}^{-1}$ (C=C aromático).

Referências bibliográficas

1. Kovacic P. & Kyriakis A. — *Tetrahedron Letters*. 467-69, 1962.

2. Alves L.A. — *Polimerização oxidativa de hidrocarbonetos aromáticos*. Universidade Federal do Rio de Janeiro, Rio de Janeiro, 1970. Tese de Mestrado. Orientadora: E.B. Mano.

3. Bó M.C. — *Influência das condições reacionais nas características físicas e químicas de polifenilenos*. Rio de Janeiro, Instituto de Macromoléculas da Universidade Federal do Rio de Janeiro, 1992. Tese de Mestrado. Orientadora: E.B. Mano.

MODIFICAÇÃO DE POLÍMEROS

1 Técnica em meio homogêneo
 1.1 Poliindeno clorado
 1.2 Poli(álcool vinílico-*g*-acrilamida)
 1.3 *cis*-Poliisopreno epoxidado

2 Técnica em meio heterogêneo
 2.1 Poli(álcool vinílico) (PVAL)
 2.2 Poli(vinil-butiral)
 2.3 Policaprolactama clorada
 2.4 Poli(épsilon-caprolactama-*g*-acrilato de etila)
 2.5 Poli(épsilon-caprolactama-*g*-acrilato de etila)
 2.6 Poli(indeno-*g*-metacrilato de metila)

1 Técnica em meio homogêneo

A modificação química de polímeros é uma reação típica dos compostos micromoleculares, com técnicas e mecanismos semelhantes. A técnica geralmente usada envolve soluções dos reagentes, com agitação; portanto, meio homogêneo. As reações de halogenação, hidrólise, esterificação, eterificação, acetalização, graftização, epoxidação, etc. são usualmente conduzidas em solução.

1.1 Poliindeno clorado

Poliindeno

Poliindeno clorado

Constantes físicas

Termoplástico, incolor e transparente

Solventes: benzeno, tetracloreto de carbono, acetona, etc.
Não solventes: hexano, água, metanol, etc.
Peso molecular: 7 500

A cloração do poliindeno é feita com cloro gasoso, em condições brandas, conforme técnica descrita a seguir.

Preparação

Em balão de 250 mL de capacidade, dotado de agitação magnética e instalado em banho termostático a 25 °C, em atmosfera de nitrogênio e em ausência de luz, colocar 40 g de poliindeno e 100 mL de tetracloreto de carbono. Borbulhar 40 g de cloro durante 8 horas; calcular a quantidade adicionada pela diferença de peso do balão. Interromper a reação, verter a mistura reacional sobre metanol, em volume 5 vezes maior que o da mistura, sob agitação vigorosa. Filtrar o produto obtido em buchner e secar em estufa de circulação de ar a 50 °C, por 1 hora. A purificação pode se feita por 3 sucessivas dissoluções em benzeno e precipitações em acetona, em volume 3 vezes maior que o do benzeno. Filtrar em buchner e secar em estufa com circulação de ar a 50 °C, por 2 horas.

Confirmação da estrutura química de poliindeno clorado

A presença de cloro no **poliindeno clorado** é confirmada pelo ensaio de Beilstein, pela coloração azul ou verde da chama, resultante da formação de cloreto cúprico, que é volátil, pelo contato da alça de cobre com o polímero clorado. A presença de cloro pode ser confirmada graças à formação de precipitado branco de cloreto de prata, pela reação com nitrato de prata.

Picos de absorção na região do infravermelho:

de 610 a 800 cm^{-1} (C—Cl).

Referências bibliográficas

1. Vilar W.D. — *Cloração de poliindeno*. Rio de Janeiro, Instituto de Química, Universidade Federal do Rio de Janeiro, 1971. Tese de Mestrado. Orientadora: E.B. Mano.

2. Mano E.B. & Mendes L.C. — *Identificação de Plásticos, Borrachas e Fibras*. Editora Edgard Blücher Ltda., São Paulo, 2000. p. 156.

3. Hummel D.O. & Scholl F. — *Hummel/Scholl Atlas of Polymer and Plastics Analysis*. VCH, Munique, 1988, v. 2, p. 349.

1.2 Poli(álcool vinílico-*g*-acrilamida)

Poli(álcool vinílico)

Acrilamida

Nitrato cérico-amoniacal

Poli(álcool vinílico-g-acrilamida)

Constantes físicas

Termoplástico, incolor e transparente
Solventes: água, álcoois, etc.
Não solventes: acetona, benzeno, etc.
Peso molecular: 50 000

O iniciador a ser utilizado na modificação do poli(álcool vinílico) é o nitrato cérico-amoniacal[*], que é um agente de oxirredução e atua por mecanismo homolítico. O procedimento experimental é descrito a seguir.

Preparação

Em balão de fundo redondo, de 500 mL de capacidade, montado em banho de água a 25 °C, sobre placa de agitação magnética, colocar uma solução de 15 g de poli(álcool vinílico) em 100 mL de água destilada e desaerada, dissolver a quente e em seguida resfriar a temperatura ambiente. Ao balão, adicionar 15 g de acrilamida recristalizada, sem aquecimento, em clorofórmio ou acetato de etila e borbulhar lenta corrente de nitrogênio através da mistura reacional, por cerca de 10 minutos. Adicionar então 12 mL de solução de iniciador de graftização, preparada dissolvendo 5,5 g de nitrato cérico-amoniacal em solução aquosa 1 M de ácido nítrico, de modo a serem obtidos 100 mL de solução do sal cérico. A solução de iniciador cérico pode ser conservada indefinidamente.

---

[*] $Ce(NH_4)_2,(NO_3)_6$ sal sólido, amarelo-avermelhado, solúvel em água e álcool.

Proceder à graftização com agitação contínua, sob corrente de nitrogênio, a 25 °C, até o desaparecimento da coloração amarela do íon cérico. Cerca de 2 horas serão necessárias a essa operação. Transferir a solução límpida e incolor, contida no balão, para bécher de 2 litros, adicionar, vagarosamente e com agitação enérgica e constante, 1 litro de acetona, de modo a precipitar todo o polímero obtido. Deixar em repouso por 2 horas, a fim de facilitar a filtração através de papel de filtro, em buchner. Lavar com acetona e secar o produto em estufa a 50 °C, com circulação de ar .

Verificar a eficiência da graftização em amostra do polímero bruto acima obtido pelos procedimentos abaixo mencionados.

Dissolver 5 g do produto graftizado bruto em 100 mL de mistura 50:50 de metanol e água. Centrifugar e decantar o líquido límpido sobrenadante para bécher de 1 litro. Adicionar lentamente, com agitação contínua, acetona filtrada até ser obtida suspensão branca. Prosseguir a agitação por mais 1 hora, a temperatura ambiente, e depois conservar a 0 °C, por 24 horas. Decantar o líquido sobrenadante e dissolver o **poli(álcool vinílico-*g*-acrilamida)** precipitado em alguns mililitros de água destilada. Reprecipitar com acetona.

Confirmação da estrutura química do poli(álcool vinílico-*g*-acrilamida)

Picos de absorção na região do infravermelho:

em $3\,350\ cm^{-1}$ e $3\,200\ cm^{-1}$ (NH_2) superpostos ao pico,
em $3\,500\ cm^{-1}$ (OH) e $1\,650\ cm^{-1}$ (C$=$O).

Sinais de ^{1}H NMR:

em 1,6 ppm (CH_2), 3,6 ppm (OH) e 4,0 ppm (CH) atribuídos aos segmentos de poli(álcool vinílico);
1,9-2,30 ppm (CH) e 1,2-1,9 ppm (CH_2) atribuídos aos segmentos de poliacrilamida.

Sinais de ^{13}C NMR (DMSO-d_6):

de 68,4 a 68,8 ppm (CH, tríades mmm), 66,9 a 67,2 ppm (CH, tríades mr), 65,3 a 65,5 ppm (tríades rr), 45,2 a 45,7 ppm (CH_2) atribuídos aos segmentos de poli(álcool vinílico); em 180 ppm (C$=$O), de 42,30 a 43,20 ppm (CH) e 35,50 a 36,90 ppm (CH_2) atribuídos aos segmentos de poliacrilamida.

Referências bibliográficas

1. Elliott J.R. — *Macromolecular Synthesis*, v. 2. John Wiley, Nova York, 1966, p. 84.

2. Mano E.B. — *Práticas de Polimerização*. Instituto de Química, Universidade Federal do Rio de Janeiro, 1967.

3. Pham Q.T., Pétiaud R., Waton H. & Darricades M.F.L. — *Proton and Carbon NMR Spectra of Polymers*. CRC Press, Londres, 1991.

4. Hummel D.O. & Scholl F. — *Hummel/Scholl Atlas of Polymer and Plastics Analysis*, v. 2. VCH, Munique, 1988, p. 386.

1.3 cis-Poliisopreno epoxidado

Poliisopreno

Ácido m-cloroperbenzóico

Poliisopreno epoxidado

Constantes físicas

Termoplástico, incolor e transparente
Solventes: clorofórmio, benzeno, clorobenzeno, etc.
Não solventes: água, metanol, etc.
Peso molecular: 150 000
Temperatura de
transição vítrea (T_g): −72 °C
Temperatura de
fusão cristalina (T_m): 28-36 °C

O *cis*-poliisopreno é encontrado na borracha de seringueira, árvore da espécie *Hevea brasiliensis*, família das euforbiáceas. O polímero, obtido por coagulação do látex natural, tem cerca de 97% do isômero *cis* do poli-hidrocarboneto. A remoção dos contaminantes naturais pode ser feita por extração da borracha com acetona.

O procedimento experimental é descrito a seguir.

Preparação

Em balão de fundo redondo, de 300 mL de capacidade, dotado de 3 bocas esmerilhadas, adaptar termômetro e sistema para entrada e saída de nitrogênio. Imergir o conjunto em banho termostatizado. Colocar dentro do balão a solução de 0,03 g de poliisopreno e 80 mL de benzeno (0,005 mol/L), a temperatura ambiente, e deixar por 24 horas, com agitação ocasional. Manter a mistura reacional na obscuridade, usando uma lâmina de alumínio, para evitar interferência da luz na reação. Após a solubilização do polímero, adicionar o agente epoxidante, constituído de solução 0,8% de ácido *m*-cloroperbenzóico em benzeno. Interromper a reação após 2 horas, verter a mistura reacional sobre um volume 5 vezes maior de metanol gelado (5 °-10 °C). Filtrar o produto precipitado, lavar com metanol gelado, dissolver em benzeno e reprecipitar em metanol, tal como anteriormente. Filtrar em buchner e secar em estufa com circulação de ar a 50 °C, por 2 horas.

Confirmação da estrutura química do *cis*-poliisopreno epoxidado

Para confirmar a estrutura do polímero, é essencial purificar uma pequena amostra do produto, removendo os resíduos do agente epoxidante. Por pelo menos 30 minutos, deixar cerca de 0,5 g do material em contato, a frio, com benzeno e precipitar em metanol, com agitação. Descartar o líquido sobrenadante e repetir a operação mais uma vez. Filtrar o ***cis*-poliisopreno epoxidado** purificado em papel de filtro, secar em estufa de circulação de ar a 50 °C por 1 hora e proceder à análise.

Picos de absorção na região do infravermelho:

em 870 cm^{-1} e 1 240 cm^{-1} (anel oxirânico), 1 250 cm^{-1} e 650 cm^{-1} ($C=C$).

O pico de insaturação olefínica a 830 cm^{-1} é eliminado com a epoxidação completa.

Sinais de ^{1}H NMR:

de 1,8 ppm a 1,1 ppm ($—CH_2—$ vinila pendente 3,4),
em 2,16 ppm (CH_2 1,4 e CH 3,4), 1,66 ppm ($—CH_3$ e 1,4-*trans*),
1,77 ppm (CH_3 1,4-*cis*), 5,02 ppm (CH).

Referências bibliográficas

1. Vargas Junior A. — *Reatividade de poliisoprenos naturais em reação de epoxidação.* Rio de Janeiro, Instituto de Química, Universidade Federal do Rio de Janeiro, 1975. Tese de Mestrado. Orientadora: E.B. Mano.

2 Técnica em meio heterogêneo

Quando se procede à modificação química de polímeros empregando técnicas comuns à Química Micromolecular, podem ser usados reagentes inorgânicos, insolúveis em solventes orgânicos. Outras vezes, o polímero é insolúvel no meio reacional e é empregado sob a forma de filme ou de filamento, para a reação ocorrer apenas à superfície. Ainda outras vezes, o polímero pode passar a uma estrutura reticulada, tornando-se insolúvel no meio reacional. Em todos esses casos, o meio é heterogêneo.

2.1 Poli(álcool vinílico) (PVAL)

$$\text{Poli(acetato de vinila)} \xrightarrow[\text{CH}_3\text{OH}]{\text{KOH}} \text{Poli(álcool vinílico)}$$

Poli(acetato de vinila)   Poli(álcool vinílico)

Constantes físicas

Termoplástico, incolor e transparente

Solventes: água, glicóis, dimetil-formamida, dimetil-sulfóxido, etc.

Não solventes: soluções aquosas salinas concentradas, hidrocarbonetos clorados e não clorados, álcoois, cetonas, ésteres, tetra-hidrofurano, dioxano, etc.

Peso molecular: 50 000

Densidade: 1,19-1,31

Temperatura de transição vítrea (T_g): 85 °C

Temperatura de fusão cristalina (T_m): 228 °C dec.

O monômero álcool vinílico não existe livre, pois é tautômero do aldeído acético. Assim, o polímero que contém como meros unidades que seriam proveniente desse monômero, por polimerização em cadeia, é obtido de forma indireta, por solvólise de poli(acetato de vinila). A solvólise é comumente realizada em meio aquoso (hidrólise) ou alcoólico (alcoólise), catalisada por ácidos ou bases. O procedimento experimental da metanólise alcalina de poli(acetato de vinila), produzindo **poli(álcool vinílico)** 100% hidrolisado, é descrito a seguir.

Preparação

Em balão de fundo redondo de 500 mL de capacidade, equipado com condensador de refluxo protegido contra a umidade por tubo contendo cloreto de cálcio, aquecido por manta elétrica montada sobre placa de agitação magnética, introduzir 8,6 g de poli(acetato de vinila), em pequenos fragmentos, e 200 mL de metanol anidro.

Aquecer até refluxo e manter sob agitação magnética até que todo o poli(acetato de vinila) esteja dissolvido. Adicionar, então, de uma só vez, pela extremidade superior do condensador de refluxo, 50 mL de solução a 5% de KOH em metanol anidro.

Aquecer até refluxo por 1 hora. Resfriar à temperatura ambiente e filtrar o material obtido, que deve estar sob a forma pulverulenta, através de papel de filtro, em buchner. Lavar com 4 porções sucessivas de metanol anidro, para remover o excesso de álcali empregado na hidrólise. Secar o polímero, por sucção com trompa de água.

Purificar o **poli(álcool vinílico)** por solubilização em água e reprecipitação em acetona seca. Iniciar a purificação, dissolvendo o material obtido em 150 mL de água destilada, a 80 °C. Resfriar a solução aquosa à temperatura ambiente, filtrar para a remoção do material insolúvel em água e, sobre o filtrado, gotejar vagarosamente, com agitação enérgica, 500 mL de acetona. Filtrar em buchner, lavar algumas vezes com acetona anidra e secar em estufa de circulação de ar a 50 °C, por 2 horas.

Confirmação da estrutura química do poli(álcool vinílico)

Picos de absorção na região do infravermelho:

em 3 350 cm^{-1}, 1 100 cm^{-1} e de 600 cm^{-1} a 700 cm^{-1} (OH).

Sinais de ^{1}H NMR:

de 1,6 ppm (CH$_2$), 3,6 ppm (OH) e 4,0 ppm (CH).

Sinais de ^{13}C NMR (DMSO-d$_6$):

de 68,4 a 68,8 ppm (CH, tríades mmm), 66,9 a 67,2 ppm (CH, tríades mr), 65,3 a 65,5 ppm (tríades rr) e 45,2 a 45,7 ppm (CH$_2$).

O **poli(álcool vinílico)** forma com o iodo um complexo de intensa coloração que varia de azul a verde. Com solução aquosa de bórax[*], o complexo forma um gel, fácil de se observar pela formação de um cordão viscoso ao ser tocada a massa com bastão de vidro e puxada.

Referências bibliográficas

1. Mano E.B. — *Práticas de Polimerização*. Instituto de Química, Universidade Federal do Rio de Janeiro, 1967.

2. Mano E.B. & Mendes L.C. — *Identificação de Plásticos, Borrachas e Fibras*. Editora Edgard Blücher Ltda., São Paulo, 2000, p.190.

3. Hummel D.O. & Scholl F. — *Hummel/Scholl Atlas of Polymer and Plastics Analysis*, v. 2. VCH, Munique, 1988, p. 358.

---

[*] $Na_2B_4O_7 \cdot 10\ H_2O$, tetraborato de sódio.

2.2 Poli(vinil-butiral)

$$\text{Poli(álcool vinílico)} \xrightarrow{H_2SO_4} \text{Poli(vinil-butiral)}$$

Poli(álcool vinílico)

Butiraldeído

Poli(vinil-butiral)

Constantes físicas

Termoplástico, incolor e transparente

Solventes: álcoois, cetonas, ésteres, etc.

Não solventes: água, hidrocarbonetos alifáticos, etc.

Peso molecular: 50 000-100 000

Densidade: 1,11

Temperatura de

transição vítrea (T_g): 49 °C

O **poli(vinil-butiral)** é facilmente obtido pela modificação química do poli(álcool vinílico) com butiraldeído, em meio ácido. A reação é relativamente rápida e, na temperatura de reação, normalmente acima da T_g do polímero que é formado, ocorre a aglomeração do polímero no dispositivo de agitação, que pode ser minimizada por intensa agitação do meio reacional. O peso molecular do **poli(vinil-butiral)** obtido depende do peso molecular do poli(acetato de vinila) que deu origem ao poli(álcool vinílico), o qual foi modificado.

O **poli(vinil-butiral)** tem aplicação como adesivo interlaminar em párabrisas multilaminares antiestilhaçantes de veículos.

Preparação

Em balão de fundo redondo de 3 bocas, com capacidade de 300 mL, colocado sobre manta de aquecimento, conectar na primeira boca do balão um condensador de refluxo; na segunda boca, colocar o motor para agitação; na terceira boca, o termômetro. Antes de colocar o termômetro, introduzir por essa boca 7,3 g de poli(álcool vinílico) em 70 mL de água. Aquecer com agitação a mistura para solubilizar o polímero. Em seguida interromper o aquecimento. Retirar o termômetro e conectar um funil de adição que deve conter uma solução com 7 mL de butiraldeído e 72 mL de água. Antes de adicionar essa solução, colocar no balão cerca de 0,3 mL de ácido sulfúrico. Gotejar então a solução na mistura anterior. Aquecer a mistura reacional a 70 °C durante 30 minutos. Em seguida, resfriar até a temperatura ambiente. Filtrar o polímero em buchner, lavar com água para retirar os últimos traços de ácido sulfúrico e secar em estufa com circulação de ar a 50 °C, por 2 horas.

Confirmação da estrutura química do poli(vinil-butiral)

Picos de absorção na região do infravermelho:

em 1 140 cm^{-1} e 1 003 cm^{-1} (anéis 1,3-dioxânicos)
e 3 500 cm^{-1} e 1 740 cm^{-1} (OH e C$=$O acetato residuais).

Referências bibliográficas

1. Sorenson W.R. & Campbell T.W. — *Preparative Methods of Polymer Chemistry*. Interscience Publishers, Nova York, 1961, p.295.

2. Roff W.J. & Scott J.R. — *Fibres, Films, Plastics and Rubber.* Butterworth, Londres, 1971, p. 263.

3. Brandrup J., Immergut E.H. & Grulke E.A. — *Polymer Handbook*. John Wiley, Nova York, 1999.

4. Hummel D.O. & Scholl F. — *Hummel/Scholl Atlas of Polymer and Plastics Analysis*, v. 2. VCH, Munique, 1988. p. 362.

2.3 Policaprolactama clorada

$$\text{—(—(CH}_2)_5\text{—}\overset{\overset{\displaystyle O}{\|}}{C}\text{—}\overset{\overset{}{}}{\underset{\overset{}{H}}{N}}\text{—)}_n\text{—} \quad \xrightarrow{\text{Cl}_2} \quad \text{—(—(CH}_2)_5\text{—}\overset{\overset{\displaystyle O}{\|}}{C}\text{—}\overset{}{\underset{\overset{}{Cl}}{N}}\text{—)}_n\text{—}$$

Policaprolactama   Policaprolactama clorada

Constantes físicas

Termoplástico, incolor e transparente
Solventes: clorofórmio, ácido acético, etc.
Não solventes: água, metanol, heptano, etc.
Peso molecular: 15 000

As poliamidas constituem uma grande e importante fração do total de polímeros termoplásticos consumidos no mundo. As características dominantes das poliamidas, que determinam quase todas as suas aplicações, são: tenacidade excepcionalmente alta, aliada a boa resiliência e razoável extensibilidade, baixa densidade comparada aos metais, excelente resistência mecânica e boa compatibilidade com os adesivos mais comuns. Uma ponderável ampliação da faixa de consumo é devida à flexibilidade permanente, que pode ser melhorada nas poliamidas pela implantação de ramificações, poliméricas ou não. Isso pode ser conseguido graças à graftização ou substituição de átomos de hidrogênio por outros grupamentos mais reativos, seguidas da reação complementar adequada. A cloração da poliamida 6 (policaprolactama) pode permitir maior facilidade de reação, por exemplo, na graftização.

Para fios têxteis ou filmes, que são produtos poliméricos semimanufaturados, obtidos na indústria diretamente a partir da matéria-prima, pode ser conveniente acrescentar ao processo de fabricação mais uma etapa, modificando apenas a sua superfície. Nesse caso, as características desejáveis do polímero ficam preservadas no interior da peça, e apenas ocorre modificação química da superfície, podendo facilitar a tingibilidade e a adesividade.

Preparação

O tratamento prévio dos filamentos de policaprolactama é realizado com a remoção dos produtos de acabamento usados em sua fabricação. O procedimento experimental é descrito a seguir.

Cortar filamentos de policaprolactama em segmentos de aproximadamente 80 cm, colocar em balão de fundo redondo contendo uma solução aquosa a 0,2% de carbonato de sódio e também um volume determinado de solução aquosa 0,25 M de dodecilbenzeno-sulfonato de sódio. Aquecer por uma hora

Técnica em meio heterogêneo

a 65-70 °C. Lavar os fios exaustivamente e aquecer sob refluxo, com água destilada, em atmosfera de nitrogênio, durante 12 horas. Secar em estufa com circulação de ar a 50 °C, por 12 horas, e conservar em frasco escuro.

Realizar a cloração da poliamida 6 utilizando cerca de 1,5 g de filamentos dispersos em aproximadamente 200 mL de solução aquosa 0,1 N de carbonato de sódio, a 0 °C. Passar corrente de cloro através da massa líquida. Após cerca de 30 minutos, ocorre a deposição de cloreto de sódio. Adicionar 20 mL da solução de carbonato de sódio e, após 10 minutos, separar o cloreto de sódio precipitado. Remover a **policaprolactama clorada** e lavar exaustivamente com água destilada em buchner; em seguida, extrair com água, em soxhlet, por 10 horas e, finalmente, secar em estufa com circulação de ar, a 50 °C, por 12 horas.

Confirmação da estrutura química da policaprolactama clorada

A presença de cloro na **policaprolactama clorada** é confirmada pelo ensaio de Beilstein, pela coloração azul ou verde da chama, resultante da formação de cloreto cúprico, volátil, pelo contato da alça de cobre com o polímero clorado. A reação da **policaprolactama clorada** com nitrato de prata forma cloreto de prata, que é um precipitado branco, solúvel em solução aquosa saturada de carbonato de amônio/amônia.

Referências bibliográficas

1. Coutinho F.M.B. — *Graftização de poliamida 6*. Rio de Janeiro, Instituto de Química, UFRJ. 1971. Tese de Mestrado. Orientadora: E.B. Mano.

2. Mano E.B. & Mendes L.C. — *Identificação de Plásticos, Borrachas e Fibras*. Editora Edgard Blücher Ltda., São Paulo, 2000, p. 156.

24 Poli(épsilon-caprolactama-*g*-acrilato de etila)

Constantes físicas

Termoplástico, incolor e transparente

Solventes: clorofórmio, ácido acético, etc.

Não solventes: água, metanol, heptano, etc.

Peso molecular: 15 000

A graftização de poliamidas, do ponto de vista químico, pode ser classificada como direta e indireta. No primeiro caso, a reação é feita com a própria poliamida e o monômero que se deseja graftizar sobre ela; no segundo, é necessário proceder preliminarmente à substituição de átomos de hidrogênio por outros átomos ou grupamentos mais reativos, que permitam maior facilidade de ataque dos monômeros destinados à graftização.

A policaprolactama clorada (ver **Capítulo 6, item 2.3**) pode ser exposta à radiação gama em presença de monômero. Na pré-irradiação em presença de ar, são produzidas ligações peroxídicas razoalvemente estáveis no polímero. Por aquecimento em ausência de ar, essas ligações são decompostas, gerando radicais livres, os quais podem iniciar a graftização. O método de pré-irradiação não deveria produzir homopolímero, já que o monômero não é diretamente exposto à radiação. No entanto, uma pequena quantidade de homopolímero é formada, o que é atribuído ao efeito de transferência de cadeia para o monômero ou à formação de hidroperóxido, que se decompõe pelo aquecimento produzindo radicais hidroxila, os quais podem iniciar a homopolimerização do monômero. O procedimento experimental é descrito a seguir.

Técnica em meio heterogêneo

Preparação

Em frasco de polimerização de 120 mL de capacidade, colocar 0,2719 g de filme de poliamida 6 clorada em suspensão em 40 mL de metanol e submeter à radiação de cobalto 60 ao ar, com dose de 1,125 Roentgen. Ao final da irradiação, retirar o filme do frasco e deixar secando ao ar por 24 horas. Colocar em frasco de polimerização o filme, imerso em solução de 10 g de acrilato de etila em 40 mL de metanol. Aquecer a 80 °C durante 15 horas, em atmosfera de nitrogênio. Remover o filme com pinça metálica e submeter à purificação em soxhlet, para que seja extraído com benzeno, por 20 horas, o homopolímero do acrilato.

Confirmação da estrutura química de poli(épsilon-caprolactama-*g*-acrilato de etila)

Em vista do baixo percentual de graftização, presente apenas à superfície dos filamentos ou dos filmes, é difícil a caracterização espectroscópica do material.

Referência bibliográfica

1. Coutinho, F.M.B. – *Graftização de poliamida 6*. Rio de Janeiro, Instituto de Química, Universidade Federal do Rio de Janeiro, 1971. Tese de Mestrado. Orientadora: E.B. Mano.

2.5 Poli(épsilon-caprolactama-*g*-acrilato de etila)

Constantes físicas

Termoplástico, incolor e transparente
Solventes: clorofórmio, ácido acético, etc.
Não solventes: água, metanol, heptano, etc.
Peso molecular: 15 000

Os sais céricos podem ser empregados com bons resultados na graftização de poliamidas. O íon cérico atua como oxidante, em sistemas de oxirredução contendo álcoois, tióis e aminas.

Preparação:

Em balão de fundo redondo de 250 mL de capacidade, colocar dispersão de 0,1028 g de filamentos de poliamida 6 e 5 g de acrilato de etila em solução aquosa 0,6 N de ácido sulfúrico. Manter a temperatura ambiente e agitação magnética constante. Passar corrente de nitrogênio através da massa líquida, durante 5 minutos. Finalmente, adicionar 5 mL de solução a 1% de sulfato cérico-amoniacal em solução aquosa 0,6 N de ácido sulfúrico. Após 8 horas, remover os filmes com pinça metálica e submeter à purificação em soxhlet, para que seja extraído com benzeno, por 20 horas, o homopolímero do acrilato.

Confirmação da estrutura química de poli(épsilon-caprolactama-*g*-acrilato de etila)

Em vista do baixo percentual de graftização, presente apenas à superfície dos filamentos ou dos filmes, é difícil a caracterização espectroscópica do material.

Referências bibliográficas

1. Coutinho F.M.B. — *Graftização de poliamida 6*. Rio de Janeiro, Instituto de Química, Universidade Federal do Rio de Janeiro, 1971. Tese de Mestrado. Orientadora: E.B. Mano.

2.6 Poli(indeno-*g*-metacrilato de metila)

Constantes físicas

Termoplástico, incolor e transparente
  Solventes: benzeno, tetracloreto de carbono, acetona, etc.
  Não solventes: água, hexano, metanol, etc.
  Peso molecular: 9 600
  Temperatura de
transição vítrea (T_g): 215 °C

Compostos carbonilados como cetonas e aldeídos, alifáticos e aromáticos, e quinonas, quando irradiados, atingem um estado excitado, no qual se tornam capazes de remover hidrogênio do meio reacional. Substâncias desse tipo, denominadas **fotossensibilizadores**, também são capazes de remover átomos de hidrogênio de cadeias poliméricas, podendo dar início a reações de graftização. Os fotossensibilizadores que absorvem no ultravioleta, na região de 300-400 nm, são os mais empregados para remover átomos de hidrogênio de polímeros. Entre eles, destacam-se: 2-metil-antraquinona, 2-cloro-antraquinona, 1-cloro-antraquinona e o sal de sódio do ácido 2,7-antraquinonodissulfônico.

O procedimento abaixo descreve a formação de cadeias de poli(metacrilato de metila) graftizadas sobre cadeias de poliindeno à superfície de um filme, sob irradiação ultravioleta, utilizando 2-metil-antraquinona como fotossensibilizador. A fonte de radiações são lâmpadas ultravioleta de 200 e 450 Watt, instaladas em um equipamento Hanovia, dotado de jaqueta de imersão de quartzo.

Preparação

Preparar um filme de poliindeno, a partir de solução a 20% do polímero em benzeno, filtrada. Verter a solução sobre uma placa de Petri nivelada. Cobrir a placa com um funil de filtração invertido, apoiado em um fragmento de madeira, de modo a permitir a evaporação lenta do solvente ao ar, sem risco de contaminação por poeira. Após a eliminação do benzeno, remover o filme da placa de Petri e guardar até o momento da reação de graftização.

Sobre placa de agitação magnética e imersa em banho de água, instalar uma câmara de vidro cilíndrica, revestida externamente com folha de alumínio. Introduzir na câmara uma barrinha magnética de Teflon® e adaptar à boca lateral da câmara uma conexão em Y, para entrada e saída de nitrogênio. Colocar então 6,0 g de poliindeno sob a forma de filme e acrescentar uma solução de 0,3 g de 2-metil-antraquinona em mistura de 130 mL de acetona, 26 mL de água e 20 g de metacrilato de metila. Sobre a câmara, instalar equipamento fotoquímico de imersão, composto de jaqueta de quartzo com circulação de ar e lâmpada de ultravioleta de 200 Watt (**Figura 6.1**). Passar corrente de ar sobre a lâmpada, para refrigeração, e manter o sistema em banho de água. A reação deve ser conduzida com agitação magnética e em atmosfera de nitrogênio. Antes do início, remover o oxigênio do meio reacional, purgando o sistema com nitrogênio, durante 5 minutos.

Manter o banho de água a 30 °C por 18 horas. Separar o filme de **poli(indeno-*g*-metacrilato de metila)** da fase líquida, por filtração, e secar em estufa de circulação de ar a 50 °C, por 2 horas.

Figura 6.1
Aparelhagem para preparação de poli(indeno-*g*-metacrilato de metila).

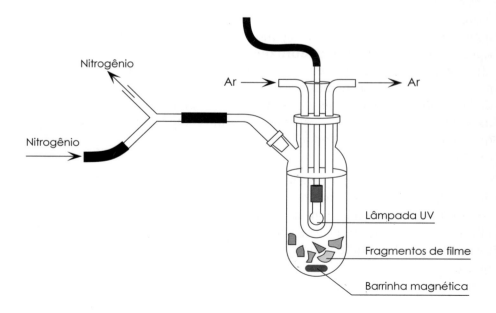

Confirmação da estrutura química de poli(indeno-*g*-metacrilato de metila)

Purificar o filme de **poli(indeno-*g*-metacrilato de metila)** deixando em contato com acetona por algumas horas, removendo o solvente por decantação; repetir o procedimento algumas vezes, para remoção de homopolímero eventualmente formado. Separar o filme por filtração e secar em estufa com circulação de ar a 50 °C, por 1 hora.

Picos de absorção na região do infravermelho:

em 1 730 cm^{-1} (C=O), 1 460 cm^{-1} (CH_3),
1 150 cm^{-1} (C—C=O), 2 920 cm^{-1} (CH_2), 3 020 cm^{-1} (CH_3).

Referência bibliográfica

1. Filho O.C. — *Graftização de poliindeno*. Rio de Janeiro, Instituto de Química, UFRJ, 1970. Tese de Mestrado. Orientadora: E.B. Mano.

PREPARAÇÃO DE MODELO MACROMOLECULAR TRIDIMENSIONAL

A visualização instantânea tridimensional de uma macromolécula é muito importante para o bom entendimento da correlação entre as suas propriedades e a estrutura química. Para simplificação, o polímero deverá estar no estado fundido, em que não há eventuais interações com solvente nem domínios de geometria regular, resultantes da presença de cristalitos. Assim, somente entrelaçamentos moleculares deverão ser considerados.

O modelo macromolecular para mostrar uma conformação estatística pode ser feito facilmente com arame de aço. Com esse material, todos os ângulos de ligação mantêm-se tetraédricos e indeformáveis. A conformação estatística relativa dos átomos de carbono é obtida fixando-se uma direção e jogando-se um dado, a cujas faces são atribuídos números de 1 a 6. Arbitram-se dois desses números para cada uma das outras três direções tetraédricas. A conformação pode ser *trans*, *em eclipse*, *gauche*(+) ou *gauche*(-), tal como representado na **Figura 7.1**.

trans

em eclipse

gauche (+)

gauche (−)

Entre as vantagens de tal modelo, podem ser mencionadas:

- a disponibilidade de um número muito grande de peças, como ocorreria se fossem empregados modelos atômicos convencionais, é desnecessária;
- a representação permanente do polímero em três dimensões, sem imobilizar os modelos atômicos, é possível;
- o manuseio da peça, mostrando o esqueleto da cadeia de carbonos no espaço, facilita o entendimento de muitas propriedades e conceitos envolvidos no estudo das macromoléculas[1-3].

O modelo de uma das conformações estatísticas do polietileno com 2 000 átomos de carbono, isto é, com grau de polimerização igual a 1 000 e peso molecular 28 000, pode ser construído com arame de aço de 1 mm de diâmetro (**Figura 7.2**). Para tal polímero, o número de possibilidades conformacionais é 10^{600}, facilmente calculado pela expressão 2^{n-3}, onde n é o número de átomos de carbono [4].

Desse grande número de conformações possíveis da molécula de polietileno, a conformação estatística foi obtida jogando-se um dado 2 000 vezes e atribuindo três cores diferentes para cada par de valores do dado. Por exemplo:

1 e 2 — direção da linha simples;
3 e 4 — direção da linha dupla;
5 e 6 — direção da linha cinza.
(estas linhas encontram-se atrás do circulo em cada desenho da Fig. 7.1)

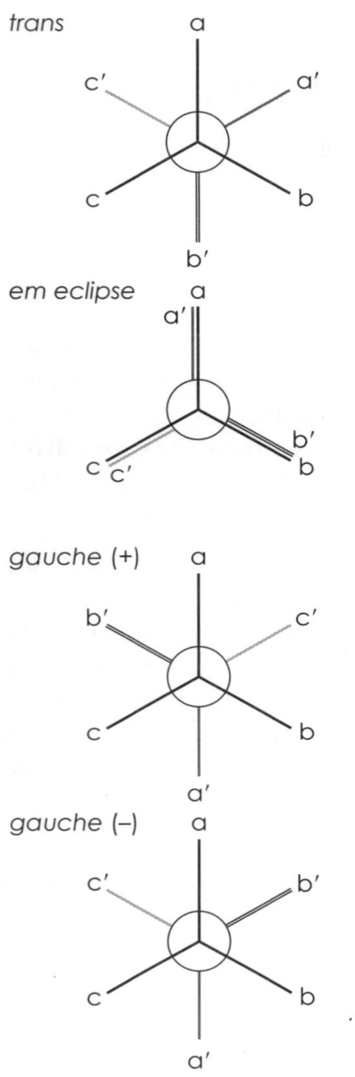

Figura 7.1
Conformações dos átomos de carbono na ligação C—C.

Figura 7.2
Modelo de polietileno de peso molecular 28 000.

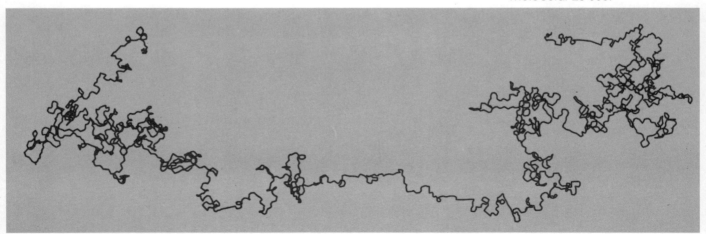

Técnica

A partir de um bloco de alumínio de 22 cm × 16 mm × 6 mm, é confeccionada uma barra de alumínio curvada e com ranhuras, cujas dimensões sejam de 250 mm × 18 mm × 4 mm, como mostrado na **Figura 7.3**. Na extremidade de um arame de aço com 1 mm de diâmetro, proveniente de um rolo de 25 m de comprimento, prende-se uma pequena esfera de qualquer dimensão ou cor, que representará um dos grupos terminais da cadeia principal da macromolécula. É essencial que o arame seja de aço para manter a deformação a ser imposta ao ângulo.

O arame é então adaptado à ranhura da placa de alumínio e forçado a manter o ângulo tetraédrico de 109 °50' (isto é, o ângulo entre as linhas tiradas do centro de um tetraedro regular para dois de seus vértices (**Figura 7.4a**), ficando preso na ranhura da superfície metálica (**Figura 7.4b**) e constituindo a segunda "ligação" entre carbonos. Em seguida, o sistema é comprimido com um bloco de alumínio, para corrigir e consolidar a "ligação" que forma o ângulo tetraédrico.

A terceira "ligação" da cadeia é feita marcando o comprimento exato de 1 cm e curvando o arame na direção estatística mostrada pela ranhura adequada (vermelho, azul ou verde, **Figura 7.4c**); ela formará um ângulo aproximadamente tetraédrico, a ser corrigido. Para fazer a "ligação" seguinte, é preciso remover o trecho de molécula já preparado e fixar as duas últimas "ligações" entre os blocos de alumínio (**Figura 7.4d**). A **Figura 7.4e** mostra a etapa seguinte, que permitirá confeccionar a quarta "ligação". O procedimento é repetido, tal qual representado na **Figura 7.4f**. A **Figura 7.5** permite melhor visualização do processo de fabricação do modelo de polietileno.

Como a peça cresce em comprimento, torna-se cada vez mais desconfortável manipulá-la. Para facilitar o trabalho com o arame na construção das "ligações" subseqüentes, segmentos de 20 cm podem ser convenientemente isolados, envolvendo-os com papel macio e prendendo com fita adesiva.

Observação

A conformação estatística do modelo seria mais corretamente representada em ambiente livre da ação da gravidade, que é a causa da deformação do conjunto. Isso pode ser verificado pela "planarização" do modelo na fotografia da **Figura 7.2**.

Figura 7.3
Barra de alumínio.

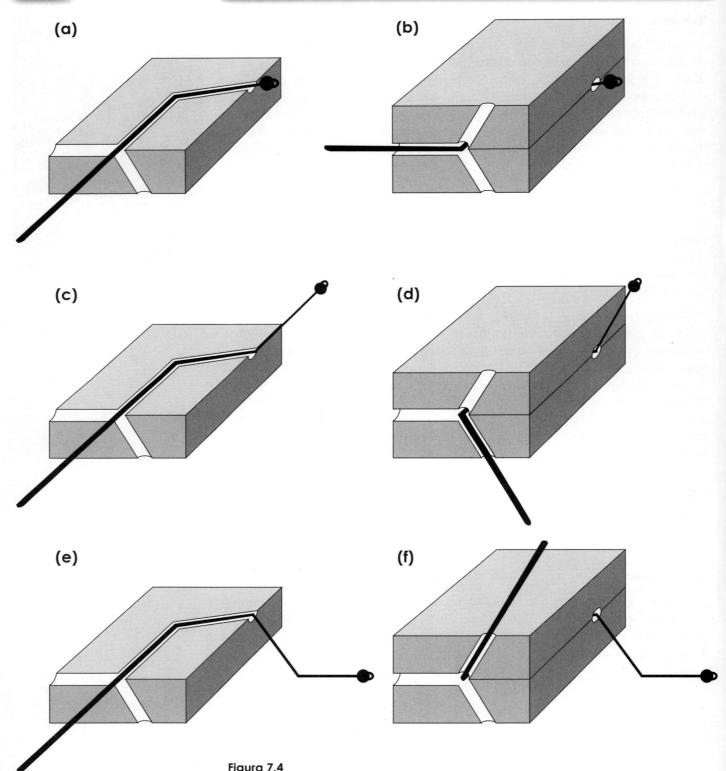

Figura 7.4
Seqüência de operações com o arame seguindo as ranhuras nas 3 direções diferentes sobre a placa de alumínio.

Preparação de modelo macromolecular tridimensional

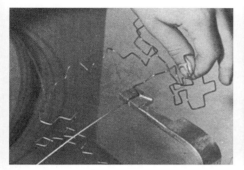

Barra de alumínio e arame de aço na ranhura

Barra de alumínio e arame de aço na ranhura com o bloco de alumínio

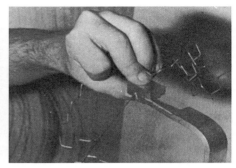

Arame dobrado segundo a direção estatística

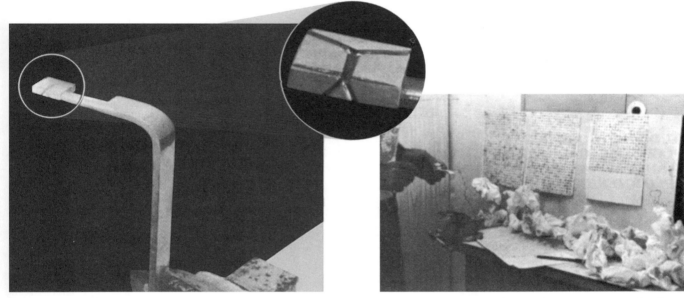

Barra de alumínio modificada

Segmentos do modelo enrolados com papel e fita adesiva

Figura 7.5
Preparação de modelo macromolecular.

Referências bibliográficas

1. Mano E.B., Oliveira C.M.F. & Guimarães P. — *Ciência e Cultura*, **31**, 1161-1164, 1979.
2. Treloar L.R.G. — *Introduction to Polymer Science*. Wykeham Publications, Londres, 1970.
3. Billmeyer Jr. F.W. — *Textbook of Polymer Science*. John Wiley, Tóquio, 1970.
4. Vollmert B. — *Polymer Chemistry*. Springer Verlag, Nova York, 1973

ÍNDICE DE ASSUNTOS

A

Ábaco de pressão, 40
Ábaco de temperatura, 40
Ação enzimática, 225
Acetato de vinila, 62
    caracterização, 63
    constantes físicas, 62
    purificação, 62
    toxidez, 63
Acetona, 95
    caracterização, 96
    constantes físicas, 95
    purificação, 95
    toxidez, 96
Ácido adípico, 64
    caracterização, 64
    constantes físicas, 64
    purificação, 64
    toxidez, 64
Ácido isoftálico, 235, 249
Ácido m-clorobenzoico, 300
Ácido sebácico, 65, 251
    caracterização, 65
    constantes físicas, 65
    purificação, 65
    toxidez, 65
Ácido tereftálico, 66, 229
    caracterização, 66
    constantes físicas, 66
    purificação, 66
    toxidez, 66
Acrilamida, 67
    caracterização, 67
    constantes físicas, 67
    purificação, 67
    reação com PVA, 298
    toxidez, 67
Acrilato de butila, 68
    caracterização, 69
    constantes físicas, 68
    purificação, 68
    toxidez, 69
Acrilato de etila, 310
Acrilonitrila, 70
    caracterização, 71
    constantes físicas, 70

    purificação, 70
    toxidez, 71
Adipato de bis-(hidroxietileno), 241
Adsorção, 51
Agentes anticongelantes, 13
Agentes desidratantes, 24, 26, 28
Agentes dessecantes, 24, 25, 28
Agitação, 14
    elétrica, 15
    elétrica-magnética, 16
    elétrica-mecânica, 15
    elétrica ultra-sônica, 17
    magnética, 15
    manual, 14
AIBN, 126
    caracterização, 127
    constantes físicas, 126
    purificação, 126
    toxidez, 127
Alfa-celulose, 266
Ampola selada, 143
Anidrido ftálico, 72
    caracterização, 72
    constantes físicas, 72
    purificação, 72
    toxidez, 72
Anidrido maleico, 73
    caracterização, 73
    constantes físicas, 73
    purificação, 73
    toxidez, 73
Aquecimento, 2
    a fogo direto, 2
    com banho de ar, 3
    com banho de líquidos, 3
    com banho de sólidos, 5
    com banho de vapores de líquidos em ebulição, 7
    com banho termostatizado, 7
    com câmara de microondas, 6
    com fitas, placas ou mantas elétricas, 5
Arraste por vapor de água, 38, 39
Ativador, 184
Azeotropismo, 34
Azeótropo, 34, 36

    de máxima, 36
    de mínima, 36
Azo-bis-isobutironitrila, 126
    caracterização, 127
    constantes físicas, 126
    purificação, 126
    toxidez, 127

B

Banhos de solvente/gelo-seco, 11
Banhos de solvente/nitrogênio líquido, 12
Beilstein, 2, 59
Benzeno, 97
    caracterização, 98
    constantes físicas, 97
    purificação, 97
    toxidez, 99
Benzofenona, 154, 157, 163, 200, 202, 206, 208
Biquinolila, 294
    complexo com o íon cuproso, 294
Bisfenol A, 254
Bomba de difusão, 12, 40
Bomba de vácuo, 11, 43
Bórax, 303
Borracha de seringueira, 300
Butadieno, 74
    caracterização, 74
    constantes físicas, 74
    purificação, 74
    toxidez, 74
Butiraldeído, 304
Bz_2O_2, 130

C

Cadinho de alumínio, 48
Cadinho filtrante, 47
Cadinho de Gooch, 47, 49
Câmara de secagem por liofilização, 30
Caprolactama, 271
    secagem, 273
Caprolactamato de bromo-magnésio, 271, 272

Caracterização de iniciadores, 57
Caracterização de monômeros, 57
Caracterização de solventes, 57
CAS RN, 59
Catalisador de Brookhart, 149, 150
    preparação, 150, 151
Catalisador metalocênico, 153
Catalisador, acetato de manganês,
    232, 235
Catalisador, acetil-acetonato de man-
    ganês, 226, 238, 241
Catalisador, ácido fosfórico, 226, 227,
    232, 235, 238, 242
Catalisador, trióxido de antimônio,
    227, 232, 235, 238, 242
Catalisadores de Ziegler-Natta, 150,
    156, 199
Catecol, 259
Célula eletrolítica, 215
    circuito elétrico, 217
    dividida, 215, 216, 217, 220
    unitária, 215, 219
Cis-poliisopreno, 300
Cis-poliisopreno epoxidado, 300, 301
Cloreto de metacriloíla, 178
    preparação, 178
Cloreto de metileno, 100
    caracterização, 102
    constantes físicas, 100
    purificação, 100
    toxidez, 102
Cloreto de sebacoíla, 281, 284
Cloreto de vinila, 75
    caracterização, 75
    constantes físicas, 75
    purificação, 75
    toxidez, 75
Clorofórmio, 103
    caracterização, 105
    constantes físicas, 103
    purificação, 103
    toxidez, 105
Coeficiente de partição, 22
Colóide protetor, 184
Coluna de Glinsky, 34
Coluna de Hempel, 34, 35
Coluna de Vigreux, 34, 35
Complexos diimínicos de níquel, 150
Composto de Grignard, 272
Compostos alquil-alumínicos, 151,
    154

Condensador de ar, 32
Condensador de bolas, 32
Condensador de gases, 44
Condensador do tipo "dedo frio", 44,
    45, 54
Copoli(butadieno/estireno), 187
    confirmação da estrutura quími-
    ca, 188
    constantes físicas, 187
    preparação, 187
Copoli(cloreto de vinila/acetato de
    vinila), 172
    confirmação da estrutura quími-
    ca, 173
    constantes físicas, 172
    preparação, 172
Copoli(estireno/acetato de vinila),
    221
    Confirmação da estrutura quími-
    ca, 222
    constantes físicas, 221
    preparação, 221
Copoli(estireno/alfa-metil-estireno),
    181
    Confirmação da estrutura quími-
    ca, 182
    constantes físicas, 181
    preparação, 181
Copoli(estireno/divinilbenzeno), 193
    Confirmação da estrutura quími-
    ca, 194
    constantes físicas, 193
    preparação, 193
Copoli(metacrilato de metila/ácido
    metacrílico), 291
    confirmação da estrutura quími-
    ca, 292
    constantes físicas, 291
    preparação, 292
Cristal piezoelétrico, 17
Cristalito, 52
Cristalização, 49

D

DAD, 149
Dean & Stark, 279
Desidratação, 24
Destilação azeotrópica, 273
Destilação, 33
    a pressão atmosférica, 39
    a pressão reduzida, 15, 40, 44, 45

    fracionada, 34, 35
    heterogênea, 38
    homogênea, 36
    instantânea, 60
    molecular, 40
    simples, 34, 35
Diagrama de fases, 36, 53
Diisocianato, 288
Diisocianato de hexametileno, 271
Dimetil-formamida, 106
    caracterização, 107
    constantes físicas, 106
    purificação, 106
    toxidez, 107
Dimetil-sufóxido, 108
    caracterização, 109
    constantes físicas, 108
    purificação, 108
    toxidez, 109
Dioxana, 110
    caracterização, 111
    constantes físicas, 110
    purificação, 110
    toxidez, 111
Disco filtrante, 48
DMF, 106
    caracterização, 107
    constantes físicas, 106
    purificação, 106
    toxidez, 107
DMSO, 108
    caracterização, 109
    constantes físicas, 108
    purificação, 108
    toxidez, 109

E

Elastômero, 184
Eliminação de solvente, 23
Emulsão, 184
Emulsificante, 184
Ensaio de Beilstein, 296, 307
Epicloridrina, 254
Equação de Arrhenius, 124
Equação de Debye, 6
ER, 254
    confirmação da estrutura quími-
    ca, 256
    constantes físicas, 254
    preparação, 255
Estabilidade dos hidratos, 27

Índice de Assuntos

Estireno, 76
    caracterização, 77
    constantes físicas, 76
    purificação, 76
    toxidez, 77
Estocagem de monômeros, 58
Estrutura celular, 288, 289
Etanol, 112
    caracterização, 113
    constantes físicas, 112
    purificação, 112
    toxidez, 113
Etileno, 78
    caracterização, 78
    constantes físicas, 78
    purificação, 78
    toxidez, 78
Euforbiáceas, 300
Extração, 17
    de material gasoso, 23
    de material líquido, 20
    de material pastoso, 19
    de material sólido, 17
Extrator ASTM, 18
Extrator soxhlet, 18

F

2-Fenil-2-oxazolina, 175
    constantes físicas, 175
    polimerização, 175
    síntese, 175
Fenilenodiamina, 249, 251
o-Fenilenodiamina, 251
p-Fenilenodiamina, 249
Fenol, 79
    caracterização, 80
    constantes físicas, 79
    purificação, 79
    toxidez, 80
Filtração, 46
    para utilização de filtrado, 46
    para utilização de resíduo, 48
Filtração com pressão, 48
Filtro Millipore, 47
Flash distillation, 60
Formalina, 266
Formol, 266
Fotossensibilizador, 311
Fracionamento, 52, 53
Frasco de Dewar, 10, 11, 12, 30
Funil, 3, 20, 47, 49

de Babo, 3
de Buchner, 47, 49
de decantação, 20
de separação, 20
de vidro sinterizado, 47

G

"Gaiola" de polimerização, 143
Glicol butilênico, 232
Glicol etilênico, 83
    caracterização, 84
    constantes físicas, 83
    purificação, 83
    toxidez, 84
Glicol propilênico, 85
    caracterização, 86
    constantes físicas, 85
    purificação, 85
    toxidez, 86

H

HDPE, 199
HDPE, confirmação da estrutura química, 201
HDPE, constantes físicas, 199
HDPE, preparação, 200
Hemiacetal, 225
Heptano, 114
    caracterização, 115
    constantes físicas, 114
    purificação, 114
    toxidez, 115
Hevea brasiliensis, 300
Hexametileno-diamina, 244, 247, 281
Hexametileno-tetramina, 263
Hexametilol-melamina, 269
Hidratos de cloreto de cálcio, 27
Hidroperóxido de p-mentila, 128
    caracterização, 129
    constantes físicas, 128
    meia-vida, 128
    purificação, 128
    toxidez, 129
Homogeneização, 14
    da ebulição, 33
Homogeneizadores de ebulição, 33

I

Identificação de éster alifático, 289
    polímero metacrílico, 292
Índice de acidez, 258

Inibidores de radicais livres, 61
Iniciação, 211
    eletroquímica, 213
    química, 140
    radiante, 211
Iniciador sódio/naftaleno, 163
    preparação, 164
Iniciadores, 124
    de radicais livres, 61
Isopreno, 87
    caracterização, 88
    constantes físicas, 87
    purificação, 87
    toxidez, 88

J

Juntas esféricas, 16

L

Lâmpada ultravioleta, 311
Látex, 184
Lei da Distribuição, 21
Lei da Partição, 21
Lei de Dalton, 38, 39
Ligações amida, 225
Ligações éster, 225
Ligações hemi-acetal, 225
Liofilização, 30, 31, 54
Líquido-mãe, 51
Líquidos de refrigeração, 13
Líquidos para aquecimento, 4

M

Macromonômero, 177, 178
Magnétron, 6
Manômetros, 43
    de McLeod, 43, 44
    de tubo em U, 43, 44
MAO, 149, 150, 151, 153, 208
MEK, 118
    caracterização, 119
    constantes físicas, 118
    purificação, 118
    toxidez, 119
Melamina, 89
    caracterização, 89
    constantes físicas, 89
    purificação, 89
    toxidez, 89
Merck Index, 59
Metacrilato de metila, 90

Índice de Assuntos

caracterização, 91
constantes físicas, 90
purificação, 90
toxidez, 91
Metacrilato de poli(óxido de etileno-*b*-óxido de propileno), 178
Metal de Rose, 4
Metal de Wood, 4
Metaloceno, 153
Metanol, 116
caracterização, 117
constantes físicas, 116
purificação, 116
toxidez, 117
Metil-aluminoxano, 149, 150, 151, 153, 208
Metil-etil-cetona, 118
caracterização, 119
constantes físicas, 118
purificação, 118
toxidez, 119
Micelas, 14
Microondas, 6,7
Millipore, 47, 48
Misturas azeotrópicas, 34, 36, 37
Modelo macromolecular tridimensional, preparação, 315
Modificação de polímeros, 295
Momento dipolar, 6
Monômeros, 59
gasosos, 60
líquidos, 60
Monometilol-uréia, 266
MR, 269

N

N,N-dimetil-formamida, 106
caracterização, 107
constantes físicas, 106
purificação, 106
toxidez, 107
Nitrato cérico-amoniacal, 298
Nitrogênio líquido, 11
Novolac, 262, 264
Núcleos de cristalização, 51

O

Óleo de soja, 278, 279
composição, 279
Oligômero poli(óxido de etileno-*b*-óxido de propileno), 178

Oxazolina, 175
polimerização, 175

P

PA 6, 271
confirmação da estrutura química, 276
constantes físicas, 272
preparação, 274
PA 610, 247, 281, 284
confirmação da estrutura química, 248, 282, 285
constantes físicas, 247, 281
NMR, 283
preparação, 247, 281, 284
PA 66, 244
confirmação da estrutura química, 245
constantes físicas, 244
preparação, 245
PAN, 196
confirmação da estrutura química, 197
constantes físicas, 196
em lama, 196
preparação, 196
Pás de agitação, 16
PBT, 232
confirmação da estrutura química, 233
constantes físicas, 232
preparação, 232
PEIP, 235
confirmação da estrutura química, 236
constantes físicas, 235
preparação, 236
Peneiras moleculares, 28
Pentaeritritol, 278
Percolador, 20
Perda dielétrica, 6
Peróxido de benzoíla, 130
caracterização, 130
constantes físicas, 130
meia-vida, 130
purificação, 130
toxidez, 130
Peróxido de cumila, 131
caracterização, 131
constantes físicas, 131
meia-vida, 131

purificação, 131
toxidez, 131
Peróxido de metil-etil-cetona, 132
caracterização, 133
constantes físicas, 132
purificação, 132
toxidez, 133
Persulfato de potássio, 134
caracterização, 134
constantes físicas, 134
purificação, 134
toxidez, 134
PET, 226, 229
confirmação da estrutura química, 227, 230
constantes físicas, 226, 229
NMR, 226
preparação, 227, 230
Piezoeletricidade, 17
Pistola de Abderhalden, 7, 31
PMAA, 212
sPMAA, 212
confirmação da estrutura química, 213
constantes físicas, 212
preparação, 212
PMMA, 146, 190
confirmação da estrutura química,147, 191
constantes físicas, 146, 190
preparação, 146, 190
PMMA em suspensão, 190
Poli(acetato de vinila), 142, 302
confirmação da estrutura química, 143
constantes físicas, 142
preparação, 142
Poli(ácido metacrílico) sindiotático, 212
confirmação da estrutura química, 213
constantes físicas, 212
preparação, 212
Poliacrilonitrila, 196
confirmação da estrutura química, 197
constantes físicas, 196
preparação, 196
Poliadição, 139
Poli(adipato de etileno), 241
confirmação da estrutura química, 243

Índice de Assuntos

constantes físicas, 241
preparação, 241
Poli(álcool vinílico), 298, 302, 304
confirmação da estrutura química, 303
constantes físicas, 302
preparação, 302
Poli(álcool vinílico-*g*-acrilamida), 298
confirmação da estrutura química, 299
constantes físicas, 298
preparação, 298
Poli(alfa-metil-estireno), 219
Confirmação da estrutura química, 220
constantes físicas, 219
preparação, 219
Poli(butadieno-co-estireno), 187
confirmação da estrutura química, 188
constantes físicas, 187
preparação, 187
Policaprolactama, 271
ativador, 271
confirmação da estrutura química, 276
constantes físicas, 272
polimerização, 271, 274
polimerização aniônica, 271
preparação, 274
preparação do catalisador, 273
Policaprolactama clorada, 306, 308
confirmação da estrutura química, 307
constantes físicas, 306
preparação, 306
Poli(épsilon-caprolactama), 271, 274
confirmação da estrutura química, 276
constantes físicas, 272
preparação, 274
Poli(cloreto de vinila), 166
confirmação da estrutura química, 167
constantes físicas, 166
preparação, 166
Poli(cloreto de vinila-co-acetato de vinila), 172
confirmação da estrutura química, 173
constantes físicas, 172

preparação, 172
Policondensação, 225
em lama, 280
em massa, 225
em solução, 256
interfacial, 283
polimerização em massa, 287
Poli(épsilon-caprolactama), 271
Poli(épsilon-caprolactama-*g*-acrilato de etila), 308, 310
confirmação da estrutura química, 309, 310
constantes físicas, 308, 310
preparação, 309, 310
Poliéster insaturado, 257
confecção de artefato, 260
NMR, 261
preparação, 258
Poliestireno aniônico, 161
constantes físicas, 161
preparação, 162
Poliestireno atático monodisperso, 161
Poliestireno isotático, 205
confirmação da estrutura química, 206
constantes físicas, 205
preparação, 205
Poliestireno sindiotático, 208
confirmação da estrutura química, 209
constantes físicas, 208
preparação, 208
Poliestireno, 144, 159, 161, 185, 215
confirmação da estrutura química, 145, 160, 164, 186, 218
constantes físicas, 144, 159, 161, 185, 215
preparação, 144, 159, 162, 185, 215
preparação via aniônica, 165
Poli(estireno-co-acetato de vinila), 221
confirmação da estrutura química, 222
constantes físicas, 221
preparação, 221
Poli(estireno-co-alfa-metil-estireno), 181
confirmação da estrutura química, 182

constantes físicas, 181
preparação, 181
Poli(estireno-co-divinilbenzeno), 193
constantes físicas, 193
preparação, 193
Polietileno, 149
altamente ramificado, 149
confirmação da estrutura química, 152
constantes físicas, 149
polimerização, 149
preparação, 150
Polietileno linear, 199
confirmação da estrutura química, 201
constantes físicas, 199
preparação, 200
Poli(*p*-fenileno-isoftalamida), 249
constantes físicas, 249
confirmação da estrutura química, 250
preparação, 249
Poli(ftalato-maleato de propileno), 254
confirmação da estrutura química, 260
constantes físicas, 257
preparação, 258
Poli(hexametileno-adipamida), 244
confirmação da estrutura química, 245
constantes físicas, 244
preparação, 245
Poli(hexametileno-sebacamida), 247, 281, 284,
confirmação da estrutura química, 248, 282, 285
constantes físicas, 247, 281
preparação, 247, 281, 284
Poliindeno, 168
confirmação da estrutura química, 169
constantes físicas, 168
preparação, 168
Poliindeno clorado, 296
confirmação da estrutura química, 296
constantes físicas, 296
preparação, 296
Poli(indeno-g-metacrilato de metila), 311

confirmação da estrutura química, 313
constantes físicas, 311
preparação, 312
Poli(isoftalato de etileno), 235
confirmação da estrutura química, 236
constantes físicas, 235
NMR, 237
preparação, 236
Poliisopreno, 300
Poliisopreno epoxidado, 300
confirmação da estrutura química, 301
constantes físicas, 300
preparação, 300
Polimerização aniônica, 161
cálculo de grau de polimerização, 164
Polimerização com dióxido de enxofre, 183
Polimerização de lactamas, 272
Polimerização eletrolítica, 215, 216
célula dividida, 217, 220, 221
célula unitária, 215, 216, 219
Polimerização em emulsão, 184
Polimerização em lama, 211, 292
Polimerização em solução com precipitação, 211
Polimerização em suspensão, 190
Polimerização viva, 58, 161
Poli(metacrilato de metila), 146, 190
confirmação da estrutura química, 147, 191, 292
constantes físicas, 146, 190, 291
molde de vidro, 147
polimerização em massa, 147
preparação, 146, 190, 291
Poli[metacrilato de metila-g-(óxido de etileno-b-óxido de propileno)], 177
constantes físicas, 177
preparação do macromonômero, 177, 178
copolimerização, 179
confirmação da estrutura química, 179
Poli(N-benzoil-etilenoimina), 175
confirmação da estrutura química, 176
constantes físicas, 175
preparação, 176

Poli(N-vinil-carbazol), 170
confirmação da estrutura química, 171
constantes físicas, 170
preparação, 170
Poli(o-fenileno-isoftalamida), 249
confirmação da estrutura química, 250
constantes físicas, 249
preparação, 249
Poli(o-fenileno-sebacamida), 251
confirmação da estrutura química, 252
constantes físicas, 251
preparação, 252
Poliol, 289
Poli(p-fenileno), 293
confirmação da estrutura química, 294
constantes físicas, 293
preparação, 293
Polipropileno atático, 153
confirmação da estrutura química, 154
constantes físicas, 153
preparação, 154
Polipropileno isotático, 202
confirmação da estrutura química, 203
constantes físicas, 202
preparação, 202
Polipropileno sindiotático, 156, 157
confirmação da estrutura química, 158
constantes físicas, 157
preparação, 157
Poli(sebacato de etileno), 238
confirmação da estrutura química, 239
constantes físicas, 238
preparação, 238
Poli(tereftalato de butileno), 232
confirmação da estrutura química, 233
constantes físicas, 232
preparação, 233
Poli(tereftalato de etileno), 226, 229
NMR, 228, 231
confirmação da estrutura química, 227, 230
preparação, 227, 230
constantes físicas, 226, 229

Poliuretano, 288
confirmação da estrutura química, 289
constantes físicas, 288
estrutura celular, 289
identificação, 289
preparação, 289
Poli(vinilbutiral), 304
adesivo interlaminar, 304
confirmação da estrutura química, 305
constantes físicas, 304
preparação, 304
Poli(N-vinil-carbazol), 170
confirmação da estrutura química, 171
constantes físicas, 170
preparação, 170
Poluição ambiental, 58
Ponto de ebulição a pressão reduzida, 42
Ponto triplo, 53
aPP, 153
confirmação da estrutura química, 154
constantes físicas, 153
preparação, 154
iPP, 202
confirmação da estrutura química, 203
constantes físicas, 202
preparação, 202
sPP, 156
confirmação da estrutura química, 158
preparação, 157
constantes físicas, 156
PPP, 293
confirmação da estrutura química, 294
constantes físicas, 293
preparação, 293
PR, 262
confirmação da estrutura química, 264
constantes físicas, 262
preparação, 263
Precipitação, 51, 52
com fracionamento, 53
para recuperação total da amostra, 52

Índice de Assuntos

Pressão de vapor de água, 42
Pressão de vapor, 40, 42
Propileno, 92
    caracterização, 92
    constantes físicas, 92
    purificação, 92
    toxidez, 92
PS, 144, 159, 161, 185, 215
    confirmação da estrutura química, 145, 160, 164, 186, 218
    constantes físicas, 144, 159, 161, 185, 215
    preparação, 144, 159, 162, 185, 215
iPS, 205
    confirmação da estrutura quími ca, 206
    constantes físicas, 205
    preparação, 205
sPS, 208
    confirmação da estrutura química, 209
    constantes físicas, 208
    preparação, 208
Purificação do estireno, 162
Purificação do THF, 163
Purificação, 52, 57
    de iniciadores, 57
    de monômero, 57
    de solvente, 57
PVAc, 142
    confirmação da estrutura química, 143
    constantes físicas, 142
    preparação, 142
PVAl, 302
    confirmação da estrutura química, 303
    constantes físicas, 302
    identificação, 303
    preparação, 302
PVC, 166
    Confirmação da estrutura química, 167
    constantes físicas, 166
    preparação, 166
PVCAc, 172
    confirmação da estrutura química, 173
    constantes físicas, 172
    preparação, 172

PVK, 170
    confirmação da estrutura química, 171
    constantes físicas, 170
    preparação, 170

R

Radiação eletromagnética, 6
Reaction injection molding, 272
Reagente de Grignard, 272
Refluxo, 32
Regra de Konovalov, 36
Regulador de polimerização, 184
Regulador de tensão superficial, 184
Resfriamento, 8
    com água, 9
    com ar, 9
    com banho termostatizado, 12
    com gelo e sais, 10
    com gelo, 9
    com gelo-seco, 10
    com nitrogênio líquido, 11
    com soluções salinas, 9
Resina de fenol-formaldeído, 262
    confirmação da estrutura química, 264
    constantes físicas, 262
    preparação, 263
Resina de melamina-formaldeído, 269
    confirmação da estrutura química, 270
    constantes físicas, 269
    preparação, 270
Resina de uréia-formaldeído, 266
    confirmação da estrutura química, 267
    constantes físicas, 266
    preparação, 266
Resina epoxídica, 254
    confirmação da estrutura química, 256
    constantes físicas, 254
    preparação, 255
Resina fenólica, 262
    confirmação da estrutura química, 264
    constantes físicas, 262
    estágio A, 262
    estágio B, 262
    estágio C, 262
    preparação, 263

Resina ureica, 266
    confirmação da estrutura química, 267
    constantes físicas, 266
    preparação, 266
Resit, 262
Resitol, 262
Resol, 262
RIM, 272

S

Sal de náilon, 244, 249, 251
Sal de náilon aromático, 252
    preparação, 252
Salting out, 22
SBR, 187
    confirmação da estrutura química, 188
    constantes físicas, 187
    preparação, 187
Schlenk, 150
Sebacato de bis-(hidroxietileno), 238
Sebacato de dimetila, 247
Secagem, 24
    de material gasoso, 32
    de material líquido, 31
    de material pastoso, 31
    de material sólido, 29
Selo líquido, 16
    de mercúrio, 16
    de silicone, 16
Silicone, 4
Síntese de polímeros, 139
    outras reações, 287
    policondensação, 223
Soluções salinas para resfriamento, 9
Solventes, 94
Sublimação, 53, 54, 55
Surfactante, 184

T

Técnica das grandes diluições, 224
Técnica em meio heterogêneo, 280, 287, 301
    em emulsão, 184
    em lama, 195
    em suspensão, 189
Técnica em meio homogêneo, 225, 295
    em massa, 141
    em solução, 148, 214

Tempo de meia vida, 60, 134
    AIBN, 126
    hidroperóxido de p-mentila, 128
    peróxido de benzoíla, 130
    peróxido de cumila, 131
    persulfato de potássio, 134
p-Tércio-butil-catecol, 259
Tereftalato de bis-(hidroxietileno), 226, 229
Tereftalato de dimetila, 226, 229
Termostato, 7, 8
Tetracloreto de titânio, 135
    caracterização, 136
    constantes físicas, 135
    purificação, 135
    toxidez, 136
Tetra-hidrofurano, 120
    caracterização, 121
    constantes físicas, 120
    purificação, 120
    toxidez, 121
THF, 120
    caracterização, 121
    constantes físicas, 120
    purificação, 120
    toxidez, 121
Tolueno, 122
    caracterização, 123
    constantes físicas, 122
    purificação, 122
    toxidez, 123
Transparência, 141
Triângulo do fogo, 225
1,3,5-Triazina-2,4,6-triamina, 269
Tricloreto de titânio, 205
Trifluoreto de boro (eterato), 137
    caracterização, 138
    constantes físicas, 137
    purificação, 137
    toxidez, 138
Trimetilol-melamina, 269
Trompa de água, 43, 44, 45
Tubo de Dean & Stark, 233, 239, 241, 245, 247, 249, 257
Tubo de Torricelli, 43

U
UR, 266
    confirmação da estrutura química, 267
    constantes físicas, 266
    preparação, 266
Uréia, 93
    caracterização, 93
    constantes físicas, 93
    purificação, 93
    toxidez, 93
Urotropina, 263

V
Variac, 5
Vibrações ultra-sônicas, 14

Z
Zirconoceno, 156